電子商務

孫思源・黃照貴・方建生・楊清雲・邱碧珍

國家圖書館出版品預行編目資料

電子商務 / 孫思源等編著. -- 1 版. -- 臺北市：新月圖書, 2016.07

352 面；19x26 公分.

ISBN 978-986-91966-7-3（平裝）

1. 電子商務

490.29   105012782

新月圖書

電子商務

編 著 者	孫思源, 黃照貴, 方建生, 楊清雲, 邱碧珍
發 行 人	卓劉慶弟
出 版 者	新月圖書股份有限公司
地　　址	臺北市重慶南路一段一四三號三樓
電　　話	(02) 2311-4027
傳　　眞	(02) 2311-6615
郵　　撥	10775738
網　　址	www.tunghua.com.tw
讀者服務	service@tunghua.com.tw
直營門市	臺北市重慶南路一段一四七號一樓
電　　話	(02) 2382-1762
出版日期	2016 年 8 月 1 版

ISBN　　978-986-91966-7-3

版權所有 ‧ 翻印必究

自序

　　電子商務已是全球的潮流，依據市場研究公司 eMarketer 針對 2013 年至 2018 年全球的 B2C 電子商務銷售預測報告，2016 年全球的 B2C 電子商務銷售金額將達到 1.922 兆美元，年成長率高達 13.1%，其中亞太地區的成長率最高，年成長率最高達 33.4% (其次為北美地區 31.7%)。以國內市場來說，依照資策會統計結果，2015 年台灣電子商務市場的產值約新台幣 1.069 兆元；其中，B2C (企業對消費者) 的電子商務市場產值新台幣 6,138 億元、C2C (消費者對消費者) 的電子商務市場規模為新台幣 3,931 億元，國內電子商務市場的前景欣欣向榮；其次，若以全球電子商務市場來看，2015 年全球 B2C (企業對消費者) 電子商務市場的規模高達 1,763 兆美元 (約新台幣 57,298 兆元)，比 2014 年全球 B2C 電子商務市場規模的 1,500 兆美元 (約新台幣 48,750 兆)，成長了 17.53%。而依照中國電子商務研究院統計，2015 年中國 C2C (消費者對消費者) 的電子商務市場規模為 5,400 億美元，占中國零售交易總額的 7.5%，預期還有很大的成長空間。

　　有鑑於全球風起雲湧的電子商務潮流及行動電子商務世代形成，而且兩岸的電子商務互動頻繁密切，因此本書是由高雄第一科技大學老師與廈門大學老師編著的電子商務教材，包括國外、台灣及中國與電子商務相關案例，如：星巴克店鋪配送、永慶房仲的科技 3.0、遊戲商跨界電商、四川吳抄手、「中國電子第一街」華強北商圈、「美麗說」女性時尚設計、IBM、惠普及日本丸紅標錯價等。本書共有十二章，首先，讓讀者瞭解電子商務是一個打破傳統商務時空限制的創新，逐步引導讀者對電子商務的整體概念有深入的認識；接著，介紹電子商務的商業模式分類、電子商務商業模式創新的推動力、電子商務企業創新的時機及電子商務型態，如：B2C、B2B、C2B、C2C 及 O2O。

　　本書亦介紹電子商務的獲利模式種類與相關案例，同時讓讀者在瞭解企業內外部環境條件發生變化時，也會影響企業電子商務的獲利模式。其

他電子商務相關主題特色如：電子商務配送流程及範圍納入境內配送、跨境 (Cross-Border) 配送的新觀念、配送的技術細分至常溫和低溫等實務問題與解決方案。另外，因應行動電子商務世代，本書亦細說行動商務與適地性的應用觀念，介紹行動商務創新案例，討論行動支付帶來金融產業的改變與影響。

　　本書亦介紹許多與電子商務相關的新觀念及內容，如：電子商務付款機制，對電子商務環境裡的常見付款方式做了具體介紹。以數位內容為王的時代來臨，社群媒體對於同儕的影響，數位遊戲的日新月異將會迎向新世代的遊戲行為 (Gamification)，透過閱讀本書，將可獲知許多新觀念。其他新世代電子商務思維如：共享經濟、群眾募資平台、金融 3.0 及第三方支付。本書第九章保留廈門大學周功建老師撰寫的電子商務網站開發，講述電子商務網站的種類與功能，並介紹目前主流電子商務技術及電子商務網站架站的流程。

　　本書能付梓，首先要感謝廈門大學方建生、楊青雲及邱碧珍主編《電子商務》(第二版) 的部分內容及中國個案融合在本書的第一至五章及第八至九章；同時也感謝高雄第一科技大學管理學院博士生張淑禎、黃耿諒、許家祥、楊雅惠，以及高雄市政府資訊中心科長楊註成博士、遠東科技大學資管系顏郁人教授的協助蒐集部分內容及國外與台灣的個案資料，當然最要感謝的是東華書局儲方經理與編輯部余欣怡小姐的大力幫忙，尤其是儲先生的不斷鼓勵是本書能順利出版的關鍵，在此特別予以致謝。本書由於作者才疏學淺，必然存在著許多錯誤與疏漏，尚祈各界專家學者不吝指教。

孫思源 / 黃照貴
於高雄第一科技大學資訊管理系
民國 105 年 5 月

目錄

自序 iii

Chapter 1　電子商務概述 1

1.1　何謂電子商務 3
1.2　傳統商業活動 5
1.3　創新降低交易成本 9
1.4　電子商務的創新 11
1.5　適合電子商務的產品 16
1.6　電子商務企業與經營 16
1.7　電子商務與相關產業 19

本章摘要 22
問題與討論 22
參考文獻 24

Chapter 2　電子商務商業模式與創新 27

2.1　商業模式 29
2.2　電子商務的商業模式 31
2.3　電子商務商業模式創新的推力 37
2.4　電子商務企業商業模式創新時機 43
2.5　電子商務企業商業模式建構和創新的方法 44

本章摘要 47
問題與討論 47
參考文獻 49

Chapter 3 電子商務型態　　51

- 3.1　B2C 電子商務 53
- 3.2　B2B 電子商務 64
- 3.3　C2B 電子商務 75
- 3.4　C2C 電子商務 76
- 3.5　O2O 電子商務 79

本章摘要 81

問題與討論 82

參考文獻 85

Chapter 4 電子商務配送流程　　87

- 4.1　電子商務環境與供應鏈管理 88
- 4.2　電子商務與物流創新 92
- 4.3　電子商務之物流與資訊流相關技術 94
- 4.4　新型物流配送中心 103

本章摘要 107

問題與討論 107

參考文獻 113

Chapter 5 電子商務獲利模式　　115

- 5.1　電子商務獲利模式 117
- 5.2　獲利模式的轉變 129
- 5.3　獲利戰略 131

本章摘要 135

問題與討論 136

參考文獻 140

Chapter 6　行動商務　141

- 6.1　行動商務的發展 143
- 6.2　行動商務的應用與創新 150
- 本章摘要 159
- 問題與討論 160
- 參考文獻 163

Chapter 7　數位內容　165

- 7.1　數位內容 166
- 7.2　電視購物 170
- 7.3　社群 173
- 7.4　數位遊戲 177
- 本章摘要 182
- 問題與討論 182
- 參考文獻 184

Chapter 8　電子商務付款機制　185

- 8.1　電子商務付款機制 186
- 8.2　電子付款交易工具 192
- 8.3　網路銀行與第三方支付 201
- 本章摘要 205
- 問題與討論 205
- 參考文獻 208

Chapter 9 電子商務網站開發　　211

9.1 電子商務網站特點及基本功能 213

9.2 電子商務網站設計 215

9.3 電子商務網站的安全 235

本章摘要 241

問題與討論 242

參考文獻 247

Chapter 10 電子商務資訊安全　　249

10.1 電子商務安全嗎？ 250

10.2 電子商務環境的安全威脅 251

10.3 如何確保電子商務的安全 255

10.4 電子商務安全機制 255

10.5 電子商務安全認證 260

本章摘要 263

問題與討論 263

參考文獻 267

Chapter 11 電子化政府 (政策、法規)　　269

11.1 什麼是電子化政府 272

11.2 各國政府電子商務發展政策制定 276

11.3 電子商務相關法規環境 289

11.4 電子民意與公民關係管理 296

本章摘要 301

問題與討論 301

參考文獻 306

Chapter 12　電子商務倫理議題　309

12.1　電子商務產生的倫理議題 311

12.2　網路隱私與個人資料保護 311

12.3　網路資料正確性議題 317

12.4　網路財產權議題 320

12.5　電子商務非法存取議題 326

12.6　倫理準則在電子商務時代的應用 328

本章摘要 331

問題與討論 331

參考文獻 331

圖片來源　333

索引　335

電子商務

電子商務概述

無所不在的電子商務

談到產業競爭力，就脫離不了企業電子化的導入與電子商務。賈伯斯 (Steve Jobs) 的平板發明，顛覆了消費者的使用習慣，而消費者群集使用的力量帶動資訊科技及電子媒介應用更加暢行，連帶造就行動網路的品質與高普及率。環環相扣的牽連，就像蝴蝶效應一樣，同時也影響了傳統產業不得不改善過去經營模式的體質和思維。

在電子商務尚未如火如荼的盛行之前，過去，台灣有多家知名企業透過網路創業，締造了成功的佳績。例如：2007 年成立的米格國際股份有限公司 (Lativ)，草創時期依附在 Payeasy 官方網站；2014 年入圍美國紐約 IPDA 國際包裝設計大獎的美妝保養品牌——牛爾等，這些都是台灣電子商務成功的先驅案例。近年來，拜個人手持行動裝置、網路應用、都會族群的增加、自行創業與人口結構老人化的趨勢，使得電子商務的發展益發成熟且多元，無論是過去常見的 **B2B** (Business to Business)、**B2C** (Business to Customer)、**C2C** (Customer to Customer)，乃至現今發展熱絡的 **O2O** (Online to Offline)。

繼 Yahoo! 奇摩、PChome 購物中心之後，有許多業者為了突破時空的限制，增加銷售量，無不投入電子商務行銷行列中。消費者可透過手持行動裝置隨時隨地下單，付款後，業者便會把商品在承諾的時間內送貨到府。例如：「家樂福」由各店自行制定的滿額配送；「全聯」從新北市泰山區實施區域範圍 500 公尺至 1 公里的主婦商圈配送服務；「頂好超市」限定門市針對銀髮族購物滿 500 元可免費運送；「大潤發」滿 1,500 元免運費宅配服務等，但這些

📶 圖 1-1　QR Code 牆經濟

還只是區域性的快速服務。

　　由英國 TESCO 和南韓三星集團在 1999 年合資成立的 Home plus，於 2000 年 8 月在南韓安山開設了第一家分店。展店型態不同於一般倉庫式零售，除了種類繁多之外，以大型商品宅配到府及大型賣場服務為主要的經營模式。

　　有鑑於南韓人民的工作型態和行動裝置的普及，TESCO 在 2011 年於首爾捷運站設立第一家虛擬店鋪。消費者在等待捷運的空檔，只需利用智慧型手機掃描站內牆上欲購買商品的二維條碼 (QR Code)，便能直接付款且宅配到家。南韓排他性的民族意識一向強烈，但此「隨時隨地」不受時空限制、增加營銷成本的創新購物方式，降低了南韓消費者對外來品牌的排斥度。在 2012 年度該企業線上消費也因此成長 130%，同時也為南韓超市開創了新藍海。

📶 圖 1-2　Home plus 網站會員人數及線上銷售額增加趨勢

資料來源：Home plus 網站，http://unkindcabinet.tistory.com。

1.1 何謂電子商務

多數人對於「電子商務」大都深感興趣,但對於電子商務所涵蓋的內容及如何成為管理人員的工作項目還不太瞭解。不過伴隨著資訊科技成長的年輕一代,從小耳濡目染,自然對電子商務涉獵的網購行為有相當程度的認識。學者海恩斯 (Haynes, 1995) 對電子商務尚在成長初期時提出具體的定義為:「電子商務,即藉由網路與電腦來處理企業溝通與交易的雙向商務模式。」企業透過電腦網路,進行各項產品、資訊服務等將商品所有權流通行銷給消費者,達到貨暢其流與永續經營的目的。1970 年電子商務萌芽初期演進緩步,直到 1990 年網路科技日益發展後,多數人透過行動裝置恣意遊走在網路世界,才逐漸改變商業經營型態,促使多數人正視產業電子化的腳步,積極拓展線上商務的交易平台。成長初期的電子商務由於受限頻寬與連線速度還不太穩定,再加上消費型態多數仍停留在可視、可觸的傳統購物習慣裡,對於線上交易的商品良莠、個資安全防範、交易支付及運送方式的不確定性等,仍抱持著觀望的保留態度。在 90 年代,台灣較多消費者參與涉入的網購平台,仍以較具品牌代表性的商家為主,例如:eBay 網路拍賣以一支「唐先生打破花瓶」的電視廣告打響平台的知名度,令許多裹足不前的潛在顧客開始參與網路拍賣的交易行列。另一家則是知名入口網站 Yahoo! 奇摩所成立的網路拍賣,同樣也是透過電視密集散佈一句朗朗上口好記的 Slogan (標語):「什麼都買、什麼都賣,什麼都不奇怪」,奠定立足台灣網購平台的霸主角色。這兩者最鮮明的共通之處都在於,本身的知名度及擁有一句簡短好記的 Slogan。

近十來年的發展光景,由於平板及行動裝置問世的加持,網購行為已潛移默化改變了各族群的消費習性,更影響出生在行動通訊暢行無阻 Z 世代青少年的消費基因。其次是,金融海嘯的推波助瀾。當時全球景氣正值百業蕭條,失業率不斷向上攀升、無薪假的變相減薪,都使得消費者開始縮衣節食,足不出戶。為減少日常生活支出,許多人轉向尋求日用替代品,或改以團購方式來降低消費品單價,因此帶動了宅經濟的成長,人們開始在線上下單購物。舉凡食、衣、住、行,包含智能進修學習,稍具知名度的品牌只要能喚起消費注意力,且可透過網路下單宅配,多半都能在

這波宅經濟中享有先占優勢，占有一席之地。你可能已經到過博客來網購書籍、燦坤網購電器、Yahoo! 奇摩或 PChome 搜尋購買所需的產品，這些消費者行為，有些屬於消費者對企業 (C2B)，有些則為企業對企業 (B2B)。然而，諸如以上乃至發展至今的離線商業模式 O2O (線上到線下實體) 所展開的電子商務網路購物活動，逐漸成為多數人耳熟能詳的全民運動。電子商務除了網路購物外還有很多商務活動形式，包括針對企業採購者展開的電子商務活動，例如：中國聯想電腦公司透過電子商務方式採購生產電腦所需的硬碟，這種業務也是電子商務的一部分。

那麼什麼是電子商務呢？有沒有一個比較概括性的定義？電子商務包含下列兩個層面：第一是技術層面方式，係指把網際網路當媒介結合電子通訊的技術，達到資訊流的目的，此部分最主要的作用在「電子商務資訊交換」；第二則是商業活動 (如圖 1-3 所示)，此部分可存在於任何業務類型與商業階層，可以是企業端對企業，或是企業端對一般消費者等。舉凡透過網際網路從事與生產、配銷、交換等商業模式，實現消費者的網上購物、商家之間的網上交易和線上電子支付，以及各種商務活動、交易活動、金融活動和相關的綜合服務活動，均可稱之為電子商務。此商業模式

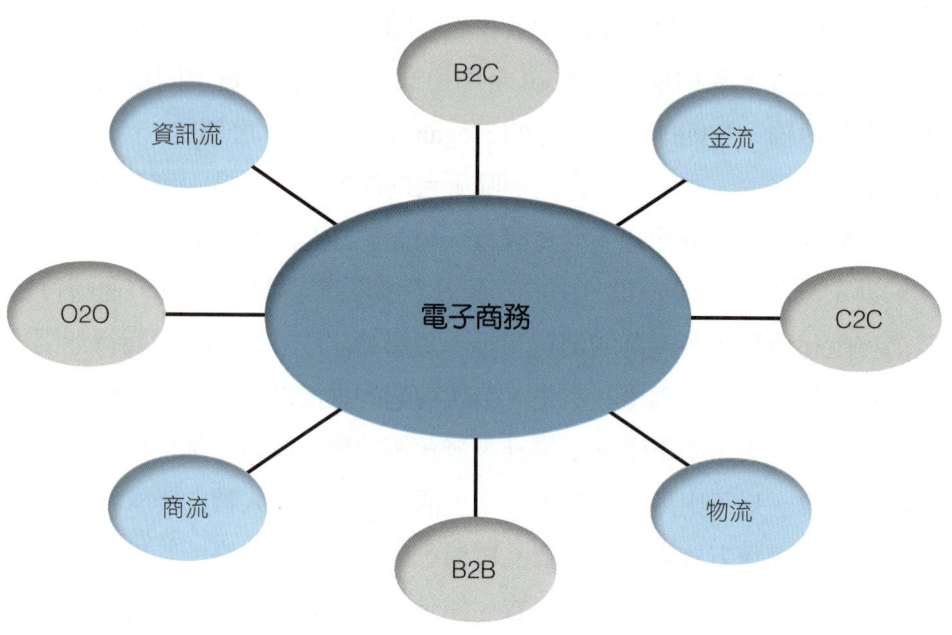

圖 1-3　電子商務的應用範圍

的範圍活動最主要著重在「透過網路進行交易買賣」，而達到整合金流、資訊流、人流、商流的多重目的。顧名思義就是把傳統的商業行為予以電子化後，移到網路平台進行商業活動交易。

　　從上述分析和定義得知，電子商務為傳統商業模式的變革，兩者之間存在高度的關聯性。我們將透過探討傳統商業的型態，來徹底瞭解電子商務。

1.2　傳統商業活動

1.2.1　商業活動的參與者

　　個人購物、休閒、企業採購等這些都是常見的商業活動過程，無論是個人或企業，商業活動存在所有人類交易行為，甚至於生活上皆是。商業活動可分為簡單化與複雜化。常見農民自行將生產的農作物運送至市集，直接販售給消費者，其過程可謂簡單的商業活動。而複雜化的商業活動為多層式，例如：當農民將農產品銷售給農業合作社，合作社再透過協力廠商物流，將所收購的農產品全數配送至批發市場，再經由批發市場將農產品分銷給一至多個中間商，中間商再將農產品銷售至數以萬計的零售商。最後，處於終端的消費者可透過離家最近的零售商購買他們所需的農產品。複雜的商業活動過程通常包含：上游原物料供應商、產品製造商、多階配銷通路、消費者、物流，以及金融業等服務單位。假使該農作物要分銷至國外，例如：澳洲奇異果，其所涉及的商業行為會更為複雜，可能包括各種進出口代理商、運輸關稅貿易、國別行銷模式調整等活動。故此，一個健全的商業活動應涵蓋核心的基本項目。

　　不同產品的商業銷售行為也不盡相同，企業產品組合會因為商品的差異性而形成不同的通路設計。一個商品可以生產製造，經由通路銷售到消費者手上，需經過一連串成功的商業行為傳遞，包括：(1) 製造商因素；(2) 中間商因素；(3) 通路的長度、寬度與密度。簡單來說，「通路階層」定位鮮明，是銷售商品最快速的方式。通路的長度分為四個階層 (如圖 1-4 所示)，分別是：

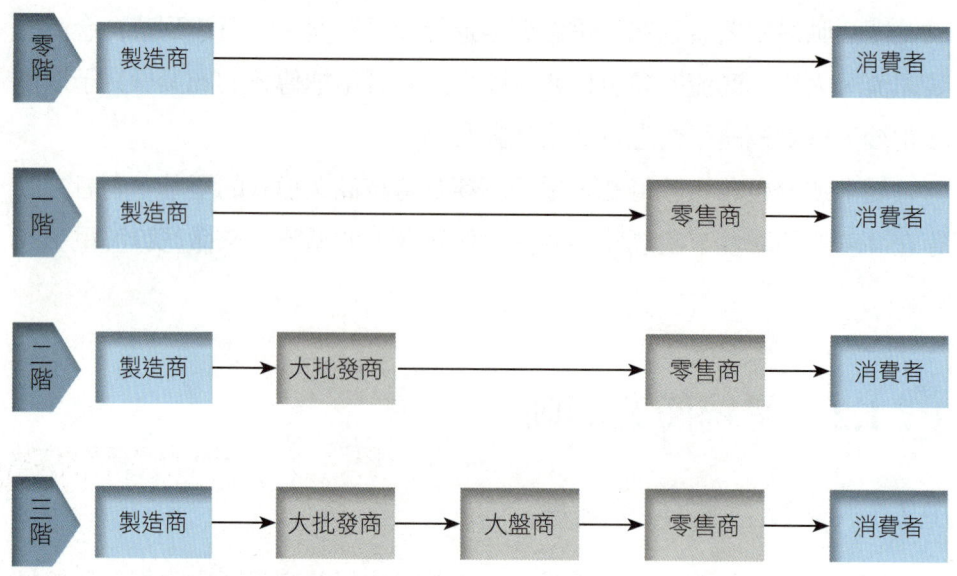

 圖 1-4　通路的長度階層

1. **零階通路**(又稱直效行銷)：生產者直接將商品銷售至顧客手上，常見於特定的大型設備或客製化機械商品等。
2. **一階通路**：從製造商到消費者之間，只存在一個階層的中間商，而此中間商也同時扮演零售商的角色。例如：藥品商→醫院→消費者。
3. **二階通路**：製造商與消費者間存在兩階中間商，常見型態為批發商與零售商。例如：蔬菜農作物→蔬果合作社批發→市場蔬菜攤→消費者。
4. **三階通路**：商品抵達消費者手上前，會經過三個階層的通路商，包括大批發商、大盤商、零售商。例如：咖啡豆→代理進口商→地區性咖啡豆專業批發商→咖啡館→消費者。

　　商業支援服務是指服務性企業或個人(法律顧問、會計顧問等)。在社會分工更趨精細的現代經濟社會中，服務型企業在商務活動有更廣泛的應用。

中國體育用品零售管道

日前,百麗宣佈收購 Big Step Limited 公司。Big Step 目前在中國多個省市銷售及經銷耐吉 (Nike) 和愛迪達 (Adidas) 產品,擁有 600 家自營門市。百麗意圖透過收購直接獲得區域性的零售網路,實現戰略性網路擴張。在 2011 年底,百麗以同樣的目的收購了華南地區最大的運動品牌通路商——深圳領跑體育用品有限公司(下稱「深圳領跑」)。兩次併購後,百麗與中國另一體育用品配銷龍頭寶勝國際旗鼓相當。百麗與寶勝的配銷量已經占愛迪達中國銷量約 70%。

百麗的業務由鞋類及運動服飾兩大部分所組成,運動服飾業務以代理經銷為主,包括一線運動品牌耐吉和愛迪達及部分二線運動品牌,但耐吉與愛迪達兩個品牌的銷售占其運動服飾業務的 85% 以上。目前經銷商的利潤空間被嚴重擠壓,原因包括:勞動成本上漲、物流業租賃成本上升,以及市場競爭增加後折扣促銷的增加,讓經銷商的淨利潤從幾年前的 10% 左右,下降到現在 4%~5%。耐吉、愛迪達等品牌商每年對經銷商都有銷售量增加的要求,達不到要求就拿不到年終獲利回饋。全國性的經銷商想進入一些區域市場,但好的商業資源被當地的經銷商占領,所以區域合作、收購等成為進入當地最有效的方式。2011 年,百麗運動服飾業務仍持續不斷地展店,該年在 30 多個城市,增加了實體店面 1,025 間,與 200 多家百貨商場新增百貨專櫃的合作。與百麗的策略不盡相同,寶勝更注重獨家運動品牌代理權的購買,之前寶勝便買下銳步中國市場的獨家代理權等。

本土遭遇戰

耐吉、愛迪達的策略是品牌與經銷管理的輸出,其通路完全交給百麗、寶勝等代理商打理。而李寧、安踏等中國運動品牌商主要通路則掌控在自己手上,即它們在核心的一、二線城市會開直營分公司或設立銷售公司,零售管道完全由自己控制,而三、四線城市部分區域則交給經銷商代理,其中自己直接控制的店面比例占 60% 左右。在百麗擴張、國際品牌通路下降的過程中,雙方的「遭遇戰」在所難免。「現在往次級市場開店的效果不是特別明顯,因為這些地方本土品牌比我們做得更早,而且有明顯的價格優勢,顧客對它們比較認同。」愛迪達的高層做以上表示。

資料來源:徐春梅,《中國經營報》,2012 年 4 月 2 日。

1.2.2 交易與市場

在商務活動過程中,每一個參與者都用手上的某些資源,換取另一種他們認為更有價值的資源,所以資源交換的過程即交易過程。社會的整體商務活動是由眾多的核心單元、通路和通路成員一起參與及通力合作才完成的。商務活動的各方在參與商務活動過程中,獲得各自所需的商品或資金回報,商品在流通和交換的過程中得到增值。市場在這些眾多的商務活動中形成,正式的市場可以說是起源於幾千年前,古人在村鎮集市上交換商品,實現價值轉換。在現代,市場遍佈全球各個區域,社區的菜市場、沃爾瑪超市、上海的證券交易所等,都是商務活動的市場。商務活動的參與者在市場上按照各自的目標談判和交換,獲取各自想要的東西。經濟學家對市場的定義與商務活動中的市場不同,他們認為市場是買賣雙方計畫協調的過程,把這個交易的場所和參與交易的人稱為市場的構成要素。

延伸閱讀

2010 年中國流通業基本情況:資料基本涵蓋中國內貿工作中的流通行業,主要包括:批發業、零售業、住宿業、餐飲業、居民服務業和其他流通服務業(如表 1-1 所示)。2010 年流通業實現增加值 49,024.7 億元,占國內生產總值的 13.1%;完成稅收貢獻 14,088.3 億元,占全國稅收比重 18.8%;流通業從業人員 13,035.1 萬人,占從業人員數比重 17.1%。

表 1-1 2010 年中國流通業發展及貢獻情況

行業 (資料按當年價計算)	行業增加值 (億元)	占 GDP 比重 (%)	從業人員 (萬人)	占從業人員 數比重 (%)
流通業	49,024.7	13.1	13,035.1	17.1
批發業	35,746.1	9.5	2,240.5	2.9
零售業			6,501.5	8.5
住宿業	8,068.5	2.1	504	0.7
餐飲業			2,338.7	3.1
居民服務業和其他流通服務業	5,210.1	1.5	1,450.4	1.9

資料來源:中國商務部流通發展司。

1.3 創新降低交易成本

1.3.1 創新

創新作為一種理論，可追溯到 1912 年美國哈佛大學教授熊彼得 (Joseph Alois Schumpeter) 的《經濟發展理論》。熊彼得在其著作中提出，創新是指把一種新的生產要素和生產條件的「新結合」引入生產體系。熊彼得認為，經濟生活中的創新和發展並非是從外部強加而來的，而是從內部自行發生的變化。熊彼得進一步明確指出「創新」的五種情況：

1. 採用一種新的產品，也就是消費者還不熟悉的產品，或一種產品的一種新的特性。
2. 採用一種新的生產方法，也就是在有關製造部門中尚未通過實驗檢定的方法。這種新的方法絕不需要建立在科學新發現的基礎之上，並可存在於商業處理一種產品的新方式之中。
3. 開闢一個新的市場，也就是有關國家某一製造部門以前不曾進入的市場，不管這個市場以前是否存在過。
4. 掠取或控制原料或半製成品的一種新的供應來源，也不問這種來源是已經存在，還是第一次創造出來的。
5. 實現任何一種工業的新組織，例如：造成一種壟斷地位，或打破一種壟斷地位。

人們將他這一段話歸納為五個創新，依次對應產品創新、技術創新、市場創新、資源配置創新、組織創新。

20 世紀 60 年代，新技術革命迅速發展。美國經濟學家羅斯托 (W. W. Rostow) 提出了「起飛」六階段理論，「技術創新」在創新活動的地位日益重要。創新由易變難，逐漸成為高知識累積才能完成的工作，無形中也形成創新與應用間的壁壘。俄亥俄州立大學教授羅吉斯 (Rogers, 1995) 提出創新擴散理論，他的研究認為，創新擴散受創新本身特性、傳播管道、時間和社會系統的影響。

進入資訊時代後，資訊技術的發展推動著知識經濟的形成，和創新模

式的更新。身處資訊網路社會的人們可以利用知識網路更快捷和方便地共用和傳播知識與資訊。現在的創新是面向知識經濟的創新，是讓所有人都參加創新，利用各種資訊技術手段，讓知識和創新共用及擴散。

1.3.2 商業創新降低交易成本，提供優質服務

商業模式的創新是 20 世紀 90 年代後期開始流行的，基本建立在交易成本學說上。現代的市場經濟分工對於企業來說，在各業務單位中加工、儲存和共用資訊變得越來越便利，使得公司在經營方式上有了更多的選擇。公司的價值鏈 (價值鏈是指公司在對一種產品進行研發、生產、行銷和提供服務時，產生一系列價值增值活動) 被分拆並重組，眾多新型的產品和服務出現，使得新的分銷管道帶出更廣泛的消費者群體。於此同時，許多新的經營方式應運而生。換言之，公司可以有更多的顧客市場作為選擇，要展開什麼業務和服務、怎麼做這些業務或服務的時候，有了更多的選擇。這意味著對於公司的經理人來說，他們擁有一系列全新的方式來規劃自己的企業，於是每個行業都產生許多新型的商業模式。以前，因為所有公司的商業模式都大同小異，只要確定一個行業就知道自己該做什麼。但是今天，僅選擇一個有利可圖的行業是不夠的，還需要設計一個具有競爭力的商業模式。此外，日益激烈的競爭和成功商業模式的快速複製，迫使所有公司都必須不斷進行商業模式創新，以獲得持續的競爭優勢。作為一個企業，必須深入瞭解企業的商業模式和內部不同要素之間的關係，才能在自己的商業模式被複製前，重新審視和再次創新。

產品與服務創新──Skype

使用電話通信需要繳費給電信營運商似乎是天經地義的事，但 Skype 的營運對這一觀點產生了轉變。Skype 是一家經營全球性網路電話的公司，它透過提供基礎網路的免費通話服務，對電信營運商市場產生很大的衝擊。Skype 公司開發出的 Skype 軟體安裝在電腦或智慧終端機上後，在全世界範圍內，Skype 用戶之間通話是免費的。Skype 向客戶提供免費的高品質通話服務，正在逐漸改變電信業。Skype 用戶之外的通話是要收費的，這種服務稱為 Skype out。透過 Skype 打到家用電話，或者租用

SkypeIn 線上號碼需要費用，但其費率相對於市話較便宜。它也可以撥打國內、國際電話，無論固定電話、手機均可直接撥打，並有來電轉接、訊息發送等功能。Skype 採用的是免費、增值收費的商業創新模式，雖然 90% 客戶選擇的是免費服務，但不能掩飾它的成功。Skype 於 2003 年創辦，創建 8 年時註冊使用者規模已經增至 6.63 億，其中 1.7 億為活躍用戶，每天同時線上用戶超過 3,000 萬。2005 年 9 月被 eBay 收購；2009 年 11 月轉手給 Silver Lake 所接洽的投資團隊；2011 年 5 月 11 日，微軟宣佈以 85 億美元收購 Skype。

1.4 電子商務的創新

1.4.1 電子商務創新的基礎

通訊和資訊技術推動了電子商務活動的建立和不斷創新。通訊和資訊技術使得任何企業都可用小成本的方式與客戶，以及價值鏈上的合作夥伴進行有效的溝通，提高企業運作的效率，創造新的行銷方式，降低企業的營運成本，加快新產品、服務的研發和提供。

網際網路是通訊技術發展的劃時代產物。自網際網路開放以來，從最初的電子郵件應用、BBS，到新聞網站、企業門戶、電子商務網站，都不斷進步和發展。網路的伺服器數量、運作在上面的 Web 網站數量快速地增加。2014 年 6 月 Netcraft 統計，全球網路伺服器的使用量達到 968,882,453 個網站 (如圖 1-5 所示)。

中國抓住這個通訊業轉型發展的機會，在網際網路方面，積極推動寬頻網路基礎建設，硬體設施的不斷完備，為網際網路深入普及和電子商務的發展提供了良好的外部環境。中國網際網路資訊中心 (CNNIC)《第 34 次中國網際網路發展狀況統計報告》顯示，截至 2014 年 6 月底，中國網路使用民眾數量達到 6.32 億，網際網路普及率為 46.9%。2014 年上半年，使用者增加人數為 1,442 萬人，普及率提升了 1.1 個百分點 (如圖 1-6 所示)。資料顯示，中國大專 (含) 以上學歷，網際網路使用率在 2011 年已達 96.1%；高中學歷的網路使用者比率也已經超過九成，達到 90.9%。中國

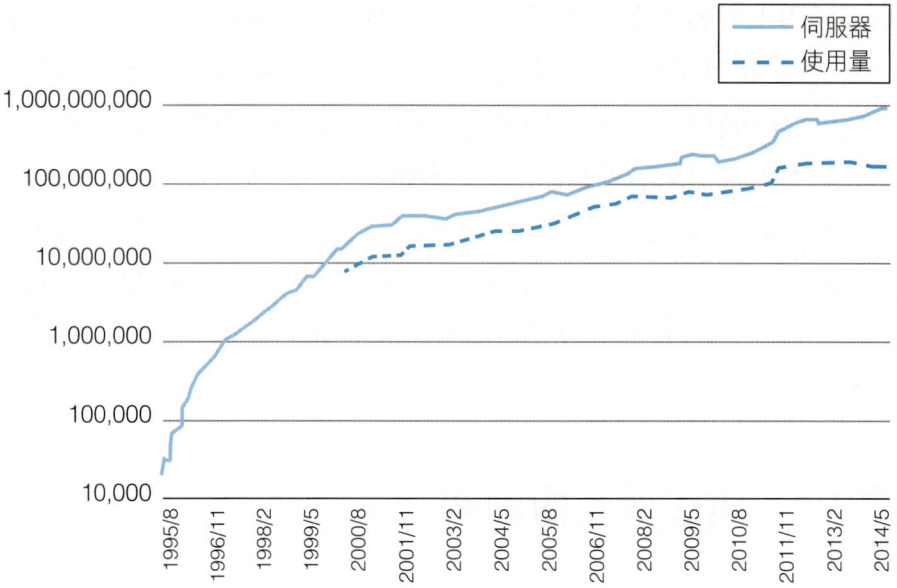

🔊 圖 1-5　全球網頁伺服器數 (1995 年 8 月～2014 年 5 月)

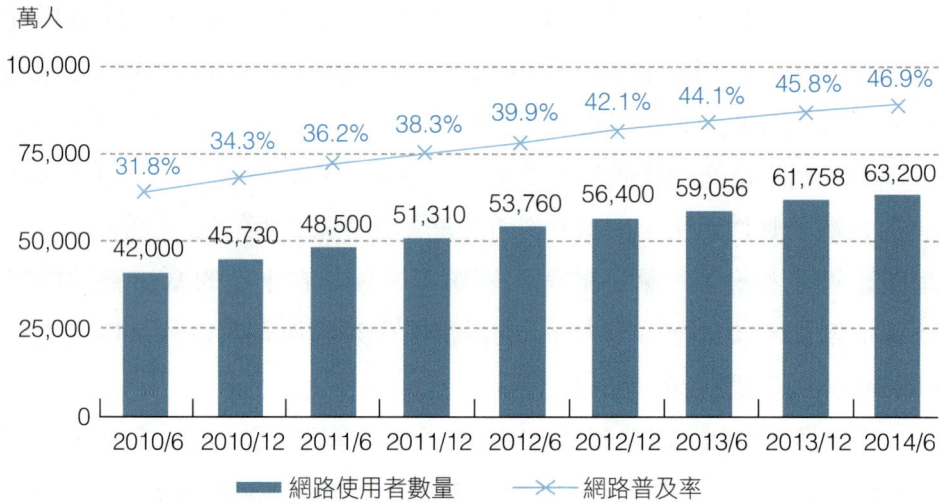

資料來源：中國互聯網絡發展狀況統計調查。

🔊 圖 1-6　中國網路使用者的規模與普及率

網際網路使用者規模仍在繼續擴大中，考慮年齡、受教育水準、收入水準等種種因素，目前中國居民中具備上網能力的人已經轉化為網路使用者。

這個報告同時顯示，中國手持行動裝置的使用者規模在 2014 年達到 5.27 億，較 2013 年成長 2,699 萬人。隨著智慧手機的普及，龐大的智慧

手機用戶規模為行動網路的發展提供了相當良好的基礎，各大網際網路供應商也開始紛紛搶食行動網路這塊商機大餅，而激烈的競爭必將催生供應商朝分眾行銷的需求去創新應用，進一步推動手持行動裝置使用者進入下一輪成長期。

1.4.2 電子商務改變商業模式

　　資訊技術和網際網路使得企業可以在網路上展開商業活動，應用電子商務的方式進行採購和管理客戶關係來促進企業的成長。

　　電子商務打破傳統商業活動地理環境的受限。傳統的商業活動，通常透過單一的地理位置為據點，若需要在不同區域延伸業務，就需要尋找更多的代理商或經銷商，或者企業自行到全球各地設立分公司。網際網路打破資訊傳播的界線，它是電子商務活動熱絡的重要觸媒。當商業行為被電子化後，跨越地理環境的藩籬，不論任何國籍的消費者均可藉由電子商務平台瀏覽不同的品項與下單。如愛迪達進入中國市場，有 70% 左右的業務委託百麗公司與寶勝公司開設的幾千家零售商，這些零售商就是為了滿足不同區域顧客的需求。電子商務以低成本的、開放的、直接的業務形式面對客戶。2010 年 8 月 16 日，愛迪達淘寶商城官方旗艦店正式開啟，愛迪達透過淘寶商城旗艦店為廣大消費者提供一個全新的消費通路，愛迪達可在這個平台上與超過 3.7 億的註冊用戶直接互動，讓消費者可以方便地透過電子商務用戶平台購買到產品。進駐淘寶網的策略，使得愛迪達在營收部分大大增加，相對也降低不少實體店面所需支付的成本。

　　不管是企業間的交易還是零售，展開傳統商務活動都需要一個固定的場地，特別是傳統零售業。想要順利贏得目標市場就必須選擇一個最佳的店面，才有機會將人流轉換為金流，帶來穩定或較佳的獲利。但電子商務不同，電子商務打破傳統商業活動場地的限制，展開電子商務活動只要一個連在網際網路上的電腦作為工具，網站的主頁相當於店鋪的門面，客戶透過瀏覽主頁瞭解所銷售的商品。傳統零售考慮店址的商業性質、周邊商家、購買或租賃等，而電子商務活動考慮的是如何讓顧客知道商品網站，如圖 1-7 為小米手機的官網，讓消費者可以上網瀏覽小米手機的相關商品。

▶ 圖 1-7　小米手機官網網頁

　　電子商務打破傳統商務活動時間的限制。電子商務活動展開不受地域的限制，自然不同國度、不同時區的人們突破時間的限制，可以同時在網路上開創業務，中國商人在半夜 12 點透過阿里巴巴網站向美國商人 (中午 12 點) 進行電子交易，成為普遍的現象。同時各電子商務零售商或自己創業的淘寶店主為了爭取更多的客戶，即使是半夜也忙碌地與顧客進行網路溝通。淘寶網《網購從業者生態環境報告》對不同類型的 4 萬個網路商店客服進行的調查報告顯示：47.9% 的網路商店客服工作時間超過 12 個小時；24.9% 的人在 10 至 12 小時之間；僅 5.3% 的客服工作時間在 8 小時之內。但這部分大多數是兼職客服，有的店鋪保證客戶瀏覽店鋪時有客服人員可諮詢，安排客服人員 24 小時待命。正因為如此，有 56% 的客服人員經歷過日夜輪班制度。

　　電子商務提供賣方和買方更多的選擇。雖然現代市場經濟社會產能充足，賣方和購買方都能從市場上找到更多的交易對象，但電子商務帶來的是交易對象的更大變化。當在淘寶網輸入「女裝夏裝」去搜尋商品時，會顯示出 700 餘萬款商品供選擇。如果你是生產「女裝夏裝」的商家，到阿里巴巴網站上準備採購布料，你會搜尋到 15 萬則的供應資訊。由於電子商務無地域限制，很容易形成全國性，甚至全球性的市場，交易的雙方有了更多的選擇。

　　電子商務可以運用更多、更新的網路行銷方式，企業可以網路為媒介

和手段進行各種行銷活動。透過虛實整合、網路廣告、電子郵件行銷、病毒式行銷、定位化的傳播、搜尋引擎行銷、網路品牌等工具展開網路行銷。方法多，傳播範圍廣且速度快，可以無時間、地域限制地與客戶進行雙向交流，及時回覆客戶的意見，增強企業行銷資訊傳播的效果。例如：2010 年由 Yahoo! 奇摩、趨勢科技及聯發科創辦人等所創立的台灣第一大團購網 GOMAJI (夠麻吉) (如圖 1-8 所示)，是一個以休閒、旅遊、美食為訴求的團購網站。其企業成立之初便是藉由社群擴散力的行銷模式，企業端可借助 GOMAJI 的平台形成群聚效應，提高品牌能見度，消費者也能取得以量制價的優惠價格。因此不到 5 年，GOMAJI 便成為台灣將線上購物、線下實體消費虛實型態整合最受歡迎且成功的案例之一。

　　電子商務業務的創業方式對於小型企業來說，是一個全新的商業機會。小型企業可以不受自身規模小的限制，只要很少的成本就可開始電子商務，而且平等地利用網路的資源，迅速借助網路將產品資訊迅速傳播。小型企業既可以自建電子商務網站，也可借助其他開放平台展開電子商務業務。小型企業在電子商務上可以與大中型企業一同公平競爭，這為眾多的小型企業創造一個良好的發展空間。

　　正是這些電子商務的特點，使得電子商務在全球展示出來的商務模式不斷創新，每一種商業模式創新的鋒頭不到兩年，就會被新的商務模式的鋒芒蓋過，不斷地創新也推動著電子商務的發展。

圖 1-8　GOMAJI 虛實整合的行銷模式

1.5 適合電子商務的產品

電子商務相對於傳統商務來說有非常多的優勢,那麼是否所有的商品都適合電子商務呢?艾瑞諮詢統計資料顯示,2011年中國網路購物市場中,「服裝、鞋帽、包包類」所占比例居首位,市占率為26.5%;排名其次的是「3C及家電類」,所占比例為24.2%。與2010年相比,服裝、鞋帽、包包類比率上升3.7個百分點,3C及家電類比率上升7.5個百分點,各種類中3C及家電類增速顯著。艾瑞諮詢認為,各種類網路購物市場發展速度不一,未來更多細項分類、種類將得到快速發展。2011年以圖書影音和數位家電為代表的種類競爭尤其激烈,這種標準化程度高的商品尤其容易引發價格戰。服裝、鞋帽和包包類產品標準化程度低,在季節變換和節慶假日促銷的影響下,用戶的顯性需求與隱形需求將被有效激發,未來市場發展空間依然巨大。由上可見,標準化程度高的商品或者日用類商品比較適合展開電子商務。亞馬遜從書籍銷售開始不斷拓展銷售商品種類,京東從3C產品開始拓展銷售商品種類,這些電子商務企業都是從標準化程度高的商品開始業務。那麼適合電子商務的產品是否就一成不變呢?其實不然,非標準產品及價格高的奢侈品,在電子商務剛開始的階段被認為是不適合展開電子商務活動的產品,但卻逐步進入電子商務領域。例如,非標準的生活類消費,透過團購網站的銷售,在2010年開始快速走入消費者的電子商務消費領域,奢侈品透過會員制的方式展開電子商務活動,適合電子商務的產品在電子商務技術不斷創新和電子商務被更廣泛的認可之後不斷增長。

1.6 電子商務企業與經營

電子商務的企業是電子商務活動中活力充沛的角色,它們以不同的型態、不同的業務內容和服務方式推動電子商務向前行。這些企業在經營過程中,透過電子商務系統與客戶完成商品交換的過程,電子商務是增加企業財富的高效率經營方式,交換滿足了交易雙方的需求。為了瞭解電子商務在企業的發展,我們從艾瑞諮詢發佈的《2013年中國B2C線上零售商

TOP 50 研究報告》，選取中國 B2C 線上零售商 TOP 30 (如表 1-2 所示) 進行分析，從中可以看出中國現階段電子商務企業的主要構成。

從表 1-2 可以看出，在 TOP 30 的企業中有些在設立之初就是電子商務企業，如天貓商城是從成熟的電商平台淘寶網獨立出來的；有些是電子商務創業公司，如凡客誠品；有些是傳統企業開始展開電子商務活動，如蘇寧、國美、聯想等。不管這些電子商務企業是如何創立的，它們都積極地參與電子商務的盛宴，並在激烈競爭的市場中分到一杯羹。企業經營的目的是為了盈利，電子商務企業也一樣，而不同的電子商務企業設計的盈利模式可以各不相同，有關電子商務企業的盈利模式將會在後續章節提出與讀者研究和討論。

延伸閱讀

GAP 是美國的一家時尚服飾品牌，近年開始採行 O2O 電子商務模式，透過定位服務 (Location Based Service, LBS) 結合團購，引導消費者在線上購物後至實體店鋪取貨。

這些年來，GAP 不斷透過利用 Check-in 及團購方式的概念，誘導顧客到實體店面消費。GAP 在 2011 年與最大的團購網酷朋 (Groupon) 合作，以 25 美元的折價策略，一天賣出 44.1 萬張實體店面的商品兌換券。緊接著，2012 年透過臉書 (Facebook) 的 Facebook Places 功能，凡在美國 GAP 進行消費的顧客，皆可以 Check-in 行動後展示給銷售人員看，便可獲得一件免費的牛仔褲。

我們不難發現，過去僅能單一化的行銷模式，因為資訊科技的提升，使其商業活動型態邁向多方整合。對業者而言，O2O 的行銷模式不僅可為單一個體的小型企業注入新客源，同時也帶來知名度與集客力的提升。

資料來源：http://buzz.itrue.com.tw/blog/?p=109.

電子商務企業透過網路銷售商品獲得企業經營的利潤。與其他傳統企業一樣，電子商務企業需要考慮如何將銷售的商品有效地行銷到目標客戶。電子商務企業除了可以採用傳統的行銷方式之外，更多的是採取創新的網路行銷方式，有效地傳播商品資訊。同時，網路行銷也逐步成為傳統企業展開行銷的一個有效工具。

表 1-2　2013 年中國 B2C 線上零售商 TOP 30

單位：億元 (人民幣)

排名	網站名稱	主營品類	企業類型	2013 年交易額	交易額年增長率
1	天貓 (淘寶商城)	綜合百貨	網上管道	4,410	105.10%
2	京東商城	綜合百貨	網上管道	1,255	71.20%
3	蘇寧易購	數位家電	傳統企業	284	50.80%
4	QQ 商城	綜合百貨	網上管道	273.5	137.80%
5	小米手機	數位家電	網上管道	221	121.20%
6	易迅網	數位家電	網上管道	155	167.80%
7	亞馬遜中國	綜合百貨	網上管道	149.7	42.60%
8	唯品會	服裝服飾	網上管道	144.1	164.90%
9	當當網	綜合百貨	網上管道	125.3	68.20%
10	國美電器	綜合百貨	傳統企業	120	138.90%
11	1 號店	綜合百貨	網上管道	99.4	120.80%
12	聚美優品	美容保健	網上管道	60	233.30%
13	凡客誠品	美容保健	網上管道	47.4	3.00%
14	1 號商城	綜合百貨	網上管道	40	N/A
15	樂蜂網	美容保健	網上管道	30	103.00%
16	新蛋	3C 家電	網上管道	18.1	−4.70%
17	酒仙網	酒類	網上管道	15	25.00%
18	寺庫中國	奢侈品	網上管道	10	N/A
19	聯想官網商城	數位家電	網上管道	10	53.80%
20	銀泰網	綜合百貨	網上管道	9	60.70%
21	優購網	鞋類	傳統企業	7.2	80.00%
22	中糧我買網	食品	傳統企業	7	62.80%
23	走秀網	服裝服飾	網上管道	6.8	−3.00%
24	海爾新商城	家電	傳統企業	6	N/A
25	也買酒	酒類	網上管道	5.8	45.00%
26	賣包包	包包	網上管道	5.5	4.20%
27	樂視商城	家電	網上管道	5.4	N/A
28	夢芭莎	服裝服飾	網上管道	5	−61.50%
29	賣網	時尚百貨	網上管道	5	−13.80%
30	V+ 名品折扣網	名品折扣	傳統企業	5	−35.90%

資料來源：http://big5.askci.com/chanye/2014/08/20/201926j3f0.shtml.

電子商務工作內容繁瑣，因此如何規劃企業的電子商務是首要之計，後續章節將會一一介紹企業拓展電子商務系統的系統模型有哪些、企業和使用者對系統的主要需求、系統的主要功能模組等，以滿足企業電子商務策略發展的需求、網站架設所需注意的細節、電子商務型態與基本的知識認知瞭解、架設電子商務系統可採行的技術，並瞭解一些優秀的套裝電子商務軟體等。

電子商務系統建設過程是一個專案管理的過程，科學有效的專案管理可以降低電子商務專案建設的成本，並提高項目的效率，正式投入運行後要科學組織電子商務系統的營運維護工作，保證系統運行的穩定，這些就要考慮如何有效率地建設電子商務和營運維護電子商務系統。

電子商務在全球的發展歷經興起、泡沫、再興起的幾次衝擊。隨著1995年商業行為應用在網路後，第一次電子商務便應運而生。資方和企業興致勃勃地爭相大筆投入資金，進入電子商務市場體驗其優勢。電子商務第一次浪潮造就了許多新興的虛擬公司、網路資訊仲介，以及IT專業服務商，並帶動傳統產業的資訊化。美國在1999年網路泡沫化初期，當時的電子商務公司掀起一股上市熱潮，有將近100家公司上市。但是這種狀況並沒有持續太久。到了2000年，隨著網路泡沫化日益嚴重，很多電子商務的公司消失，只剩下為數不多的幾家公司。電子商務跌入低谷，生存下來的企業不斷總結和修正經營。同時，電子商務基礎設施、配套的產業、交易法規、認證體系進一步發展，逐步形成理性的新一次電子商務浪潮。就像生命週期一樣，總要透過導入期的經歷與淬鍊，才能邁向成長期的階段，因此電子商務當然也不例外。

1.7 電子商務與相關產業

一個成功的電子商務必須成功整合多方的資源，包含原物料供應端、流通、運輸、行銷整合等策略。為使讀者瞭解傳統商務的供應鏈、傳統供應鏈的價值創造，這樣才能比對分析電子商務環境下供應鏈的價值創造，更加瞭解電子商務環境下的供應鏈特點，並初步掌握電子商務環境下供應鏈管理的運作方法。以期明白如何透過協力廠商物流，將商品有效地送達

到客戶手中，如何透過高科技技術使得物流更加快速，讓客戶有更好的體驗。

此外，電子商務的交易雙方不曾謀面，商家如何收款？如何保證消費者付款之後能收到商品？電子支付的方式有哪些？電子商務業務展開過程中電子支付是如何實現等，我們將在後續章節為讀者詳加說明。

電子商務的發展建構於網路之上，其發展得益也帶動其他產業 (如協力廠商物流、電子支付等產業) 的發展，這些專業化的服務是比較優勢的一種展現。專業化的服務使得電子商務業務的主體，在一定的資源下能夠更加擴大它們業務的規模，有比較優勢的協力廠商服務也在提供專業服務的過程中獲得收益和財富，它們相得益彰造就了網路經濟。

網際網路——電子商務發展的基礎

1969 年，為了能在爆發核子戰爭時保障通信聯絡，美國國防部高級研究計畫署 ARPA 資助相關研究，並建立了世界上第一個封包交換試驗網 ARPANET，該網路建成之初只連接美國四所大學。ARPANET 的建成和不斷發展開啟電腦網路發展的新紀元。

20 世紀 70 年代末到 80 年代初，電腦網路蓬勃發展，各式各樣的電腦網路應運而生，網路的規模和數量上都有很大的發展。一系列網路的建設，產生不同規格協定網路之間互聯的需求。1980 年，一個新的通信協定——TCP/IP 協定研製成功；1982 年，ARPANET 開始採用 IP 協定；1986 年，美國國家科學基金會 (NSF) 資助建成基於 TCP/IP 技術的骨幹 NSFNET，連接美國的若干超級計算中心、主要大學和研究機構，世界上第一個網際網路產生，迅速連接到世界各地。到了 1990 年，World Wide Web (WWW) 全球資訊網問世後，至此，可以透過網路優遊全世界，不再侷限於特定區域才能使用。使用者可透過網路連結彼此主機伺服器來分享圖片、文字或影音，中小企業也在這波浪潮上轉變為電子化體質，以增加其產業競爭力，而台灣也不免俗地加入這場風起雲湧的電子商務世代。

台灣電子商務發展截至目前為止，主要經歷四個發展階段：

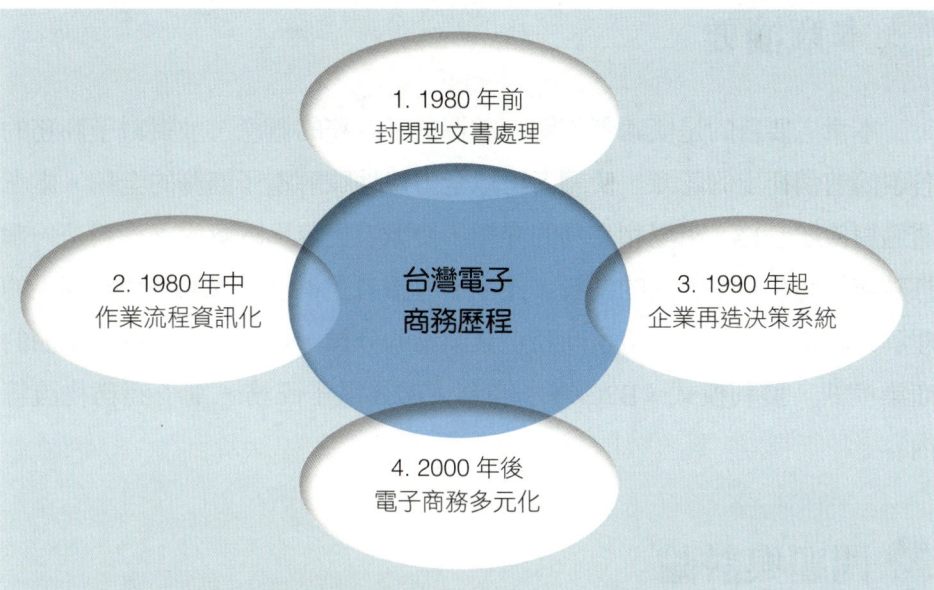

📶 圖 1-9 台灣電子商務發展四階段

1. 封閉型文書處理：1980 年前，企業採傳統式作業方法，主要以紙張傳真或簡單的電腦輸入為主，軟體系統彼此各自獨立，互不相連。
2. 作業流程資訊化：1980 年中，有能力的中小型企業開始引進中大型的電腦工作站，因此，許多相應的軟體開始乘勢而起，如：電腦輔助設計 (Computer Aided Design, CAD)、管理資訊系統 (Management Information System, MIS)、物料需求規劃系統 (Material Requirements Planning, MRP) 等，來協助企業並增進作業流程的速度，同時提供策略分析來改善企業營運狀況。
3. 企業再造決策系統：1990 年起，台灣隨著這波全球資訊網技術的純熟，系統的功能性也有了改變。此階段的特徵在於，系統開發商紛紛研發出多款有利於企業用在體質診斷的策略性輔助軟體，如：用於降低企業成本，使有限資源得以最佳化的軟體──企業資源規劃 (Enterprise Resource Planning, ERP)。
4. 電子商務多元化：2000 年後，電子商務市集開始熱鬧非凡，並呈現多樣化的經營模式，為因應多元數位經營型態及順應顧客差異化需求，在企業外部則擅加利用顧客關係管理 (Customer Relationship Management, CRM) 系統來強化與改善與顧客之間的互動性。而企業內部為提高組織成員的資訊流通與教育，則可借助知識管理 (Knowledge Management, KM) 系統來加以改進。

資料來源：中國互聯網路資訊中心、中國教育和科研電腦網，以及優勢網路科技有限公司 (http://www.urs.com.tw/dzsw.html)。

本章摘要

本章主要目的是使讀者瞭解和掌握電子商務的概念，並對電子商務的各環節有個初步的認識，使讀者可以全方位地瞭解電子商務的全貌。本章透過對傳統商務、市場和交易的介紹，使讀者更容易瞭解電子商務是一個打破傳統商務時空限制的創新，逐步引導讀者對電子商務的概念有深入的理解與認識。接著介紹電子商務企業業務的分類，並簡單介紹後續章節的商業模式、獲利模式、B2C 電子商務、B2B 電子商務、電子商務物流等內容。

問題與討論

1. 何謂電子商務？
2. 試比較傳統商務活動與電子商務的差異。
3. 試簡述電子商務的特色。
4. 通路階層有幾階？設定用意為何？

案例 1-1
電子商務衝擊，華強北遭遇轉型陣痛：逾 10% 商家退場

被譽為「中國電子第一街」的深圳華強北正步入轉型期。

深圳市福田區華強北商業街管理委員會辦公室主任鄧芬表示，從 2010 年底到 2011 年 8 月，華強北商業圈原有商店 3 萬多家，其中 3,500 家商店離開。而一位匿名的華強北業內人士向記者表示，加上未註冊登記的商店，華強北其實有 8 萬多家商店，所以退場的數字應該遠大於 2011 年的 10%。

在華強北分為兩種生意型態：一種是販賣手機、電腦等電子消費類產品的商店，面對的是一般消費者；另一種是 IC 元件的批發，面對的是全球客戶。「很多消費者的購買習慣從線下實體轉移到線上，實體店越來越難做。」有店家向記者表示，很多品牌的筆電甚至是零利潤，為的只是希望拿到廠家在銷售量的利潤；而山寨手機的銷售更是慘不忍睹，多數人已經選擇轉行。山寨手機、平板電腦目前在賣場中所占的比例很小，蘋果、安卓手機和平板及其配件則占據越來越大的比例。經營者之一的朱繼志告訴記者，相繼出現退場的消費類是電

子產品廠商,而另一種生態模式 IC 元件的生意毛利也在逐年降低,賣一個金士頓記憶卡只賺 2 毛錢,因此,很多人選擇電子商務作為創業的另一個起跑點。「不過,要真正整合卻很困難,因為在華強北已自有獨特的生存方式。」

這一點對於經營者黃磊來說有很深的體會,他平時的工作之一就是幫朋友找貨,像手機上的一個小零件,打通電話就能找到。黃磊身邊也有很多做 IC 元件的「老闆」朋友,其實都是原本跟著老闆打零工、發貨的職員。「這一行沒有什麼門檻,基本上做了一個月就能知道裡面的門道,然後自己出來開店,再帶兩個同鄉,如此循環。」在黃磊看來,他們對未來的要求並不高,一年只要賺得比上班族多就可以了。久而久之,每個人都有自己固定的圈子和客戶,雖然不大,但是足以生活。黃磊說道:「華強北的意義對我們來說就是衣食父母。我不認為華強北正在衰落,或者生意會被線上取代。相反地,華強北的商業模式已經形成,而且這種模式已被證明是盈利又有其生命力的,只是華強北需要轉型和升級。」

鄧芬也曾表示,目前華強北依然存在低價市場、市場結構調整、產業結構升級的較大壓力及危險格局,深圳市將對華強北電子市場更支持與關注,加快產業轉型。

「如果華強北還是依賴櫃檯交易,那麼有限的空間資源,包括道路交通都承擔不了。」鄧芬表示:「如果不轉型,我們還是像傳統的科技街拚傳統的行銷模式,則市占率會越來越小,最終導致整個市場萎縮。」

資料來源:改編自李娜,《第一財經日報》,2012 年 7 月 25 日。

討論

1. 華強北傳統商務遇到的主要問題是什麼?
2. 華強北的經營者對電子商務是否逐步取代已有的商務模式的觀點顯然不同,你比較支持哪一種觀點?為什麼?

案例 1-2
善用影音行銷的宏達電 (HTC)

宏達電生產的 HTC 手機可謂台灣精品的代表,媲美南韓三星等手機的品質。宏達電善用臉書粉絲團,請名人代言並整合 YouTube 影音,每每成功製造話題。在 2014 年 7 月數位服務力的評選中,其討論度高達 42 萬則以上,並以 16.7 分蟬聯網路口碑度的冠軍頭銜。

面臨強敵環伺,宏達電在 2013 年開始策劃發行旗艦機,主打 HTC One 系

列，標榜無論價格或品質，其價格效能比 (CP 值) 均比其他品牌來得高。2014 年 M8 問世，董事長王雪紅與執行長周永明慎重地前往倫敦發表新機，並同步在 YouTube 頻道搭配形象廣告與官網進行直播整合策略。結合多項數位平台及倫敦發表後，次日引發高度的討論熱潮。藉由 YouTube 的推波助瀾，宏達電依照目標顧客的特質屬性，陸續邀請素人、蔡阿嘎、五月天來客串或以拍攝趣味影片方式代言。

　　HTC 在 2006 年成立，2008 年開始採用 YouTube 微電影的策略進行話題行銷。3C 商品一向是網路論壇中被高度討論的話題寵兒，特別是開箱文的部分。許多消費者購買商品後常自發性地將商品使用心得發文拍照，潛在購買者往往透過閱讀開箱文的過程瞭解商品內容，及決定後續的消費意願。但由於 3C 討論度高，負評相對也高，而且透過網路傳播的散佈口碑之傳遞力遠比傳統行銷來得快。水可載舟，亦能覆舟，如同進行數位行銷一樣。隨著 2014 年 10 月 iPhone 6 系列上市，網路口碑 No.1 的 HTC 會如何因應這一波市占率的殊死戰，相信許多人都在引頸觀望。

資料來源：改編自吳韻萱，《數位時代》，http://www.bnext.com.tw/topic/view/id/13/32982?cate=article，2014 年。

討論

1. 行銷方式通常為依產品屬性的不同而採行差異化策略，請就你的觀察，說明 3C 產品與生鮮產品在 B2C 這一環節的行銷策略特色。
2. 如果你是宏達電的執行長，面臨 iPhone、三星及後起之秀小米機的左右夾攻，你是否有別出新裁的創新策略？並簡述其做法。

參考文獻

1. 加里·施耐德著，成棟譯 (2010)，電子商務。北京：機械工業出版社。
2. 亞歷山大·奧斯特瓦德、伊夫·皮尼厄著，王帥、毛心宇、嚴威譯 (2012)，商業模式新生代。北京：機械工業出版社。
3. 保羅·海恩等著，史晨主譯 (2012)，經濟學的思維方式。廣州：世界圖書出版公司。
4. 派翠克·鄧恩、羅伯特·勒斯克著，趙婭譯 (2007)，零售管理。北京：清華大學出版社。
5. 塔默·卡瓦斯基爾、加里·奈特、約翰·雷森伯格著，王欣雙、範連穎、盧欣

譯 (2009)，國際商務。北京：中國人民大學出版社。

6. 2013 年中國 B2C 線上零售商，2014 年，取自 http://big5.askci.com/chanye/2014/08/20/201926j3f0.shtml。
7. 中國經營報，2012 年，http://www.cb.com.cn/companies/2012_0331/357665.html。
8. 中國商務部流通發展司，http://ltfzs.mofcom.gov.cn/article/l/bo/bp/201206/20120608165412.shtml。
9. 全球網頁伺服器數，http://www.cnnic.cn/research/zx/qwfb/201206/020120629338546234795.pdf。
10. 韓國 Homeplus，http://unkindcabinet.tistory.com。
11. 數位時代，2014 年，http://www.bnext.com.tw/topic/view/id/13/32982?cate=article。
12. 優勢網路科技有限公司，http://www.urs.com.tw/dzsw.html。
13. CNNIC，2012 年，http://tech.sina.com.cn/i/2012-07-19/10377406097.shtml。
14. GAP，2011 年，http://buzz.itrue.com.tw/blog/?p=109。
15. GOMAJI，http://www.gomaji.com/Taipei。
16. Rogers, E. M. (1995). *Diffusion of Innovations* (4th ed.). New York, The Free Press.
17. Ted Haynes (1995). *The Clectronic Commerce Dictionary*. Robleda Company, Menlo Park, CA.

2 電子商務商業模式與創新

Google 的持續創新

　　Google 是一家美國的跨國資訊科技公司。1998 年 8 月，當時 Google 尚未成立，太陽電腦系統有限公司 (Sun Microsystems) 的聯合創始人安迪・貝托爾斯海姆 (Andy Bechtolsheim)，支付給尚在史丹佛大學攻讀理工博士的謝爾蓋・布林 (Sergey Brin) 與賴利・佩吉 (Larry Page) 一張 10 萬美元的支票作為搜尋引擎的開發與商業營運之用；1998 年 9 月 4 日，布林與佩吉便在位於加州門洛帕克的友人家中車庫創建了 Google。

　　成立初期以提供網路搜尋為主要服務，其業務範圍包羅萬象，涵蓋：影音廣告、搜尋引擎、自建開發的工作工具、地圖導覽、社群網路服務、作業系統。科技始終來自人性，開發使用者需求創造滿足，使得 Google 在大幅提高使用者便利性之餘，意外地成為其他資訊科技產業競相仿效或整合的對象，也連帶帶動旗下供應鏈通路相關產業成員的成長，如：鴻海、東芝 (Toshiba)。

　　許多產業因借助 Google 的系統加持，而產生新的競爭優勢，Google 促使電子商務的觸角朝更多可能性發展，內容也更加多元化。例如，擴增實境 (Augmented Reality, AR) 的開發，未來將可應用在旅遊、教育、醫療、行銷的電子商務上。

　　2015 年 Google 其一 Ara 專案，通過美國專利與商標局的核准，將於 2016 年第二季發表一款新台幣 1,500 元起，模組化 DIY 的智慧型手機 Gray Phone (灰機)。這款手機的特色是由 Google 提供螢幕、電池、處理器、Wi-Fi 模組的基本配備，消費者可依軟、硬體功能性需求，例如：多媒體、攝影機、網路、外

殼自行組合。主要目標客群鎖定仍在使用低價功能手機的消費者，讓更多消費者可以體驗智慧型手機所帶來的便利性，同時擴大手機軟、硬體的整體市場規模與競爭力。

2.1 商業模式

商業模式 (Business Model, BM) 指的是,企業為顧客在創造商品價值、傳遞商品或資訊及獲取心理滿足的價值活動。商業模式能正確引導企業往目標前進,進而使其在商業競爭活動過程中強化核心優勢。一個健全的商業模式應囊括企業內及企業外所有關於商業營運活動中,可控制與不可控制的細節,舉凡企業內各部門資訊科技技術的建置、財務結構、組織文化、通路成員設計與教育。具有競爭力的企業,所具備的商業模式可使該企業價值得以充分發揮並有所依循。在資訊通訊技術發達的現代,商業模式應建立在企業電子化的利基上,透過有限資源最佳化的建置,提供顧客所需的產品與服務,來達到獲利及創建企業價值的商業目的。

Al-Debei 和 Avison (2010) 針對過去諸多學者的研究進行結構性的整合詮釋,認為商業模式應具備價值主張、價值組態、價值結構、價值財務 (如圖 2-1 所示),在謹守其原則下,隨時依照產業市場動態進行彈性調整,茲分述如下:

1. **價值主張** (Value Proposition):係指使目標顧客瞭解企業未來的承諾與展望,同時滿足其在商品與服務的交易環節中的需求和問題解決。其用意在於,檢視顧客對成本、顧客價值、效益的關聯性。價值主張可透過公式檢視:顧客價值 = 效益 / 成本 (包含風險)。除此之外,價值主張應包括:

    (1) 產品及服務:排解目標顧客在面臨產品或服務時的問題及狀況,

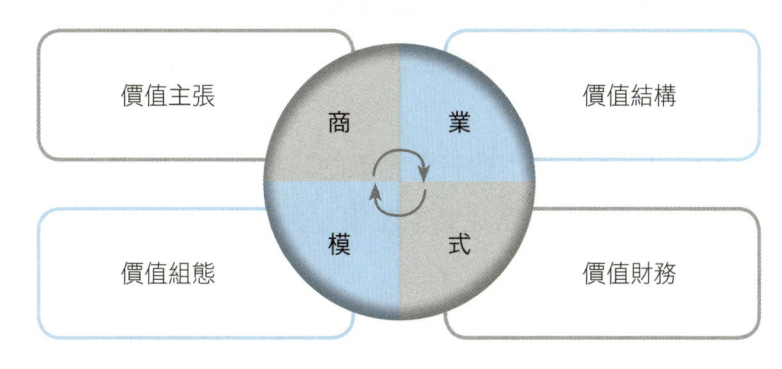

▶ 圖 2-1 商業模式示意圖

以滿足心理預期的需求，進而創建對企業價值的認同。

(2) 目標客群：商品為使其達到企業預期的市占率，而進行市場區隔，進一步鎖定區隔後的目標顧客，提供產品或服務之所需。

(3) 建立企業價值：透過實體產品或技術，有效解決目標客群的問題，來達到建立企業價值的目的。

2. **價值結構** (Value Architecture)：企業在價值結構的建立上，應包含組織營運所需的環節，如企業內各部門的軟硬體設備管理系統，企業外合作夥伴關係的管理。其要素涵蓋如下：

(1) 組織的文化：泛指企業內所形成的風氣與文化，其因素來自於企業秉持的態度、價值觀與落實的信念。

(2) 組織的結構：係指企業在人力專業分工上的層級設計。

(3) 資訊科技設備：係指可應用於企業運作，達到降低營運成本的系統工具。

(4) 技術設備：支援企業在商業活動中的人力或設備。

(5) 核心競爭能力：舉凡營運行為中，企業在市場中所具備的競爭優勢，如研發技術、財務能力、資訊技術、人事管理或其他優於競爭者的特殊資源。

3. **價值組態** (Value Configuration)：泛指可影響企業達成價值主張之因素，及形成價值鏈關係的成員組織型態。價值組態包含：

(1) 關鍵流程及營運活動：為實現價值主張所宣揚的宗旨，不同的業務類型屬性會採用不同的關鍵活動流程，其方法便是在商業活動過程中，針對企業內及企業外進行階段性的目標變革。例如，為改善資訊傳遞品質所進行的流程再造。

(2) 通路設計：較佳的通路設計，應包含一連串商品送抵目標顧客過程中的通路整合。

(3) 利害關係人：攸關消費者對企業的購物意願與評價，以及整體營運績效的影響者，常見如：股東、金融單位、供應鏈成員 (批發商、零售商) 或市場消費者。

(4) 顧客關係管理：為開發潛在顧客及維繫現有目標顧客，在購前、購中、購後的交易行為所建立的管理方法。

4. **價值財務** (Value Finance)：舉凡產品或服務、營運相關支出成本或企業獲利來源均包括在價值財務的規範中。企業可透過價值財務清楚檢視獲利現況及尚可開發的市場趨勢與方向。價值財務可包含：

   (1) 定價結構設計：為使商品能得到目標顧客的青睞，符合消費者在價格上心理預期的接受度，企業在提供產品或服務過程中所擬定的價格。

   (2) 成本模式分配：為達企業獲利的目的，在商業營運的過程中所必要投入的資源，如直接成本或間接成本。

   (3) 潛在獲利來源：不屬於現有規劃中可掌控的獲利來源，但卻可開發的方向。

   (4) 收支結構來源：企業常見的收支結構分配大致可分為，企業外的市場端，如商品市占率；企業內所建立的價值鏈體系，如供應商原物料進貨價格成本、通路流程所需支出或獲利的部分。

一個健全的商業模式，其範圍需囊括企業內、外可掌控的所有環節，包含企業內部的各部門單位、生產流程，外部的合作夥伴之間溝通或商業活動所需的成本控制，以及其他不可控制的外在環境變化。良好的商業模式有助於創造企業的價值，其內涵必須隨時依市場變化而彈性調整，同時與企業行政及決策的資訊系統充分相容，使企業得以降低不必要支出的營運成本，同時亦能給予決策者立即且適當的決策分析支援。

2.2 電子商務的商業模式

隨著 Web 2.0、Web 3.0 的興起，系統不再像過去那般僅能提供簡單的單向操作服務，而外在整體無線通訊的整合及使用環境的提升，意外使得行動通訊的使用量連帶增加。電子商務除了以往 B2B、B2C、C2C、C2B 之外，近年由於資訊通訊技術因素開始朝向特色化、個人化、虛實整合化做聚焦行銷的切割，例如：B2E 企業對員工所開放的專屬福利網站、O2O 線上到線下實體的整合。

此外，適地性的定位技術服務 (Location-Based Service, LBS) 的發展

應用也是電子商務目前最好的推廣利器。其可應用範圍包羅萬象,例如:社群行銷可利用的打卡功能、單車騎乘紀錄導覽、臨近美食和住宿蒐集、計程車業者可借助 APP 提供乘客就近叫車、線上付費及乘車紀錄與滿意度等多重便利整合服務,及 Googel Maps 於 2014 年 7 月推出搜尋位置的氣象加值服務 (如圖 2-2 所示),其他尚有適用於精準行銷的推播技術 (Push Technology) 等。拜無線通訊與手持行動裝置白熱化所賜,電子商務的商業活動觸角變得豐富且多元。

2.2.1 電子商務模式的分類

目前的論述中有許多各式名稱的電子商務模式,而且還在不斷創新中,但企業與學者一般認可的還是根據商務活動類別對電子商務模式進行的劃分。企業發展電子商務活動初期,會依據交易型態或商業營運的參與模式,將企業在電子商務活動的發展以銷售對象來區隔,例如:企業間的電子商務交易行為 B2B,或企業對消費者的零售交易 B2C。這個商業模式分類方法是根據商務活動類別,也就是將客戶群體細分為個人使用者和企業用戶兩個群體,這是電子商務商業模式中最簡單的分類和最普遍接受

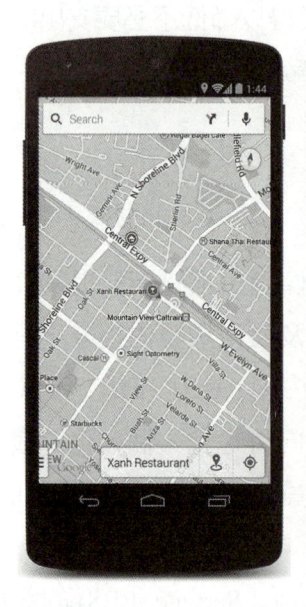

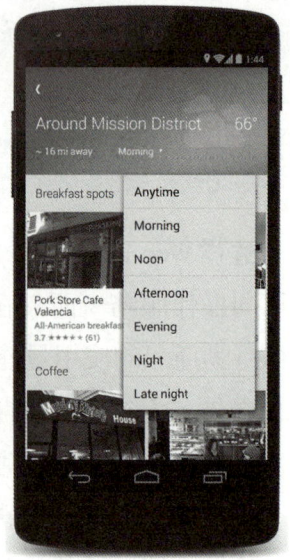

圖 2-2 Google Maps APP 圖

的分類方法 (如圖 2-3 所示)。

2.2.2 電子商務模式最新發展趨勢

根據買賣雙方的特有屬性，可進而區隔電子商務的經營形式。多數的電子商務穩定，且大宗利潤來自於企業與企業之間的商業交易買賣，少數來自於零售市場。據此，電子商務依現況與趨勢可分為以下模式：

1. 線上到線下實體 (O2O) 模式

商品可以藉由物流或資訊傳遞，但服務無法進行儲存和切割。為使消費者能經由服務體驗消費帶來滿足的感受，及透過更多優惠或折扣來刺激商品在市場的流通速度，線上到線下實體商店同步整合的行銷販售活動堪稱目前電子商務的新趨勢。

O2O 係指消費者將線上當作前台，透過網路購買商品後，至線下實體商店 (後台) 享受體驗相關的服務。傳統的電子商務是線上行銷加物流

B2B
特徵：企業間
商業模式傾向規模經濟 (少樣多量)
交易產品數量大 (原料、半成品或成品)
交易過程較複雜但金額較多

B2C
特徵：企業對消費者
商業模式傾向範疇經濟 (多樣少量)
交易品項多元，但由於購買來源較廣，交易金額通常僅次於 B2B 的交易量

C2C
特徵：消費者對消費者
買賣雙方均為消費者
交易品項較少，購買來源與交易金額次於 B2C

C2B
特徵：消費者對企業
買賣雙方分別為消費者和企業
交易品項多元，透過團體訂購來增加消費者的議價能力，交易金額與數量優於 C2C

圖 2-3　常見的電子商務模式

配送，日常生活中許多商品和服務必須到店消費，例如：餐館、酒吧、健身房、KTV、加油站、理髮店、乾洗店等。還有一些服務不僅僅是因為這些線下的服務不能裝箱運送，另一方面是快遞本身無法傳遞社交體驗所帶來的感受。這些服務在整個國民經濟中占有很大的規模，線下實體這些商家也有發展電子商務的需求，到線上發掘和吸引客源，而 O2O 商業模式是線上行銷加線下服務。透過 O2O 模式，消費者可以線上篩選商品和服務，再到實體店購買和消費，或者線上支付預訂線下的商品和服務，再到線下實體商店享受商品和服務。

　　O2O 商業模式的核心很簡單，就是把線上的消費者帶到實體商店中，O2O 透過有線或無線物聯網 (Internet of Things, IoT) 提供商家的銷售資訊，匯集有效的購買群體，消費者線上獲得商品資訊、優惠憑證，預訂商品或服務，也可直接線上支付相關的費用，再憑各種形式的憑證至線下實體商店完成消費。透過線上接單與線下服務的虛實整合，能有效解決實體商店 (特別是單打獨鬥的實體商店) 日漸流失客源的困境，平衡實體商店較高的營運成本支出，也能拓展更多的商品銷售量及提高企業品牌的能見度。

2. 垂直電子商務模式

　　垂直電子商務模式是指，只在某一個行業，或針對某單一市場深入經營的電子商務模式。這類網站多為從事同種產品業務，例如：B2B 的中國化工網、B2C 的聚美優品，其業務都是針對同類產品的商品。中國化工網是專業化工網站，其針對化工企業以及需要化工產品的企業展開化工企業網上推廣、化工產品資訊發佈、網上化工貿易資訊撮合、化工資訊電子雜誌、化工市場行情資訊等服務。聚美優品創立於 2010 年 3 月，專營化妝品的銷售，每天在網站推薦幾百款熱門化妝品，並以遠低於市場價折扣限量出售。垂直電子商務是認為，專業化經營將會有更好的服務品質和營運效率，以及帶給消費者更齊全的品項和更低的價格。當垂直電子商務成功經營一段時間後，銷售規模開始大量增加，每天有大量訂單、有大量的客戶基礎、流量入口作為電子商務產業鏈前端，價值不斷突顯，同時電子商務企業面臨提高收入與降低成本兩方面的壓力。有些垂直電子商務開始拓展更多的種類，就轉向為綜合電子商務 (或稱為百貨電子商務)。以大

陸電子商務為例，京東商城以單一的 3C 用品作為電子商務的產品，及以圖書為主的當當網，後來都轉為銷售多元化商品的電子商務業者。垂直電子商務模式和多元性電子商務模式是電子商務企業經營過程中，價值主張的不同選擇而區分出的商業模式。

3. 社群化電子商務模式

社群化電子商務模式是依附社群媒體，主要透過建構核心用戶資源，聚集一定的用戶之後，展開相關業務的電子商務商業模式。這種基於使用者自主分享的商品內容，來引導使用者產生購買或者消費行為，讓電子商務領域變得更具人性化。社群化電子商務網站在中國的爆發年是 2011 年，例如：蘑菇街、美麗說、貓途網、花瓣網、知美網等為代表的購物分享平台。這類平台多與女性用戶相關，且大多數商品話題與時尚、美麗、家居有關。社群化電子商務透過社區分享與個性化的評論管道，作為散播行銷資訊影響消費者的最佳媒介。

按照具體的展現形式來分，現在的社群化電子商務平台有些基於共同興趣的社群電子商務模式，這種模式的特點解決了使用者對逛街購物的需求，同時營利模式也很直接，營利能力較強。本模式是以圖片加興趣的形式，這種模式在國外的代表為 Pinterest，即 Pin (圖釘) 加 Interest (興趣)，用戶可以把自己感興趣的東西用虛擬方式釘選在訂板 (PinBoard) 上。這種模式的特點是簡單、互動性強、視覺衝擊力高、容易快速聚集大量用戶。在這種具有視覺衝擊力的圖片架構下，使用者轉換購買喜歡產品的機率高，而且這種表現形式使網站看起來更像一個社群，而不是電子商務。更重要的是，Pinterest 架構提供了一種主觀排序，它與淘寶網所慣用的價格、銷量、所在地等客觀排序不同。這種排序演算法對社群化電子商務很重要，讓價格昂貴的好東西也能賣出去。

社群化電子商務受到歡迎還有一個更深層的原因，即社群化電子商務的導購功能。2012 年蘑菇街作為擁有超過 600 萬名女性買家用戶的購物社區，每天向淘寶網導入約 8 萬筆交易而獲得佣金，被當作變現能力最強的社交網站之一。電子商務的快速發展培育了眾多的買家和賣家，也讓物流、ERP 技術、金融支付等電子商務的協力廠商服務行業，形成頗具規

模的服務集群。社群化電子商務還處於發展階段，只有當社群化電子商務成為產業鏈中不可或缺的一環，它的價值才能展現。

4. 行動電子商務模式

據統計，截至 2012 年 6 月底，中國手機用戶達到 3.88 億，手機首次超越傳統電腦成為第一大上網設備。隨著智慧型手機及 3G 業務的推廣，行動裝置在商業運用中日漸普及，消費者對電子商務服務提出更高的便利性要求，行動電子商務正逐漸憑藉技術和應用上的優越性，顯示出強大的生命力。行動電子商務是指透過手機等行動通訊設備，實現電子商務過程的商業模式，其獨特的營運模式和交易方式成為電子商務活動一個重要的發展方向。

行動裝置及行動物聯網的發展和普及帶來全新的使用者習慣和消費模式。行動電子商務的這些特點也為我們帶來新的電子商務思維。在 2011 年，平板電腦使用者成為電子商務消費的主力軍。Adobe 公司調查了 150 家電子商務網站的銷售資料，來自平板電腦的平均訂單額高於來自桌上型電腦的平均訂單額。該調查指出，平板電腦的用戶更年輕。有研究指出，使用者使用行動設備進行購物時的心情更為迫切。在得到搜尋結果之後，高達 88% 的使用者在 24 小時之內都會下訂單。這對電子商務網站很有啟發意義，對於行動用戶端，廣告形式必須簡潔乾淨並排除無關資訊，方便使用者快速做出決定。搜尋廣告點擊率是能夠反映消費者意圖的一個很重要的指標，較高的點擊率表示用戶提供了更多具有價值的搜尋，可為最終的零售商和廣告商帶來更多利益。資料顯示，在 2012 年 1 月，行動設備的廣告點擊率比桌機搜尋高出 45%。用戶在上班時間通常是忙於收發電子郵件，而夜間就是最適合行動購物的時間點。Google 行動廣告指出，來自平板電腦和智慧型手機的搜尋指令，在晚上 9 點是高峰。可以預期行動商務未來仍有相當龐大的市場潛力開發商機。

5. 行動定位服務的電子商務

行動定位服務 (Location Based Service, LBS) 電子商務是透過電信營運商的行動通信網路，採用全球定位系統 (Global Positioning System, GPS)、基地台等相關定位技術，結合地理資訊系統 (Geographic Information

System, GIS)，透過手機終端確定使用者實際地理位置資訊，以用戶端軟體、訊息、語音、網頁等方式，為使用者提供以基地地理位置資訊為基礎的各類電子商務服務。

艾瑞諮詢《2010~2011 年中國行動定位化服務行業研究報告》指出，2010 年除了以定位為核心服務的企業大量增加並迅速發展外，中國社群網站和微博服務提供者也紛紛更新行動網路產品，將定位作為配備標準融入手機用戶端產品功能中，加快行動網路策略部署，定位服務在中國行動網路產業界得到廣泛認同和快速發展。目前定位化服務行業處於市場導入期，2010 年全年中國位置定位使用者規模為 330 萬人，並以 290.6% 的年增長率快速增加。到了 2013 年，使用者規模達 8,100 萬人。

目前中國的定位化服務商業模式主要包含三類：商務服務、廣告服務，以及使用者加值服務。商務服務主要是整合使用者定位行為與本地生活資訊、實現使用者流量的互相導入、提升商家交易額度和用戶定位活躍度。使用者加值服務收費目前逐漸成為提供定位化服務企業的獲利模式來源，未來將朝向行動商務和定位遊戲方向發展。提供不同定位服務化種類的企業可以結合自身優勢 (使用者、管道、內容) 推出相對的特色服務。

定位化服務電子商務使用者規模變化、產業鏈整合、技術演進發展、應用服務創新、新競爭者進入和成本壓力、市場風險等諸多因素，雖然增加了定位化服務市場格局發展的複雜性和不確定性，但定位化服務電子商務不斷整合使用者位置資訊與社交網路、行動行銷、在地化生活服務，引領資訊技術服務和商業模式的創新與發展，未來將塑造行動網路的新生態與遠景。

2.3　電子商務商業模式創新的推力

商業模式創新是在一定的動力驅動下進行的一種創新活動，我們可以看出企業商業模式的構成有變化時，都可以演進為一個新的商業模式。以下探討哪些因素在推動電子商務模式時會不斷地創新。

1. 新技術開始市場化應用是電子商務模式創新的一個推動力

新技術一旦開始規模化應用之後，就會轉化為適應市場的產品和服務，並推動新的商業模式的創新。新技術的市場化是商業模式創新的動力之一，突破性技術產生後不會直接產生新的商業模式，一般只有等突破性的技術持續使用後才會有新的商業模式。此時，商業模式的創新就是為了新技術的市場化應用而進行的。手機上網功能剛開始推出時沒有帶來行動電子商務的商業模式，但智慧型手機出貨量的不斷增長，推動著更多的行動電子商務企業創立和業務的發展。全球權威資料公司 IDC 發佈的資料報告顯示，2012 年第二季，全球智慧型手機的出貨量達到 1.539 億支，比上一年度增長 42.1%。中國廠商中興通訊第二季智慧型手機出貨量為 800 萬支，比上一年度大幅增加 300%，進入全球五大智慧型手機品牌的行列。

中國互聯網絡信息中心 (CNNIC) 發佈的《第 30 次中國互聯網路發展狀況統計報告》顯示，截至 2012 年 6 月底，手機用戶規模達到 3.88 億，較 2011 年底增加約 3,270 萬人，首次超越傳統桌上型電腦用戶，用戶使用手機連結網際網路的用戶，比 2010 年底的 69.3% 提升至 72.2%。當前，智慧型手機功能越來越強大，行動上網應用出現創新熱潮，「0 元智慧機」的出現，大幅降低行動智慧裝置的使用門檻，進而促成普通手機用戶轉變為手機上網用戶。Google 發佈的最新調查資料發現，全球智慧型手機使用者熱衷於使用本地資訊服務。資料顯示，全球搜尋在地化商業資訊的智慧型手機使用者比例超過八成，在搜尋在地化資訊的智慧型手機使用者中，約有八成使用者會根據所搜尋的在地化資訊採取對應的商業活動。

延伸閱讀　書籍的電子商務

圖書界的 Netflix：Oyster 談論電子書的未來

素有電子書 Spotify (可離線免費收聽的高品質音樂網站) 美名之稱的 Oyster，於 2012 年獲得 Founders Fund 公司投資的 300 萬美元，後續又得到 1,400 萬美元的融資。綜觀目前電子書的市場幾乎被亞馬遜網路書店 (Amazon)

壟斷，為此，Oyster 將目標市場定位在只提供電子書籍的閱讀上，消費者只要每月花費 9.95 美元，不需額外透過電子書專用設備，即可在線上「讀到飽」。

截至 2014 年 11 月，Oyster 已和 1,600 家出版社合作上架 50 萬冊叢書，旗下合作夥伴(包括迪士尼等高知名度的集團)也透過 APP 行銷來提高能見度。

為了與巨擘亞馬遜網路書店大相逕庭，Oyster 於 2014 年 11 月初推出嶄新的服務──Book List，其介面神似音樂功能的播放清單。因應不容小覷的後起之秀的競爭，亞馬遜網路書店也推出與 Oyster 相似的產品服務──Amazon Unlimited。

Oyster 成立於 2013 年，創辦人都很年輕，站在換位思考的消費角度上，共同創辦人之一威廉 (Willem Van Lancker) 認為，美國的閱讀人口相當龐大，圖書市場銷售範圍不僅止於美國境內，甚至跨境外銷的獲利遠高於音樂與電影的輸出；其次，手持行動裝置與交通習慣改變了消費行為模式，瑣碎的時間可涓滴成河，轉換為巨大的商機與利潤，只要裝置相容性高並同時具備便利性。

如何刺激 Oyster 用戶的黏著度，使他們找到或發現自己喜歡的書，進而閱讀更多書籍？共同創辦人威廉表示，Netflix 串流媒體服務便能解決此問題。Netflix 成立於 1997 年，在美國及加拿大是一間知名度相當高的媒體服務供應商，主要提供 DVD、藍光等光碟線上出租。當人們回到家中選看有線電視，閱

讀或開啟 Netflix 之際，多數人最終的使用習慣仍會不自覺地選擇 Netflix 來收看。如同台灣當地的有線電視或中華電信 MOD，收視戶通常不會事前留意目前所播放的影片主題，而是對有線電視所規劃的節目照單全收。有線電視提供「菜單」，用戶不見得知道當下想吃什麼菜，但往往會從菜單中發現喜歡吃的菜。Netflix 的串流服務也是如此，而 Oyster 的策略也依此路徑作為策略考量。

電子書終有一天不需再額外借助其專用設備，未來必定能如攝影功能或 MP3 功能般相容於手機。為此，Oyster 創辦人均對未來的整合前景與營運規模感到樂觀。

電子商務催生了許多新創的行業，也造就許多傳統產業得以固守盤池、繼往開來，創建新的產業價值。

資料來源：Oyster 電子書，http://www.theverge.com/2014/11/5/7156767/oyster-willem-van-lancker-interview-future-of-books。

2. 商業環境壓力是電子商務創新的推動力之一

企業所處的商業環境是不斷變化的，一個企業已有的商業模式是適應當時的商業環境。當商業環境發生變化，為了適應其變化，在市場競爭中獲得有利地位，企業就需要調整或創新商業模式。電子商務使用者基礎穩定增長，使用者對電子商務依賴程度和信任程度進一步加深，電子商務活動支出持續增加。應對電子商務環境的逐步成熟，電子商務企業不斷改善產業鏈，增加倉儲物流支付等體系建設，而品牌商、通路商及其他網路龍頭紛紛增加在電子商務行業的佈局，大幅提高電子商務營運的水準，豐富了用戶的選擇並且推動電子商務市場的規範。企業商業模式的調整和創新是為了保證建立在一致性、集中性、依存性基礎上的最佳化和效率，適應動態的、不連續的、激進變革的商業環境。從長遠來看，商業環境的變化是持續不斷的，在一個新的商業環境下會造就一批成長的企業，也會有一批企業不適應新的商業環境，而在競爭中落後或慘遭淘汰。

延伸閱讀　定位系統的電子商務——打卡找到藍海新商機

在討論定位技術服務 (LBS) 之前，有必要先瞭解全球定位系統 (GPS) 及 LBS 的關聯性。由於 GPS 的系統已融入我們的生活當中，多數人對 GPS 的瞭解遠高於 LBS，例如：行車導航。

GPS 是源自美國國防部所研發的系統，其設計目的是為應用在飛機領航與飛彈導航上，後來便將此系統開放給民間業者開發使用。該系統要發揮其功能必須結合三個結構，分別位於 2 萬公里高的太空中運行的衛星 (共 24 顆)、地面控制站，以及地面使用者所持的接收器。藉由遠在高空的衛星 24 小時不斷地運行，地面接收器可以很精確地在數秒內得知所在的座標位置。GPS 是一套全球性的定位系統，而本章內容先前提到的 LBS 則屬於在地性的定位服務。

Gartner 研究機構曾在 2012 年表示，十大行動應用的趨勢未來包括 LBS、Social Network、Mobile Search、Mobile Commerce 等，特別是 LBS 在 2014 年全球使用人口達到 14 億。而 ABI Research 美國市場研究機構也預測 LBS 在全球服務的總收入上，到 2014 年將可從 2009 年的 26 億美元成長至 140 億美元。

隨著 Web 3.0 時代的來臨，網際網路與無線通訊的發展，以及持有行動通訊的人口快速增加，LBS 可應用的觸角和功能將更為強大。目前 LBS 的服務常見應用於臉書的地標打卡功能上，其他業者也相繼開發 LBS 的多角化應用，如定位追蹤、查詢交通旅遊資料、商業推播行銷廣告、社群推播交友、可查詢有

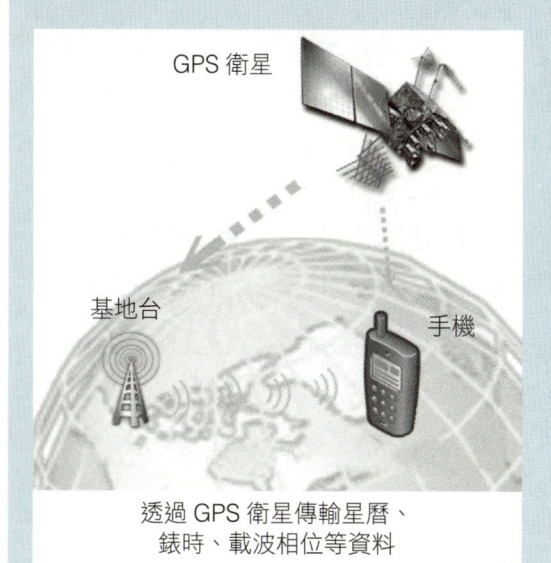

GPS 衛星

基地台　　　　　手機

透過 GPS 衛星傳輸星曆、錶時、載波相位等資料

圖 2-4　GPS 示意圖

▶ 圖 2-5　LBS 示意圖

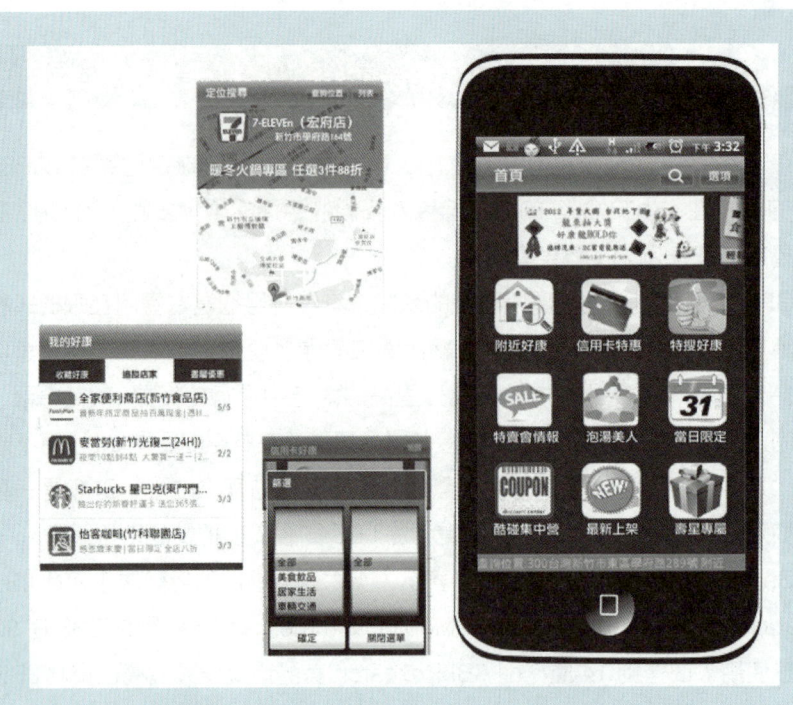

用或有趣的位置資料 (POI)、LBS 遊戲等。

　　LBS 在現況發展上尚屬於導入期，業者開發速度不似其他電子商務來得快速，其原因除了涉及隱私過度曝光可能產生的糾紛疑慮之外，資料庫的建置與更新對功能性較強，但獲利較差的商業吸引力較小。因此，多數開發業者主要還是將焦點著重在有利可圖的商業行銷活動上。

　　LBS 的設計可促進使用者與使用者、使用者與商業、使用者與地理環境的強連結。透過 LBS，使用者可以找到可能認識的人並取得聯繫；其次旅遊或運動也可經由 LBS 詳加記錄。最後還有一項特點是透過 LBS 找到親友推薦，或利用推播方式找到想去的地方。

　　LBS 最主要在個人化的應用，由於開發緩步，將可預期未來勢必會朝向多元業務類型發展，同時個人化區隔的特色服務，這就是電子商務的另一藍海。

資料來源：LBS APP 商機無限，http://tw.dramexchange.com/research/2011/05/201105_LBS_APP.

2.4 電子商務企業商業模式創新時機

作為一個電子商務企業，在開始營運一個商業模式的時候，是否需要創新商業模式？什麼時機必須創新商業模式；或者一個電子商務行業的新進入者，要選取哪一個商業模式，是用現在市場上已有的商業模式？還是自己創新一個新的商業模式？Johnson、Christensen 和 Kagermann (2008) 的研究總結五種情形下應該進行商業模式創新：

1. 當市場上現有的解決方案因成本太高或者太複雜，而未滿足一部分顧客的需求時 (這主要是針對處於金字塔底層的顧客)。
2. 當需要應用一種新的商業模式來市場化一種新技術，或者要將一種經過測試的技術推向一個全新市場時。
3. 準備將一種解決方案聚焦於一個尚未被開發的市場時。
4. 當需要抵禦競爭者進入市場掠奪時。
5. 當需要對整體的競爭環境改變做出反應時。

他們認為以上五種情況出現時，就是實施商業模式創新的時機。

延伸閱讀　eBay 中國：跨境 B2C 模式下的重生

2011 年第三季，eBay 全球單季營收比上一季增加 32%，達 30 億美元，同時，淨利潤比上一季增加 14%，至 4.91 億美元。其中，eBay 中國成為其全球第五大利潤中心，賣家的活躍度持續增加，銷售總額上漲 34%。至此，已被媒體忽略多時的 eBay 中國終於又揚眉吐氣，更引來一片驚嘆之聲。

2003 年，eBay 透過全額收購「易趣」進入中國，試圖複製其在歐美市場的成功經驗。彼時，其 B2C 市占率近 80%。短短三年後，由於當地語系化策略缺失和管理不當，其市占率卻下滑至 24%，慘敗於淘寶網。2006 年，eBay 宣佈出售易趣 51% 股份，放棄中國 B2C 市場。

那麼，eBay 中國又是靠什麼做到鹹魚翻身的？答案是跨境 B2C。eBay 發現中國跨境 B2C 市場尚未引起注意，但市場需求隨著中國對外貿易不斷激增而日益擴大。商品從國內到國外，經過中間商的周轉，被吃掉很大一部分利潤，因此，外貿企業需要一個能直接與國外消費者對接的平台。

利用自身的平台和全球營運經驗，eBay 幫中國企業把產品放在不同國家的網站上，結合中國製造商與歐美消費者，根據交易金額向賣家收取交易金。eBay 還透過當地語言化服務架構為中國賣家提供外貿培訓、本地支援等服務。透過一系列深耕接軌，eBay 終於在中國回到正軌。根據尼爾森的資料，目前中國大型出口商在 eBay 上的銷售額已占總銷售額的 71%。

2.5　電子商務企業商業模式建構和創新的方法

Osterwalder、Pigneur 和 Tucci (2005) 認為，商業模式可以分成：市場區隔 (Customer Segments)、價值主張 (Value Propositions)、通路設計 (Channels)、客戶關係 (Customer Relationships)、收入來源 (Revenue Streams)、核心資源 (Key Resources)、關鍵業務 (Key Activities)、重要合作夥伴 (Key Partners)、成本結構 (Cost Structure) 等 9 個構成模組 (如圖 2-6 所示)。Osterwalder 等認為在商業模式這一價值體系中，企業可以透過改變其中的模組來刺激商業模式創新。

電子商務商業模式的建構和創新，不僅是只有商業模式構成要素的建構和創新這一個方法，價值鏈建構也是大家常用的一個商業模式建構分析方法。價值鏈建構商業模式的方法強調，新的商業模式就是隱藏在所有商

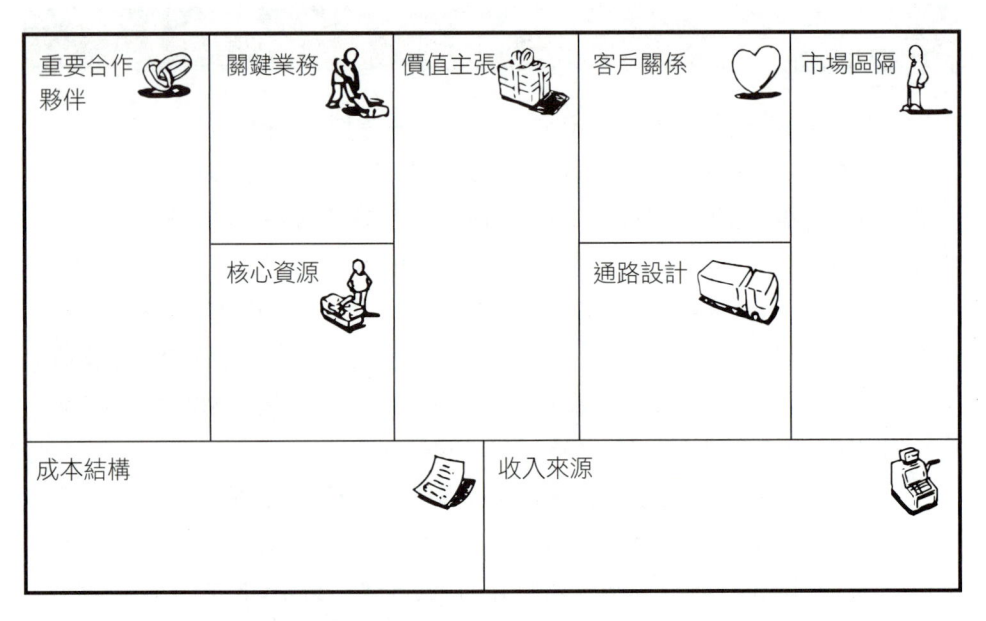

圖 2-6　商業模式的 9 個構成模組

業活動下一般價值鏈上的變數。價值鏈由兩個部分組成：第一部分主要活動包含進貨、生產、出貨、銷售及售後服務；第二部分支援活動則包括企業的基礎設備、人力資源、研發、採購。根據《中國經營報》2011年2月20日報導，阿里巴巴集團將聯合金融合作夥伴，在倉儲領域投入200億元至300億元人民幣。由阿里巴巴集團主導，整合社會資源和資本進行投資建設，未來阿里倉儲將主要針對東北、華北、華東、華南、華中、西南和西北七大區域，選擇中心位置進行倉儲設施投資。考慮到目前電子商務發展的現狀，華北的京津區域、華東的長三角區域及華南的深廣珠地區將是優先考慮的區域。阿里倉儲將成為中國電子商務產業開放的社會化倉儲服務平台。電子商務物流「雲端儲存」模式也給外部的物流企業和電子商務公司帶來機會。例如，在現有的模式下，電子商務企業需要自己的倉庫，貨物由自己的倉庫到物流公司的倉庫再發出去。從阿里巴巴這個商務模式的建構中可以看出，價值鏈的重新調整會創新出一個新的商業模式(如圖 2-7 所示)。

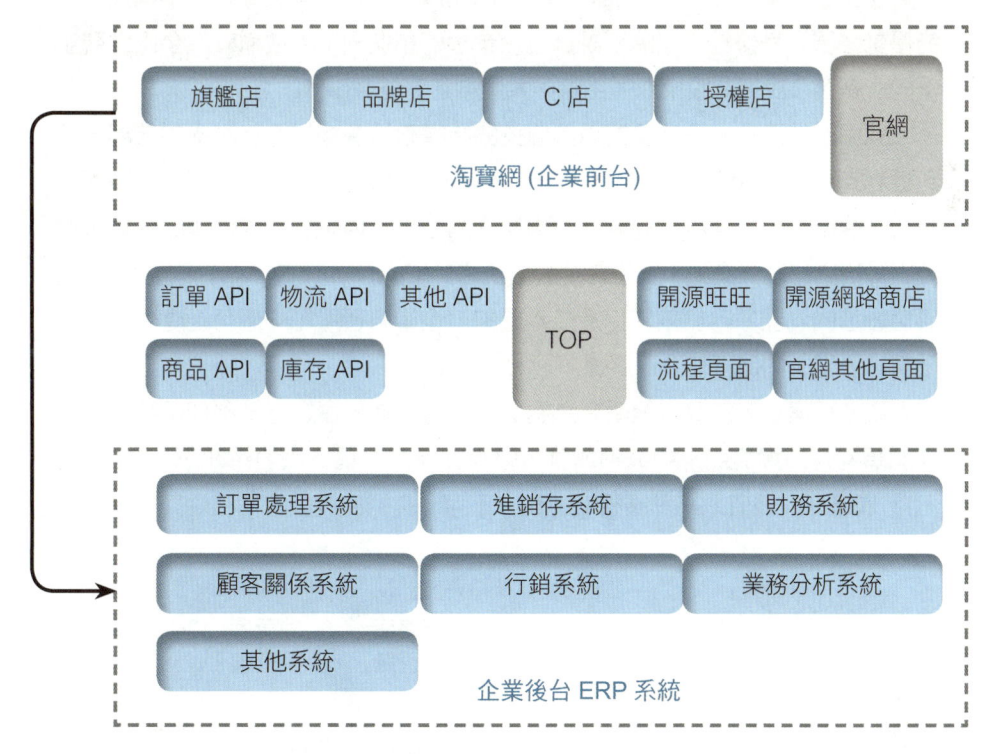

圖 2-7　大淘寶平台的架構示意圖

傳統企業在發展電子商務活動去建構或創新電子商務商業模式時，會和其他創新行為一樣，在實施過程中會遇到企業內、外部諸多的阻力，這些阻力會阻礙電子商務商業模式的建構和實施。第一個阻力可以說來自意識，企業管理層礙於過去傳統思維對電子商務一知半解的情況下，產生誤解排斥的阻力；第二個阻力來自於企業管理結構的影響。由於企業現有的組織結構建立於過去，而非在電子商務環境下所創建，因此對組織將電子商務商業模式作為變革依歸時，由於不確定性及無法預期的控制變數太多，使得企業與其人員容易在改變之際顯得徬徨無助，而影響企業順利轉型，以上兩種阻力是傳統企業在發展電子商務活動時必須預先避免的。

延伸閱讀：麥可・波特的價值系統

在探討企業價值的過程中，我們不斷地提到價值鏈與商業模式的關聯性。1995 年，麥可・波特 (Michael Porter) 在《競爭優勢》(Competitive Advantage) 一書中指出，永續經營是企業的使命，而如何賴以維生則需仰賴企業善用獨特的優勢發展，其優勢從狹隘來說是為企業個體創造利潤，並樹立其全面性競爭優勢，廣義來說可為股東或通路夥伴共同創造利益價值。

就個別性而言，企業可端視價值鏈的結構來瞭解營運策略基本的佈局方向和獲利來源。價值鏈可適用於不同的業態屬性，舉凡食、衣、住、行，或醫療、教育、農業、工業等具有商業或非商業交易行為，均可依循價值鏈的結構來檢視組織環節的利弊缺失。波特在《競爭策略》(Competitive Stategy) 一書中表示，價值創造的利器源自於差異化及成本優勢，企業可透過每一個可能產生價值的環節，檢視成本是否有浪費之嫌。

價值鏈與企業的競爭策略息息相關，然而企業永續經營必須仰賴團隊合作才能順利在市場的競爭中披荊斬棘，這層關係我們稱為價值系統 (如圖 2-8 所示)。價值鏈與價值系統脣齒相依，缺一不可，需同時具備其完整性與連結性。

供應商價值鏈 → 企業價值鏈 → 通路商價值鏈 → 消費者價值鏈

圖 2-8　價值系統示意圖

價值系統主要在共創雙贏的局面，也隱含著追求企業與消費市場兩端所能獲取的附加價值與開發的潛在契機。

本章摘要

本章主要研究的是電子商務的商業模式問題。從什麼是商業模式開始，並在介紹基本的、普遍認可的電子商務模式之後，我們對幾種業界稱為電子商務模式的業務進行初步的分析，以拓展讀者的視野。接著，我們研究電子商務商業模式創新的推動力、電子商務企業創新的時機和途徑，並對電子商務企業商業模式與企業戰略之間的管理進行初步的分析和瞭解。透過本章的學習，希望讀者對電子商務行業的商業模式有比較全面的認識，能分析判斷電子商務企業的商業模式，對電子商務商業模式相關知識有所瞭解。

問題與討論

1. 何謂商業模式？
2. 試簡述商業模式所包含的四個結構。
3. 價值鏈由哪兩個部分所組成？試描述波特價值鏈的全貌。
4. 何謂價值系統？試簡述與價值鏈之間的策略差異。
5. 試舉出電子商務的特徵及可應用的範圍。

案例 2-1
「美麗說」商業模式創新

　　商品的美觀、時尚感是吸引消費者在「美麗說」交易的動機。「美麗說」希望能夠帶給女性穿著上的引導，如同在翻閱時尚雜誌一樣。

　　「美麗說」的品項訴求專為女性時尚設計，期待給予消費者更好的體驗，更專業且健全的內容，同時能解決消費者對於線上產品的所有疑問。從交易事實發現，消費者參與或口碑使得許多女孩對「美麗說」產生認同，認為這個網站似乎可以提供許多美容護膚、衣著搭配等相關資訊。「美麗說」定位在女性

時尚類，關心女性用戶，屬於社會化媒體。

據統計，「美麗說」於 2014 年為下游的電子商務帶來 5 億左右的點擊量，每天約有 500 萬個點擊次數。

由於消費者傾向更貼心的購物引導服務，然而消費市場這類的經營型態尚不多見，此現象意味著消費品日益多元及消費力的逐漸攀升，消費者需要在眾多商品中瞭解時尚、發現喜好，進而進行產品篩選。除了上述的市場現象外，「美麗說」瞭解電子商務除了提供快速便利與最新的時尚產品訊息外，還有一項重要的特點是，刺激消費者產生衝動購物。

拜無線通訊與資訊科技所賜，越來越多的女性透過手持行動裝置發現「美麗說」，進而拜訪網站。藉由多元化的時尚搭配與美容產品的整合，「美麗說」成功地透過電子商務找到市場的定位與目標客群，營造屬於女性的消費天地。

討論
1. 「美麗說」將自己定位為社群化電子商務模式，你認為呢？
2. 你認為「美麗說」的商業模式還可以推廣到哪些行業的電子商務業務上？

案例 2-2
卡啡那──虛實整合的咖啡香

卡啡那 (CAFFAINA) 於 2012 年在高雄市創立，第一間店位於明誠路上，其品牌名稱發想來自於咖啡因的義大利文。如同所有咖啡館開店的宗旨，無非希望提供消費者難忘的體驗。卡啡那主要訴求於消費的體驗及咖啡品質的掌控與創新，還有咖啡文化的氛圍感動，特別是硬體環境的設計細節和氛圍營造與其他咖啡館大不相同。

多數餐飲很難透過電子商務提供消費者完整性的服務，由於服務無法儲存，因此咖啡業者在電子商務中通常為了降低不必要的支出成本，多數會借助網購平台，販售咖啡豆或咖啡粉與咖啡器具來達到刺激銷售量、平衡實體店面營運成本支出的目的，進而提高企業能見度。

卡啡那有唯美優雅的自建官方網站與資訊同步的臉書粉絲專頁，官網提供全店完整的產品資料與相關的產品知識。此外，網站設計的情境與實體店面相仿，無論消費者從官網或透過臉書粉絲專頁，都可以想見情境的氛圍並相互連結，同時也能得知最新品項的促銷訊息。多元的電子商務平台能使消費者得以從更多管道發現企業所在位置與產品資訊。

散落在台灣各地的咖啡種子已悄然茁壯，促使咖啡業進入戰國時代。越來

越多人的生活無法脫離咖啡香的擁抱，也越來越多人開始懂得鑑賞一杯好咖啡能為生活帶來的美好。不過才兩年的時間，卡啡那已拓展另一家位於高雄美術館附近的旗艦店。數位媒介是虛實整合最快的傳播方式，但切記「同步」與「忠實的呈現」是所有商業活動行為需堅持的基本要件。

討論

1. 電子商務可透過哪些策略進行虛實整合？
2. 試舉出目前有哪些電子商務的經營型態？並詳述之。
3. 試描述電子商務如何確保耐久品與易腐性商品，在交易過程中的傳遞處理。

參考文獻

1. C. W. L. 希爾、G. R. 鐘斯 (2007)，戰略管理。北京：中國市場出版社。
2. 項國鵬、周鵬傑 (2011)，商業模式創新：國外文獻綜述及分析框架構建。商業研究，第 4 期。
3. 張邦松 (2012.6.25)，商業模式創新：互聯網時代的機遇。新經濟導刊。
4. 王晶 (2011)，O2O 的遠大前程。IT 經理世界，第 321 期。
5. 張曉潔 (2012)，社會化電商，找范兒。IT 經理世界，第 335 期。
6. 亞歷山大·奧斯特瓦德、伊夫·皮尼厄著，王帥、毛心宇、嚴威譯 (2012)，商業模式新生代。北京：機械工業出版社。
7. 李向紅 (2012)，電子商務商業新模式 OTO 的研究與分析。現代管理科學，第 8 期。

8. 移動電子商務能夠崛起的五個原因，http://www.36kr.com/p/84155.html。
9. 淺析社會化電子商務，http://www.sootoo.com/content/312816.shtml。
10. 慈玉鵬、聞華 (2008)，波特的價值鏈。管理學家，第 3 期。管理學家雜誌社。
11. 麥克•波特著，陳小悅譯 (2005.8)，競爭優勢。北京：華夏出版社。
12. LBS APP 商機無限，2011 年，http://tw.dramexchange.com/research/2011/05/201105_LBS_APP。
13. Oyster 電子書，http://www.theverge.com/2014/11/5/7156767/oyster-willem-van-lancker-interview-future-of-books。
14. Project Ara，2014 年，http://time.com/10115/google-project-ara-modular-smartphone/。
15. Google Maps，2014 年，http://google-latlong.blogspot.tw/2014/07/。
16. A1-Debei, M. M., & Avison, D. (2010). "Developing a Unified Framework of the Business Model Concept," *European Journal of Information Systems*, *19*(3), pp. 359-376.
17. Johnson, M. W., Christensen, C. M., & Kagermann, H. (2008). "Reinventing your business model," *Harvard Business Review*, *86*(12), pp. 57-68.
18. Osterwalder, A., Pigneur, Y., & Tucci, C. (May 2005). "Clarifying Business Models: Origins, Present, and Future of the Concept," *CAIS*, *15*.

3 電子商務型態

台灣興奇團隊到中國發展的 B2C 電子商務平台：耀點 100 網站

中國 B2C 購物網站「耀點 100」於 2009 年在上海創立，而 4 名創辦人都出身自台灣頂尖的購物網站——興奇科技，龔文賓、陳炳文是創辦人，吳毅明則是股東。2009 年興奇賣給 Yahoo! 奇摩後，他們相信興奇模式也可以在中國實現，吳毅明說道：「我們有一個未完成的夢，我們的團隊有經驗，只要跑得夠快，就比別人家有優勢。」

耀點團隊見證並參與台灣電子商務爆發式的成長歷程。龔文賓創立的力傳資訊「拍賣王」，2002 年以 950 萬美元賣給 eBay。之後他創辦興奇科技，取得 Yahoo! 奇摩電子商務頻道經營權。此時任職 Yahoo! 奇摩的吳毅明結識興奇團隊，在興奇需要融資之際投資入股。

興奇從女性流行商品做到百貨全品項，成功打造年交易額新台幣 100 億元的營業模式。2008 年，興奇完成股權移轉併入 Yahoo! 奇摩，看似美好卻無法滿足吳毅明對於新事物的好奇心。特別是深感中國市場這麼大，應該在中國重現整套興奇模式。

由力傳資訊團隊何英圻、龔文賓等於 2002 年 7 月 5 日成立電子商務平台——興奇科技，是台灣第一個採取架構電子商務平台，讓廠商自動上架販售而抽取佣金的 B2C 購物模式。興奇科技當年兩大重要策略：與 Yahoo! 奇摩簽定購物中心獨家合作 (確保台灣第一大的電子商務流量)、聘請 PChome 重量級的電子商務團隊，讓興奇科技在原本 3C 資訊產品線之外，擴大流行產品線，

包含包包、服飾、化妝品、鞋子等，讓興奇科技迅速趕上，並超越 PChome 在台灣電子商務龍頭的地位。

在台灣經濟不景氣、製造業已經走到盡頭，電子商務是少數可以反敗為勝的機會。只要多創新，並且下苦功，奠定基礎，台灣的電子商務將會有數年的熱潮。

經營電子商務網站需要流量曝光，需要編列行銷預算，或者取決於有創意的行銷模式，以吸引足夠的消費者認識，這部分屬於廣告行銷。此外，亞馬遜網路書店、Yahoo!奇摩購物中心、博客來等網站都有足夠的資本額和資源，禁得起競爭激烈環境下的重重考驗。電子商務已發展多年，消費者從進入網站、瀏覽網頁、搜尋商品、結帳買單都有各種行為模式，不再只侷限於價格戰，該如何有效經營並創造獨特價值才是值得探討的，以下為未來發展趨勢：

1. 目標明確且系統化的創新始於對機會的分析，而分析則始於對創新機會的來源加以詳盡思考。
2. 創新既是觀念性的，也是認知性的，因此創新的第二個要求是走進市場，親自去看、去聽。
3. 創新必須保持簡單且目標特定，才有效率。
4. 一項成功的創新是朝著「領導者」的地位而努力，不一定是「大型企業」。但是若一開始創新就不以成為市場領導者為目標，便可能沒有足夠的創新性，也就無法建立自己的地位；亦即，所有的創新策略都必須在特定環境中取得領導權，否則只會淪為替競爭者創造機會。

資料來源：羅之盈，《數位時代》月刊，2011 年 10 月 11 日。

電子商務主要是藉由網際網路及資訊科技的應用，進行商業的經營，依據對象的不同，大致可以分為：企業對消費者 (Business to Customer)、企業對企業 (Business to Business)、消費者對消費者 (Customer to Customer)，以及近幾年興起的線上到線下實體 (Online to Offline)，底下將分別介紹這四種類型的電子商務型態。

3.1 B2C 電子商務

3.1.1 B2C 電子商務定義

電子商務目前分為許多類型，以其交易對象而言，B2C 屬於發展最早的電子交易模式。B2C 中的 B 代表 Business，意指企業；2 代表 to；C 代表 Customer，意指消費者。簡單來說，B2C 的電子商務意味企業透過網際網路對消費者所提供的商業行為服務，強調有效率及便利的溝通方式，並重視服務品質，其主軸以消費者為考量的經營模式，例如：網路購物、金融理財等相關資訊服務提供等。此電子商務模式多以網路零售業為主，藉由網際網路展開相關銷售服務，常見的入口網站及電子零售商如：Yahoo! 奇摩、PChome、亞馬遜網路書店等。

3.1.2 B2C 電子商務模式類型

1. 企業入口網站

企業入口網站 (Enterprise Information Portal, EIP) 指一個連接企業內外部資料的網站平台，為企業提供一個整合性的單一入口網站，可以讓企業的員工、客戶、合作夥伴及供應商等，皆可透過此網站獲得不同類別使用者專屬的相關訊息及服務。

企業入口網站的經營模式，可以即時提供最新的企業內、外部相關訊息，方便顧客透過此網站完成網路交易，並可透過虛擬社群平台使消費者間能相互交流及討論即時資訊。企業入口網站主要獲利來源在於，透過網站銷售產品賺取利潤，顧客也可透過虛擬社群瞭解及回饋產品資訊並比較價格，節省顧客購買商品及搜尋產品資訊的成本及時間。

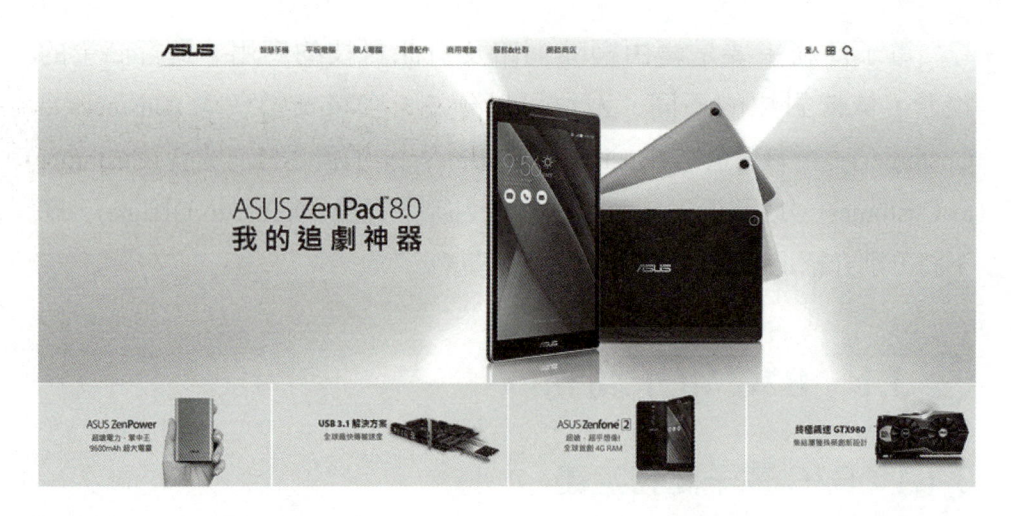

📶 圖 3-1　華碩電腦官網網頁

　　台灣目前著名的 B2C 電子商務網站，如華碩電腦 (https://www.asus.com/tw)，如圖 3-1 所示，此企業網站主要服務欄位分別為：智慧型手機、平板電腦、個人電腦、周邊配件、商用電腦、服務與社群、網路商店等，提供顧客瞭解產品資訊、服務與社群提供顧客交流及討論產品資料、網路商店等為顧客提供客製化的個人購買服務平台。

2. 電子零售商平台

　　電子零售商平台 (Electronic Trading Platform) 即企業自己架設及設計電子商務銷售網站，其主要功能可便於展示企業各種產品和相關促銷訊息，提供購物和線上支付功能，由此獲取盈利為目的。

　　目前電子零售平台非常盛行，競爭也相對非常激烈，此電子商務模式中較多以價格戰搶攻市場版圖。以台灣最著名的電子零售商平台——博客來網路書店為例，如圖 3-2 所示，1995 年成立，是華語文第一家最早進入電子商務模式的商店，資訊內容亦最為強大，提供各類書籍關鍵字查詢、書籍簡介、EDM 電子報等服務，以及最優惠的價格給消費者。此外透過完善的資料庫系統，提供客製化服務，並建立顧客信賴的金流、物流系統，因此成功搶下了市場版圖。近年來，電子零售商平台漸漸開啟異業結盟模式，即讓第三方企業入駐平台，展開 B2C 相關商業活動的趨勢。

▶ 圖 3-2　博客來網路書店網頁

3. 第三方電子商務交易平台

第三方電子商務平台 (Third Party E-commerce Platform) 亦可稱為第三方電子商務企業，即為買賣雙方之外的第三方所架設的電子商務服務平台，強調獨立產品及服務的提供，依照需求者的交易與服務規範，為買賣雙方之間提供服務，內容包含訊息或資訊的提供與搜尋、支付、物流等服務。

第三方電子商務平台的特點：

(1) 獨立性：不屬於買賣其中一方，是為一個獨立個體的交易平台，類似交易市場。

(2) 藉由網絡：第三方電子商務平台仍是隨著電子商務發展而延伸出的，依舊需藉由網際網路才得以提供其服務。

(3) 專業性：第三方電子商務平台需要更專業的技術，包含訂單管理、線上支付安全性、物流管理等，才得以為買賣雙方之間提供更便捷及安全的服務。

第三方電子商務平台的主要獲利來源：

(1) 會員費：企業透過第三方電子商務平台進行電子商務交易活動，首先需註冊為該平台會員，每年固定繳交會員費，才能享有第三方電子商務平台提供的服務。

(2) 廣告費：網路廣告是一般網站平台的主要獲利來源，其根據位於網站首頁位置曝光率及廣告類型來收費。Yahoo! 奇摩購物中心網站目前分類為關鍵字廣告、聯播網文字廣告、電腦與手機圖文廣告等供客戶選擇。

(3) 競價排名：根據會員所交會員費的高低，而對於其產品的曝光排名順序做相對應的調整。

(4) 加值服務：第三方電子商務平台除了提供企業一般交易平台外，亦提供一些加值服務，包含軟體下載、家族社群討論區、企業採購等服務。

目前國內最著名的第三方電子商務平台有 PChome 的 PChomePay (支付連) (如圖 3-3 所示)、Yahoo! 奇摩的「輕鬆付」、PayPal 支付平台等。

4. 拍賣網站

拍賣網站 (Auction Websites) 是以網際網路為平台，並以價格競爭為核心經營模式，建立買賣雙方的交易機制，共同確認價格和數量後，達到均衡的一種市場經濟流程。網路拍賣亦為一種過程的形式化，基於市場需求者的競標，而決定資源分配與價格的一種市場機制。

網路拍賣機制最早源於 1995 年成立的 eBay 網站，利用網路科技的普及，使消費者能即時進行拍賣、出價及電子化產品分類方式，使消費者更迅速地搜尋感興趣的產品。其後，拍賣網站如雨後春筍般的成立，成功的案例也越來越多，例如：Yahoo! 奇摩拍賣、亞馬遜網路書店 (如圖 3-4 所示) 等。

網路拍賣機制最常見的種類如下：英式拍賣 (English Auction)、荷式拍賣 (Dutch Auction)、第一高價秘密出價拍賣 (First-price Sealed-bid Auction)、第二高價秘密出價拍賣 (Second-price Sealed-bid Auction)，目前

▶ 圖 3-3　PChomePay 支付連網頁

著名的拍賣網站多以英式拍賣模式營運，此拍賣機制的價格由拍賣者訂定的最低底價讓消費者競標，而標的物的價格則會不斷提升，直到最後一位競標者的出價已無其他競標者出價競爭後，即拍賣標的由最後一位出價者獲得。

網路拍賣的主要特色

(1) 便利性：藉由網際網路，買方可即時搜尋各種拍賣資訊，降低資訊搜尋成本，以做出最有利之選擇，且無時間限制，無遠弗屆，使買方能夠在家輕鬆購物及獲得服務，更能提供相關客製化稀有產品，其方便性為主要核心因素。

(2) 資源：指消費者透過拍賣網站購物所能節省的時間、金錢成本等，由於消費者可以不出門，只透過網路的方式購買所需要的產品，因此，有效節省排隊等候的時間，更能讓消費者比較出價格優勢，使

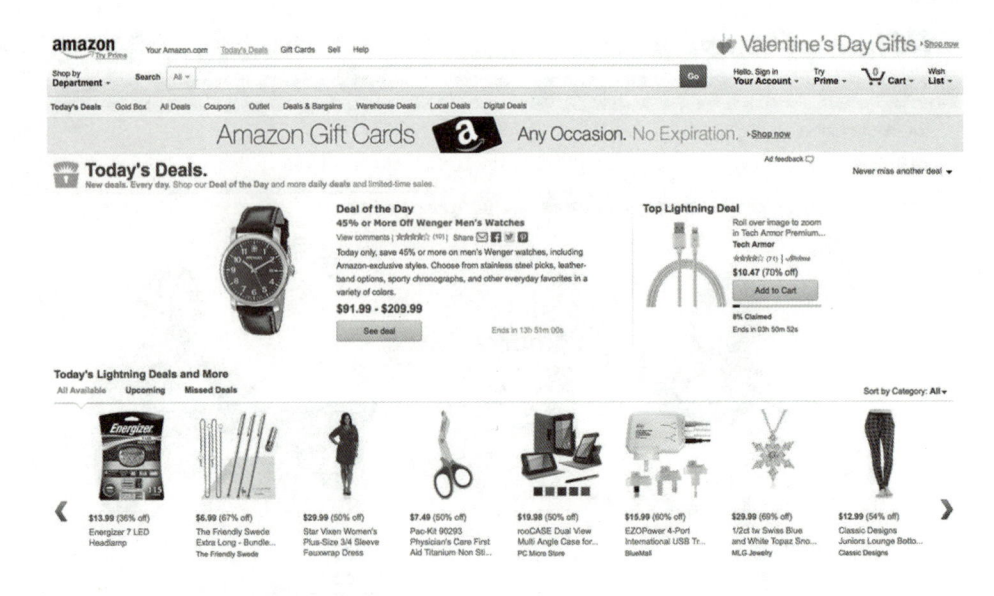

▶ 圖 3-4　亞馬遜網路書店網頁

其獲得經濟效益。

(3) 商品效能：拍賣網站上所提供的產品，必須價格、品質保證有一定水準以上，才能吸引消費者購買進而獲利，並能使消費者享受更多商品效能上的價值。

(4) 售後服務：網拍的交易平台最獨特的優勢在於，消費者在購買商品的過程中，能即時瞭解已購買此商品者的使用心得與評價。在資訊透明化及公開的狀況下，消費者亦能即時回覆該商品的資訊分享。近年來，拍賣網站的經營者也提供 LINE 或臉書平台，使消費者在產品使用發生問題時能即時反映並得到處理，也能更迅速得知最新的產品資訊。

(5) 社交互動：買賣雙方交易成立後，賣方可透過社群網站等功能，定期發佈電子報給顧客，或是提供商品使用討論區，讓使用者分享寶貴使用經驗，進而增加認同感，與保持良好的顧客關係。

網路拍賣程序如下：

第一步：賣方發佈商品資訊，提供產品名稱、細節描述、拍賣競標底價、拍賣天數、產品圖片等。

第二步：買家可透過網路平台搜尋產品後，透過此平台提出商品的詢問，賣家回覆後，若雙方達成購買交易共識，則買方依平台購物規則下標產品後，依賣方提供的付款資訊完成交易。

第三步：賣方確認商品款項後，依規定進行出貨，即交易完成。

5. 虛擬社群

Rheingold (1993) 提出，虛擬社群 (Virtual Community) 為電腦仲介傳播所建構成的虛擬空間，它的發展為虛擬空間上有足夠的人、情感與人際關係，為一種互動溝通的社會現象，亦可稱為線上社群 (Online Community)。虛擬社群所面臨的挑戰即為如何吸引眾多的網友瀏覽，若沒有人願意瀏覽，則無法使網友成為長期用戶，因此，必須提供優惠的服務內容、會員費及行銷能力來吸引網友。

虛擬社群電子商務網站的獲利來源

(1) 廣告費：虛擬社群的特點即為聚集企業的目標客群，進而使企業方便著手於行銷活動，因此，越來越多企業將廣告投入虛擬社群中經營，廣告收入亦為虛擬社群中獲利最高的來源。

(2) 會員費：虛擬社群普遍將會員分為不同等級，一般會員皆不收取費用，VIP 會員則每月或每年收取固定費用。對於不收取費用的一般會員而言，仍享有一般基本的訊息服務，而 VIP 會員則是能享有更多客製化訊息服務和優惠。

(3) 加值服務：根據會員瀏覽資訊與使用服務次數、時間、資訊量，綜合以上標準所收取的額外行政費用。

(4) 行銷服務：經營者善用資料庫或直效行銷手法，提供進一步的行銷服務，不侷限於廣告，也成為廠商與消費者間行銷溝通的管道。

(5) 交易佣金：當虛擬社群會員達到一定人數而成為交易平台場所後，社群能向此廠商收取每筆交易佣金費。

虛擬社群的獲利源於網站上網友所帶來的附加價值，網友是虛擬社群的主軸，主軸規模越大，社群的價值也會越高，盈利也就相對越多。但隨之擴大後，網友瀏覽社群的時間和精力有限，該如何成為吸引網友心中常

瀏覽的社群，必須考量獲利模式的發展策略是否能在競爭激烈的環境中脫穎而出。虛擬社群網站 Mobile01 (圖 3-5) 在為數眾多的虛擬社群中，也是網友心中數一數二的的熱門網站。

6. 行動商務

隨著無線通訊的技術發展快速，人手一支智慧型手機的情況也越來越普遍，此為無線技術與電子設備結合的最佳產物，為電子商務注入了一股新風潮。

行動商務 (Mobile Business) 指透過無線通訊來進行網際網路的商業性活動。行動商務為電子商務交易的延伸，是透過通訊網路進行數據傳遞，藉此參與商業性活動的一種新興電子商務模式。相較於傳統的模式下，行動商務增添了移動性及多樣化，並可藉由此模式進行直接對話交談及文件傳送的直接溝通。

行動商務優勢如下：

(1) 不受時空限制：行動商務用戶可隨時隨地將所需要的服務訊息傳遞或取得，並能透過此模式進行搜尋、選擇、購買等服務。

圖 3-5　Mobile01 網頁

(2) 提供隱密性和客製化服務：行動商務普遍皆屬於個人使用，不會是公用，故使用的安全性也比其他電子商務模式更加講究及先進，因此更注重用戶的個人隱私問題。另外，用戶也能透過行動商務靈活地根據需求和喜好來客製化訊息服務。

(3) 即時性：用戶可即時獲取所需要的訊息，對於商業活動而言非常便利且有效率，能為顧客帶來更精準且即時的服務。

(4) 定位服務：行動商務可提供終端的位置訊息，方便即時查詢周邊相關訊息服務，如 GPS 衛星定位系統。

(5) 快捷性：用戶可透過行動商務瀏覽網站，並從事商務活動，付費活動也可進行，例如：直接進入銀行繳款、電話費入帳等，以滿足不同需求，非常便利。

行動商務平台(如 Yahoo! 奇摩超級商城、PChome 24 小時購物、Pinkoi 及淘寶等) 除了提供給手機用的 APP 軟體外，即使沒有下載它們的 APP 軟體，當你用手機瀏覽其網頁時，網頁的畫面也會自動轉換成手機易讀的格式，方便使用者瀏覽，大大提升消費者的停留時間及再訪意願。

圖 3-6　Pinkoi 購物網站手機 APP 頁面

大陸電子商務 B2C 行業發展趨勢

延伸閱讀

近年來，隨著資訊化程度的不斷加深，在中國電子商務行業中保持了持續增長的良好態勢，並逐步成為國民經濟重要的組成部分。網路購物是電子商務的一個重要分支，購物網站是與民眾生活聯繫最緊密的電子商務網站類型。B2C 網站是最重要也是最先出現的購物類型之一，2010 年平均有 62.54% 的電子商務網站是 B2C。

數位產品 B2C 商城背景

1. 網路零售購物發展迅速

網際網路的商業化發展，推動電子商務的迅速增長。網路購物使用者規模增長快速，顯示中國電子商務市場強勁的發展。隨著中小企業電子商務的應用常態化、網路零售業務日常化，網路購物市場主體日益強大。網路購物市場湧現出一些新的模式和機遇，B2C 模式主流化發展，網路購物更加注重使用者體驗和安全保障。

2. 產品立足網路零售

以數位產品為例，它與網路零售結合是非常適合的，因為面對的都是消費能力較強的年輕人，所以數位產品在網上零售發展快速。在適合網路銷售的服裝、鞋帽、包包、數位產品等日用消費品和時尚產品類行業中，網購對消費的牽引作用遠超過 3%。對數位產品來說，網際網路銷售已經成為一個非常重要的管道，迅速成長的市場成就淘寶、京東商城、新蛋網、綠森等線上購物網站。

3. 產品消費的特性

消費者對數位產品的關注度和需求不斷提升，呈現追求品牌、性能、價格和潮流的趨勢。中國網上消費者一般學歷知識較高，購買能力比較強，因此從市場行銷角度來看，這些網友屬於消費領導型，具有較高的消費能力和購買潛力。短短幾年，中國網上消費者已經變得越來越理性，要求也越來越高，顧客希望在購物時能隨時隨地獲知產品與價格資訊、品質與供貨能力、用戶評論等。同時希望無論選擇哪一種管道購物，商品的品質和服務等都能夠保持一致，並可以與品牌進行互動。對於消費者來說，成熟的 B2C 數位產品商城是最佳選擇。當買家在各種管道間穿梭時，確保管道間的一致體驗就變得越來越重要。在確保商品品質的前提下，消費者希望能獲得最優惠的價格及最貼心的服務。

B2C 商城的發展趨勢

伴隨資訊基礎設施的不斷完善，資訊傳輸處理速度大幅提高，電子商務創新不斷湧現，B2C 商城在未來 5 年內發展趨勢如下：

1. 高成長的趨勢

   網路購物隨著網路深入家庭，人們的認知度擴大，安全技術得到解決，信用環境不斷優化，法律、稅收、監管問題逐漸完善，電子商務得到大規模普及，電子商務的行銷比重將越來越大。

2. 從綜合到專業，從良莠不齊到品牌平台

   由於類別集中的管理優勢及網站間更便捷的往來，專業商城在網路行銷中最終將占上風。正如馬太效應所預示的，市場經濟機制的加入，積極配置資源，必將淘汰一部分規模小、營運混亂的零售商。而規模大、營運良好的零售商會尋求進一步融資，擴大合作，樹立品牌理念。

3. 向市場縱深拓展的趨勢，影響實體零售商

   網路零售商最初集中銷售簡單產品，現在則表現出向上游市場轉移的趨勢。一些網路零售商開始建立自己的倉庫，乃至於商店，使客戶能更快地接近實物，並能更方便、更人性地處理退貨和售後服務。同時，有能力的經營者會向高階的產品擴展，如京東商城定位從「網上賣家電」到「賣百貨」、「賣圖書」，最新的領域還有奢侈品，品牌商和代理商的開放平台也接踵而至，京東商城正朝著成為一個全綜合領域的網上零售商加速發展。網際網路可以使零售商向廣大客戶提供大量的產品資訊，這種交流能力可以幫助網路零售商更快地向上游市場轉移，由邊緣商業方式向主導商業方式轉化。

4. 大規模獨立 B2C 商城開放平台

   展示一定規模的 B2C 開放平台，吸引協力廠商商家入駐，一方面豐富平台的商品種類及數量，另一方面也豐富了收入來源。擁有高品質的用戶資源，並透過整合供應鏈使服務標準統一，這樣才能得到用戶的認可進而得到聯營商的認可。業內人士分析，B2C 商城開放平台可實現資源貢獻並增加收入，還有利於提升銷量和改善收益結構，解決上市前期對銷售和利潤數字的要求。當京東商城、亞馬遜中國、樂酷天相繼轉型成平台式購物網站後，「開放」一詞成為網購，尤其是 B2C 行業的關鍵字之一。艾瑞諮詢就曾預計，隨著各主流 B2C 紛紛開放平台，中國購物網站之間的商家爭奪戰於 2011 年拉開序幕。

5. 行動網路消費興起

   除了 PC 網際網路，行動網路的前景更為 B2C 業界所看好。據 IBM 研究表

示，從 2006 年至 2011 年，全球行動用戶的數量增長 191%，達到約 10 億用戶。隨著行動設備使用的不斷增加、無線寬頻不斷普及、無線支付等相關技術發展，消費者使用手機的頻率將大大增加。透過智慧型手機，消費者可線上瀏覽商品目錄，進行商品比較，接受行銷促銷、店鋪位置資訊和庫存供貨能力資訊等，並直接完成交易。

6. 基於 SNS 模式電子商務網站發展

SNS (Social Networking Services) 對於電子商務無疑是一場革命，從商業模式的設計上進行基礎的顛覆與再造。它緊密圍繞「以客戶為中心」，商業模式創新與商務能力不是簡單結合，而是有機結合，發展出種種全新的電子商務型態。SNS 不是傳統銷售模式的優化或電子化，它帶來了商務邏輯的深刻反思與積極變革。

　　網路購物作為一種新興的商業模式，與傳統購物模式有很大差別。每一種新的商業模式在出現和發展過程中都需要具備相應的環境，網路購物也不例外。近年來網路的快速發展，人們對網路更多的需求都為網路購物提供了發展的環境和空間。網購目前尚屬於成長期，在線上到線下實體 (O2O) 的商業發展模式已有亮眼的成績，未來將進一步發展到引領、主導的階段。

　　國際金融危機對許多出口型企業造成很大的衝擊，尤其是許多低成本的生活消費品出口企業面臨很大的壓力。在中國這些企業的傳統銷售管道建設尚未完善，可在網上建設一個 B2C 網站作為中小企業對抗金融危機、打開國內市場的解決方案。中國經濟在 2010 年成功走出金融危機的影響，電子商務發揮了重要作用。

　　但是，目前中國電子商務人才短缺，以及傳統企業缺乏在網際網路上營運的經驗，使得許多新出現的 B2C 很難被網友所注意，大量新誕生的中小 B2C 要進入健全、持久的發展狀態還有很長的路要走。

資料來源：摘自丁嘉辰，北京市科學技術委員會網站《科技期刊》，第 5 期，2011 年。

3.2　B2B 電子商務

3.2.1　B2B 電子商務定義

　　B2B (Business to Business) 電子商務模式係指在電子商務交易中，透過網際網路進行企業與企業之間的服務、產品及訊息的傳遞與交換。例

如：電子訂單採購、技術支援等，一般而言，B2B 在電子商務市場中占有最高的交易金額。

3.2.2 B2B 電子商務特性

1. 交易金額大：B2B 電子商務相對於 B2C 電子商務來說，交易金額非常高，且交易對象範圍較集中。
2. 交易規範：B2B 電子商務所面對的交易對象背景較複雜，因此對於交易契約應該更嚴謹擬定，確保法律的保障性。
3. 交易繁雜：B2B 電子商務中所涉及的部門和人員較多，故相互交流的資訊和溝通也相對很多，因此應該對交易過程加以控制管理。
4. 對象廣泛：B2B 電子商的交易對象可以是任何一種產品，或是上游至下游中任一協力廠商，因此，目前為電子商務發展的主要動力來源。

3.2.3 B2B 電子商務模式類型

1. 電子商務交易四個發展過程

(1) 交易前準備：指買賣雙方在參與交易前的準備行為。買方根據欲購買的產品訂價，準備貨款，並在市場上調查分析、查詢，瞭解各個賣方的貿易政策，反覆修改購買條款和計畫，再確認產品種類、數量、規格、價格、購貨地點和交易方式後，透過網際網路找尋到最滿意的合作賣方。

(2) 交易談判協商與簽訂契約：指買賣雙方對於交易過程的細節進行談判協商，最後將雙方皆認知並同意的結果以文件的形式確認後，以書面或電子文件的方式簽訂貿易契約。此過程中，雙方交易中的權利、義務、所購買的產品詳細規格、索賠條款等全是以電子方式列出。近年來，買賣雙方較常見以電子數據交換 (EDI) 進行簽約，可以透過數位簽名的方式進行交易。

(3) 交易前辦理的手續：指買賣雙方簽訂合約到履行合約之間辦理的各種手續過程。其中牽涉到仲介方、金融機構、信用卡公司、海關系

統、保險公司、稅務系統、運輸公司等，買賣雙方可利用 EDI 方式進行各種電子票據交換之過程。

(4) 履行契約及索賠：指買賣雙方辦理完成各種手續後，賣方開始備貨，同時進行報關、保險、信用狀等流程後，賣方將所購買之商品交付給運輸公司包裝、發貨，而買賣雙方皆可透過電子商務服務定位追蹤發出商品之最新物流狀態。此時，銀行或金融機構也按照契約進行付款結算，出具相關的銀行單據等，直到買方收到商品後，即交易完成。索賠是買賣雙方交易過程中出現違約狀況時，需進行受損方向違約方索賠的過程。

2. B2B 電子商務交易對象

(1) 銷售商：指電子商務模式下進行營銷行為的企業。

(2) 採購商：買方向潛在的供應商發出報價單，請求以獲取競爭優勢。

(3) 電子商務平台：指發佈產品訊息及接受訂單的網站，此平台需要保證客戶訊息的隱私，且訂單訊息在傳遞過程中不被竊取。此外，仍需要使用驗證身分證或提供有保障的付款機制。

(4) 網路銀行：電子商務網站中的銀行可以實現傳統銀行業務，也可與信用卡公司合作，使用電子錢包支付，同時確保內部網路機制的安全性。

(5) 認證中心：為經由法律授權的機構，不直接以電子商務交易中獲利，而是負責發放電子證書，完成網路上交易者的身分認證。

(6) 物流配送中心：其任務是負責接收商家的送貨請求，完成商品的運送，並追蹤商品流向。

(7) 電子證書：此證書由授權認證機構發放，證書上記載持有人申請日期、證書序號、有效期限、認證單位等相關資料，具有法律效力。

(8) 訊息系統的集成：終端訊息系統可進行網上工作流量、數據資料庫的管理工作。

3. B2B 電子商務系統組成

B2B 電子商務平台是由相互連接企業的電子商務系統所組成，透過網際網路對於內部網站作基礎的訊息系統管理。

(1) 企業內部網路 (Intranet) 系統：指為方便訊息共享和傳遞安全，需要建立一個企業內部網路，但範圍侷限在企業內部使用。透過防火牆控制外部不相關人員進入，只有經過授權核可的人員才可進入內部網路。一般企業在建立電子商務系統時，應考慮企業經營對象，區分如何採用不同的方式透過網際網路與客戶進行聯繫。

目前較常見將客戶分為三類型對應方式：

A. 重要及特別客戶：允許進入企業內部網路系統。

B. 企業相關業務的合作夥伴：企業同時架設外部網路 (Extranet)，即時與合作企業共享訊息。

C. 一般市場客戶：可直接連結至企業內部網路系統。

(2) 管理訊息系統：企業管理訊息系統為電子商務中最重要的組成成分，它的建立基礎是企業內部訊息化，將相關的資訊，進行蒐集、處理、儲存及傳送，內部系統再進行組織決策和控制。系統中可將不同類型的訊息作分類，包含銷售、財務、會計、人力資源規劃等，皆能有效傳遞，將各部門資訊系統化。目前常見的數據傳遞系統為企業資源計畫 (Enterprise Resource Planning, ERP)，建立在資訊技術基礎上，系統化訊息及管理方式，為企業高層和員工提供決策運行的平台。

(3) 電子商務網站：指企業架設具有銷售功能，透過網際網路連結上的平台。此過程為企業透過此平台連結到網路上的客戶或供應商後，在平台上進行交易。另一方面，將市場訊息同時與內部管理訊息系統做連結，將市場最新訊息傳遞於企業各部門。

4. B2B 電子商務系統的功能

B2B 電子商務是一個完整性的交易過程，需要搭配自動化的電子商務活動，降低交易成本，提高交易效率。因此，一個完整的流程包含交易前、交易中、交易後的系統應用，以下探討四大主要功能。

(1) 訊息發佈與溝通：指履行交易前的協商談判，也是大部分企業在電子商務成立時的初步型態，例如：網站上的產品目錄與展示。此訊息為公開，因此安全可靠。

(2) 電子單據傳遞：指履行交易中的功能，為了保證交易的合法性，電子單據的傳遞一定要確實保障隱密、安全可靠，作為法律效力憑證。

(3) 線上支付機制與商品運送：指履行交易後的功能，一般企業皆開立信用良好的銀行帳戶，因此，銀行和企業間能在網路上作結算，可達到線上支付的有效性。而商品運送也是非常關鍵的功能之一，如何將貨物在規定的時間內快速送達是非常重要的環節。目前許多企業也借助網際網路實現全球皆可運送的服務，相當便利。例如：蘋果公司透過與全世界的宅配公司合作，有效地配送各地區的商品。

(4) 網上售後服務：在交易過程中也許產品會出現問題，顧客此時最在意的是售後服務的處理態度，因此，具備網路諮詢及客服專線服務也是不可或缺的。

5. B2B 電子商務模式

目前一般企業所採用的 B2B 電子商務模式可分為兩種類型。

(1) 業務整合型 B2B：又稱垂直型 B2B 電子商務。隨著市場競爭越來越激烈，企業競爭的範圍和空間不斷擴大，市場和客戶也不斷增加，因此，企業必須不斷尋求提高競爭力的方法。

　A. 企業發展 B2B 電子商務的策略：為實現業務整合，提高競爭力，企業應採取「以我為主」的 B2B 電子商務系統，吸引供應商和客戶加入。目前，B2B 電子商務的交易型態仍為市場的主流，由於交易對象僅限於資金雄厚的大型企業，對於小規模的企業和一般競爭性商品，採取此系統策略反而將付出高額成本，難達到理想目標。

　B. 業務整合型 B2B 電子商務系統架構：如圖 3-7 所示，相對於其他類型 B2B 電子商務模式，此類型實現了電子商務真正的存在價值。企業透過自己建立的 B2B 電子商務系統中進行大部分的交易活動，如訊息發佈、交易協商、電子單據傳輸、線上支付、售後服務等功能。此架構實施的關鍵是將企業內部訊息資訊化後的交易流程，將供應鏈上的上下游廠商靈敏地結合，相較傳

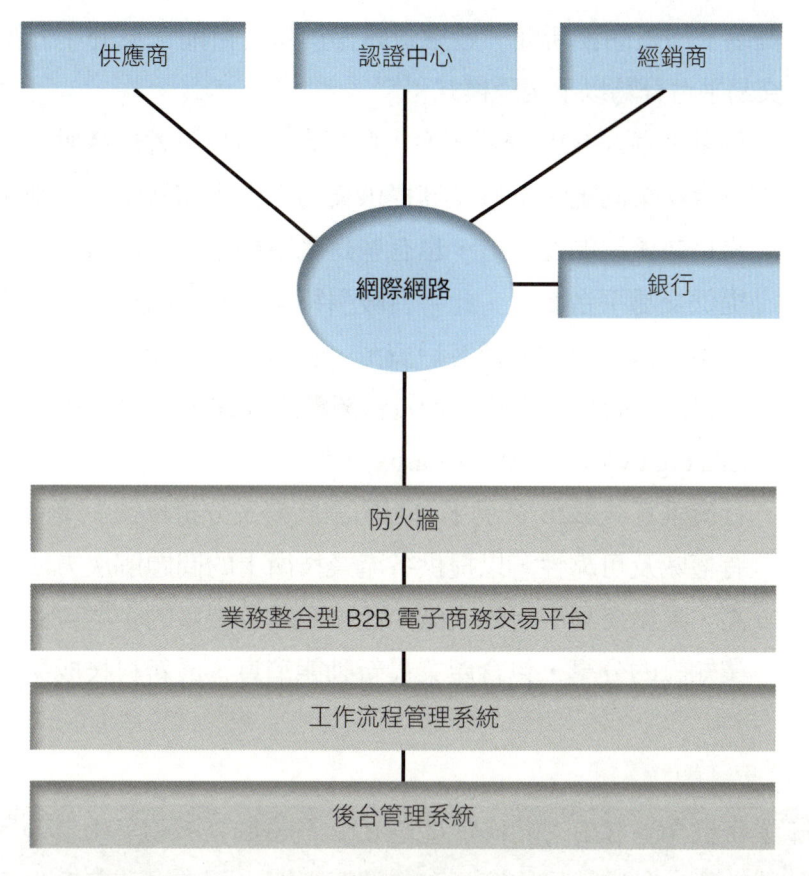

```
    供應商          認證中心          經銷商


              網際網路          銀行


              防火牆

      業務整合型 B2B 電子商務交易平台

          工作流程管理系統

            後台管理系統
```

▶ 圖 3-7　業務整合型 B2B 電子商務系統架構

統手工處理訂單方式，更顯得有效率。

在與上游的供應商交易中，企業透過網際網路發佈最新需求訊息，包含產品名稱、規格、數量及交貨日期等，等待招集供應商前來報價及協商後進行交易。此模式有利於企業匯總各家供應商及產品訊息，便於比較，直接跳過經銷商和代理商，加速採購業務的拓展，並透明化產品價格。在與下游經銷商的交易中，企業可透過網路發佈產品和服務消息，等待下游分銷商上網洽談協商。此模式有利於企業新產品的推廣，可降低銷售成本並同時拓展銷售通路，加速企業產品銷售過程。

(2) 中介型 B2B 交易平台：中介型 B2B 交易平台是指，由買賣雙方以外的第三方投資者而建立起的獨立交易平台。它只提供買賣雙方發佈產品訊息的平台，同時付予相關附加和交易配套服務。例如：在

網站上加入商務新聞、金融資訊等消息。目前常見的中介型 B2B 交易平台分為以下兩種模式：

A. 行業垂直式 B2B 交易平台：此平台具有專業性的特點，針對某特定產業向上、下游廠商提供交易平台服務為主。其創辦者通常是該產業的從業者，也有些是毫不相干的從業者，只是純粹提供交易平台而已。此平台吸引特徵性較強的客戶，才能方便集中各產業內的各種客戶資源，吸引更多同行的業者加入。台灣目前具有代表性的平台為台灣鋼鐵同業工會網站 (http://www.tsiia.org.tw/frontend/index.aspx)，如圖 3-8 所示。

行業垂直式 B2B 交易平台可聘請該產業分析專家、學者，更具有權威及可靠性，以提供各產業技術上的問題解決方法，可拉高、匯集交易平台的人氣。此平台具有豐富的企業資源，及專業知識的分享，包含產業最新動態消息、最新科技成果、展覽

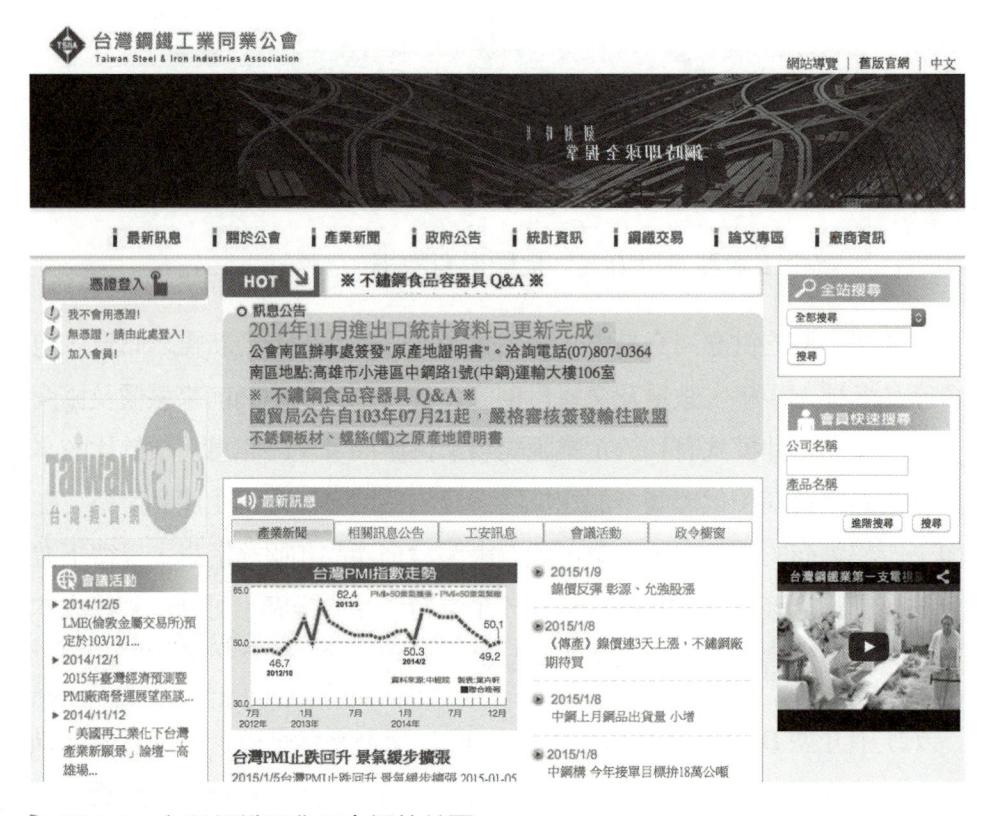

圖 3-8 台灣鋼鐵同業工會網站首頁

推廣訊息等。

B. 綜合水平式 B2B 交易平台：綜合水平式交易平台以提供訊息為主，強調資訊流的功能。此類平台的創辦者提供交易平台後，在網路上將銷售商和採購商匯集，因此，他們可以隨時在此平台分享訊息、發佈廣告及進行交易。之所以稱為綜合水平式 B2B 是因為此類平台涵蓋多樣化的產業領域，可服務於不同產業的從業者。台灣典型代表為台灣產業行銷網 (http://www.twb2b.net.tw/)，如圖 3-9 所示。

此類平台以技術推動，強調網站上瀏覽人氣，對於參與的產業別沒有特別限制。在此類型平台中，各產業可透過銷貨通路比較，增加市場交易機會，同時也可宣傳品牌。傳統產業或中小企業使用此平台更能快速促成交易，亦可降低成本，但仍會有被其他相關競爭者模仿的風險問題存在。

以台灣產業行銷網為例，將物流、金流、顧客關係管理都集中在一平台中，快速地將企業內部與外部資源作連結，這將是未來中介型 B2B 平台可能發展的趨勢。綜合水平式 B2B 交易平台的獲利來源如下：

圖 3-9　台灣產業行銷網網頁

1. 會員費：企業必須先註冊成為該平台會員，每年固定繳交一定的會員費，才能享受網站提供的各種服務，會員費亦成為 B2B 網站主要收入來源。
2. 廣告費：網站廣告是一般入口網站主要收入來源，同時對於 B2B 電子商務平台而言也是有相同的效用，因此，在台灣產業行銷網中，廣告商可依廣告大小及分佈位置來支付廣告費用，分為橫幅、文字廣告等多種選擇。
3. 競價排名：企業為了促使產品的銷售，無不希望在 B2B 平台中能多一點曝光率，或能成為搜尋榜排名順位的前幾名，因此，B2B 平台可根據會員繳納會費的不同，而對企業排名順序作相對應的調整。
4. 商務合作：包含廣告結盟、政府法規及傳統通訊媒體合作等功能，例如：台灣產業行銷網提供相關經貿資訊，在首頁上能直接連結理財電子週報等服務。

3.2.4　B2B 電子商務的優勢

B2B 電子商務是一種型態，主要探討企業之間的資訊整合交易，另外透過網際網路的聯繫，達到供應鏈之整合，不僅可簡化企業內部資訊流通的成本，更可使企業之間的交易更加快速，並帶來獲利。

1. 訊息傳遞快速，成本低。隨著資訊流的重要性發展後，資訊的交流速度和成本考量越來越被關注。傳統電子商務交易一般透過電話、傳真等工具，但傳遞的效率與速度完全無法與網際網路之效用相比較，相差甚遠。
2. 交易效率高，成本低。企業可透過 B2B 電子商務交易，在網站上提供與產品相關資訊、訂單狀態等訊息，可以節省紙張和降低管理成本，並透過網際網路與顧客維持良好關係，達到更省時的效果，供應商也可降低存貨風險及儲存成本。
3. 降低採購成本。企業的採購若沒有妥善管理，則容易使用超出成本或過於昂貴、品質低廉的原料，而導致產品交易速度受影響。這往往是因為交易過程中，缺乏訊息傳遞的交流。若透過 B2B 電子商務，則

可減少訊息不對稱問題，進而降低採購成本，實現零庫存管理。

4. 減少庫存。透過網際網路的訊息傳遞，該如何提高企業的競爭力，成為管理者必須用心思索的問題。最佳的控制方法應先從庫存管理著手，該如何降低並減少營運成本？關鍵在於企業必須具備快速取得銷售商的相關需求訊息，並能即時向供應商傳遞，加強產品交易流程的效率。

5. 企業間密切的合作。企業間的合作前提在於訊息能充分溝通，透過建立外部網站，也同時將企業內部訊息系統連結，使企業間能互通訊息，降低資訊不對稱的障礙，提升企業間合作效率。由於網際網路促使企業間合作更具備優勢及效率，使得企業越來越傾向於集中自我核心競爭力，而將其他業務外包給競爭合作夥伴。透過企業間合作以滿足客戶需求，即為供應鏈管理。

6. 縮短生產週期。產品的生產供應鏈是經由上下游廠商、企業內外部相互配合協助完成的結果。透過電子商務，企業可改善以往訊息傳遞不順暢之現象，進而縮短產品的生產週期。

7. 無間斷運作。傳統電子商務模式往往受到時間和空間的限制，但 B2B 電子商務可透過網際網路，進行一天 24 小時不間斷地運作，由此拓展出傳統電子商務模式和廣告促銷無法達到的市場範圍。

延伸閱讀　EDI

EDI 簡介

　　EDI (Electronic Data Interchange) 為電子資料交換，國際標準組織 (ISO) 於 1994 年認證了電子交換的技術。此定義為利用電腦進行商務處理的方式，透過網際網路的電子商務應用下，將貿易、運輸、保險、海關等交易的相關訊息，依國際標準組織認證的格式，建立結構化的數據格式，以電腦網路的傳遞，使各部門、公司或企業間進行數據交換與處理，完成貿易發展的過程。以下說明 EDI 五項特點：

1. 使用 EDI 必須是雙方企業皆有使用才可進行文件的傳遞，而非同一組織內的不同部門。

2. 雙方傳遞的文件具有特定的格式、標準的報表。
3. 雙方擁有各自的電腦處理系統。
4. 雙方的電腦處理系統能發送、接收，並處理符合約定貿易的電子資料訊息。
5. 雙方的電腦處理系統具有通訊的功能，訊息的傳遞才能透過網際網路相互傳遞。

以上所提及的資料及訊息是指交易雙方互相傳遞，並具有法律效力的文件資料，包含各種商業單據，例如：訂單、回執、發貨通知、發票、保險單、進出口申報單、繳款單等，也可能是各種憑證，例如：出口許可證、信用狀等。而訊息處理系統是由電腦自動化運行，無需人工干預。

EDI 發展

EDI 技術起源於 20 世紀，到了 70 年代在西方較先進國家採用後迅速發展。它是隨著電腦處理技術和網路通訊技術的快速發展下應用所產生的。70 年代初期，美國已開始制定產業標準，於 1975 年發展出第一個產業 EDI 標準。歐洲緊接在後，於 80 年代推出 EDI 標準。美國前百大企業中已有 97 家實施 EDI 系統，而新加坡於 1991 年也正式實行，韓國於 1993 年實行，台灣則於 1992 年開通 EDI 系統，並強力推廣應用，EDI 大幅提升商貿和相關產業的運作效率。

在近幾年的推廣下，使用 EDI 的產業可劃分為四類：

1. 製造業：企業可依系統即時反映庫存量及生產線備料時間，降低生產成本，即為即時生產標準 (Just in Time, **JIT**)。
2. 運輸業：在快速通關檢驗後，可降低貿易運輸的時間、成本及運輸資源。
3. 物流業：可快速響應，並減少庫存量，加速產品資金周轉，降低存貨成本，形成一體系的供應鏈流程。
4. 金融業：可減少金融機構與客戶於交通往返的時間與現金流動的風險，縮短資金流動所需的時間，提高用戶資金調整的彈性，稱為電子轉帳支付 (Electronic Funds Transfer, **EFT**)。

EDI 交易處理流程

1. 製作訂單：買方依據自己的需求在電腦系統上操作，製作出一份訂單，並將所有需求的訊息以電子傳輸的格式儲存下來，產生電子訂單。
2. 發送訂單：買方將電子訂單透過 EDI 系統傳送給供應商，實際上是先發送到供應商的電子信箱並預先存放在 EDI 交換中心，等待供應商接收訂單指令。
3. 接收訂單：供應商使用電子信箱接收訂單指令。

4. 簽發回執：供應商在接收訂單後，使用自己的電腦處理系統，將來自買方的電子訂單自動產生一份回執。經供應商確認後，此電子訂單回執則會被發送到網路上，再經由 EDI 系統存放在買方的電子信箱中。
5. 接收回執：買方使用電子信箱接收回執，至此，整個訂貨過程已完成。

由上述步驟可瞭解，EDI 的運作過程即是將用戶的相關數據，從自己的電腦處理系統，傳送到另一方的電腦處理系統，此過程會因用戶的應用系統和外部通訊環境差異而有不同的結果。

3.3 C2B 電子商務

3.3.1 C2B 電子商務定義

C2B (Consumer to Business) 即消費者對企業，是指集合消費者與廠商進行集體議價，把原本由廠商主導訂定價格的權利，移轉到消費者身上，使得消費者可以與廠商進行價格的討論。

3.3.2 C2B 電子商務特性

C2B 最大的特性就是集合眾人的力量，對廠商進行價格的談判，而**團購** (Group Buying) 就是最典型的例子。

團購是指團體購物，將所有消費者集結起來，達到一定人數後，與商家進行價格協商及議價，以求最優惠價格的購物方式。對於商家而言，團購的優勢為薄利多銷，可提供低於零售價格以吸引消費者興趣。對於消費者而言，團購的優勢在於能有效降低交易成本，並在保證品質及服務前，獲得合理的價格購買。透過參加團購網站，更能瞭解產品的規格、性能、合理的價格區間等，讓消費者能客觀判斷此產品可購性，有效達到省時、省力、省錢之目的。

目前國內著名的團購網站如 GOMAJI (如圖 3-10 所示) 等皆屬於一種新興的電子商務模式。透過消費者自行成立的團體組織，提升與商家間的議價能力，引領錢潮，而市場上消費者與企業商家也更加關注。

▲ 圖 3-10　GOMAJI 網頁

3.4　C2C 電子商務

3.4.1　C2C 電子商務定義

　　C2C (Consumer to Consumer) 指消費者與消費者之間所建立的商業連結模式，例如：Yahoo! 奇摩拍賣 (如圖 3-11 所示)、露天拍賣等。交易雙方皆是消費者，網站則是扮演「市場促進者」角色，協助市場資訊的匯總，建立信用評等制度，可以說是以消費者為導向的電子商務模式。

3.4.2　C2C 電子商務特性

　　C2C 電子商務最大的特性就是，由消費者扮演賣家的角色，透過中介的平台，讓其他消費者以競價的方式販賣自己的物品，平台提供信用評等給消費者作為競價的參考。平台本身則不介入買賣雙方的交易過程。大致上可以歸納成下列幾點特性：

▶ 圖 3-11　Yahoo! 奇摩拍賣首頁

1. 參與的人數較多。因為每個人都可以將自己的物品，放置到中介的平台上面販售，因此，參與的人數會比其他類型的電子商務人數較多。
2. 產品種類較多。參與的人數多，所販售的東西更是五花八門，舉凡蟠龍花瓶到汽車、房子，你想得到的，皆有可能會有人拿出來賣，因此產品種類多。
3. 交易方式多。透過不同的中介平台，每個平台所提供的驗證機制不同，當物流提供更多種不同的取貨方式之後，買賣雙方皆可以有更多種不同的方式來交換物品，以及收取及交付貨款，因此交易的方式就更多了。

3.4.3　C2C 電子商務未來發展趨勢

1. 拍賣網站：C2C 電子商務平台未來仍以拍賣網站的交易比例居多，預估七成以上。隨著網友使用 C2C 平台經驗越來越成熟，除了購買商品外，亦成為創業者或企業作為銷售的最便捷管道之一。
2. 交易金額：整體上，網友透過拍賣網站所購買之產品品項大同小異，男性以電腦軟體或 3C 配件為主，女性則以服飾配件、美容保養為主。隨著電子商務交易市場的熱絡，購買的成交量和交易金額也隨之增高。

3. 物流品質：近年來，許多網路業者強調 24 小時到貨的訴求，因此，許多網友更是重視物流運送貨物的速度，顯示更多人需要快速且有效率的網購模式。
4. 售後服務：當 C2C 電子商務平台的使用者達到一定規模後，許多業者開始經營個人品牌，因此，C2C 平台不再只是早期作為二手交易的集散地，也是網路行銷主要銷售通路之一。網路業者也訴求能提供和實體店面一致的售後服務，提高顧客回購率。
5. 安全性：近年來網路詐騙盛行，網友注重信用安全問題的比例越來越高，因此，提高消費安全性仍是非常重要的議題。

延伸閱讀：網家美國 C2C 平台上線

網家於 2014 年在美國推出「PChomeUSA C2C 電子商務平台」，讓賣家能以低成本、快速、簡易的方式，將商品賣到全美，協助華人發展全球貿易，進軍國際市場。

網家表示，PChomeUSA 目前提供美國、加拿大、中國、香港、澳門、台灣 6 個地方的賣家在平台上刊登商品，只需透過簡單的註冊、電子郵件和手機認證步驟，就能成為賣家並上架商品，將商品賣到全美各地。

此外，網家指出，推廣期間的平台設定費、商品上架費、成交手續費全都免費，不限刊登商品數量。

金流方式並結合 PChomePay 支付連、PayPal 等第三方支付服務，提供買賣雙方進行線上付款及收款的代收轉付服務，讓跨國交易安心有保障。

董事長詹宏志表示，「亞洲商家」將是 PChomeUSA 帶給美國最大的價值，因為透過 C2C 電子商務，就能把成千上萬的亞洲商品帶進美國，讓亞洲商品不再受限於區域。經由網路力量販售至全美各地，真正實現亞洲商品的強大競爭力與優良品質。

詹宏志指出，觀察美國實體通路發現，架上販售的商品有超過 80% 都是亞洲生產製造，但只有極少數亞洲商家能夠順利進入美國實體通路。未來透過 PChomeUSA C2C 電子商務平台，能讓大量的優質亞洲商品有機會在美國進行銷售，亞洲的中小企業也能以遠端管理方式，服務全美的消費者。

美國網家與北加州台灣工商會 (TACC-NC) 合辦的舊金山灣區首場電子商務

經營心得分享會中,特別邀請 3 位台灣網路人氣名店店長:「阮的肉干」執行長阮啟偉、「周老爸時尚餅舖」創辦人周剛毅、「林果良品」創辦人曾信儒,共同赴美分享電子商務趨勢與成功經驗。

　　北加州台灣工商會會長黃安利表示,以往美國華商在美國的經濟活動多受限於地理因素,大多僅能在居住當地經營零售業,不僅資源短缺也缺少商機。但若能透過電子商務的方式將商品賣到全美各地,甚至全世界,相信將可以協助美國華商整合資源,成功打造華商自有品牌,未來更有機會行銷全球拓展商機。

資料來源:中央通訊社,http://www.cna.com.tw/news/afe/201404280149-1.aspx。

3.5　O2O 電子商務

3.5.1　O2O 電子商務定義

　　O2O (Online to Offline) 即線上到線下實體的商務活動,又稱為離線商務模式,實際上,就是消費者在網路上付費,可在實體店面享受服務或取得商品。O2O 電子商務藉由行動網路,將客流從線上引到線下的實體通路,進而推動銷售及品牌知名度,O2O 電子商務也會透過折扣、優惠、服務預訂等方式,將線下實體通路的消費,即時傳遞給線上的用戶,將他們轉換成線下的客戶。此種營銷模式,較適用於需要店內消費的行業,例如:餐飲、健身、美髮美容等,多方提升零售業的經營效益。

3.5.2　O2O 電子商務的特性

　　在電子商務模式 B2B、B2C、C2C 的快速推廣下,買賣雙方的交易流程已發展非常成熟。此時,線上交易比例占的版圖越來越高,業者似乎都忽略了實體店家的經濟效益。因此,該如何將消費者吸引到實體店面消費,是一個值得探討的發展空間,進而發展出 O2O 電子商務模式。

　　O2O 電子商務在產業中可將供應鏈效應提升,以最經濟實惠的效益獲取客戶,並透過線上互動,準確地掌握消費者需求及習性,改善庫存結構,提升消費者忠誠度。此外,O2O 的營銷是線上預付機制,只有用戶

在線上完成支付，才是完整的商務型態。並把準確的消費者需求訊息提供給線下的商業夥伴，不以廣告收入為主軸，線上支付才是主要核心價值。

3.5.3 O2O 電子商務模式類型

1. 線上社群＋線下消費社群：指能到線下進行消費，而線上主要以交流互動為主，展開定期的優惠促銷活動。
2. 線上消費社群＋線下社群：指在線上銷售的 O2O 電子商務，線上也可作交流或促銷的活動，而線下主要是對消費者直接面對面展示或互動的交流。
3. 線上消費社群＋線下消費社群：指線上與線下皆能同時進行銷售且互相交流的活動，並提供優惠和促銷方案。
4. 線上社群＋線下社群：指一種無銷售活動的 O2O 電子商務，線上線下皆為一個交流互動的社交平台。

3.5.4 O2O 電子商務優勢

1. 實體店家方面：以網際網路為傳遞媒介的傳送速度非常快，透過線上營銷的模式，增加實體店家宣傳的機會與曝光率。同時也節省實體店面的營銷成本，大幅提升交易的效率，亦減少對店面地理位置之空間的依賴性。此外，可採線上預付的機制，增加客源管道，有利於實體店家經營規劃。
2. 消費者方面：提供線上最便捷的商家服務資訊，使消費者不用出門，便可透過線上社群諮詢交流而瞭解服務品質。此外，也可提供線上購買優惠價格，以降低客戶的銷售成本。
3. 經營者方面：利用網路的快速及便利性，為用戶帶來日常生活實際所需的優惠訊息，因此，可迅速地聚集大量用戶，為商家提升宣傳效果，進而吸引更大量的線下實體店家和廣告收入湧入，為經營者帶來更多的獲利效益。

> **延伸閱讀　Qbon 優惠牆推出 iBeacon inside 服務**
>
> 　　看準下一個行動行銷新亮點──iBeacon，時間軸科技繼聯播平台 Qbon 優惠牆後，2014 年 11 月進一步推出 iBeacon inside 的全新虛實整合服務。首發將與遠傳信義威秀門市合作，在信義威秀附近逛街、看電影的消費者，只要靠近在地的遠傳門市，就可以透過藍牙接收到 Qbon 發送的 iBeacon 推播優惠訊息，過去只在電影情節中看見的未來生活，就能透過 Qbon iBeacon inside 體驗。
>
> 　　你是否曾經想像過自己置身於這樣的一個世界中：當你走進一家超市，還沒靠近櫃檯就先收到一封署名給你的歡迎信，這樣貼心的舉動是否讓人很驚喜呢？2013 年蘋果公司推出 iBeacon 技術後，即掀起全球零售通路創新「微定位」市場行銷應用熱潮。蘋果公司自 iPhone 4S 和第三代 iPad 就開始在移動裝置內建低功耗藍牙技術，因此幾乎較新的 iPhone 和 iPad 都可以成為 iBeacon 接收器或發射器。而 iBeacon 並不限於 iOS 系統才能使用，即使 Android 或 Window Phone 手機都可以接受 iBeacon 發出的資訊。
>
> 　　Qbon 行動優惠聯播平台將透過 iBeacon 技術，透過實現主動式的虛實整合行動生活，並串聯 Big Data，讓實體商家能夠更精準地推播資訊給店點附近的潛在顧客，等同於進行低成本高效益的行銷轉換！
>
> 資料來源：中時電子報，http://www.chinatimes.com/realtimenews/20141027004287-260412，2014 年 10 月 27 日。

本章摘要

　　本章節主要介紹 B2C、B2B、C2B、C2C 及 O2O 電子商務的基本概念、類型、特性及趨勢等。其中，B2C 跟 B2B 是由企業為主導地位的電子商務；C2B 則是轉由消費者為主導者，集體與企業來進行議價；C2C 讓每個人都可以當老闆，賣自己的東西給其他消費者；O2O 將網路跟實體做一個結合，由網路上的網友帶動實體店面的來客量，或是由實體店面帶動網路上網友的參與。各種電子商務類型都各有其特殊的地方。

問題與討論

1. 什麼是 B2C 電子商務？它有哪些類型？
2. 什麼是 B2B 電子商務？它有哪些特點？
3. 什麼是 C2C 電子商務？它有哪些特點？
4. 什麼是 O2O 電子商務？它的優勢是什麼？
5. 假設你是一家食品生產業者老闆，目前想拓展電子商務銷售系統，請選擇你所想使用的電子商務平台類型，並說明為什麼？試論述你拓展電子商務平台的流程。

案例 3-1
傳統產業導入 B2B 成功案例──中國鋼鐵公司

國內鋼鐵業的龍頭，也是唯一上游鋼鐵供應商──中國鋼鐵公司，在兩岸正式成為 WTO 會員國後，上游的中鋼將面臨比下游更激烈的市場競爭。此時，中鋼導入電子供應鏈系統，將顧客由電子化供應鏈系統中得到更緊密的關係與結合，提升顧客滿意度，創造雙贏的策略。

中鋼民營化後，基於善用原有資源，發揮專業分工，積極發展成一個以製造業為核心，兼具貿易、運輸、工程、金融與新科技等事業群的大型國際化工業集團。中鋼透過研究發展單位的努力，延續現有產品生命週期、開發高附加價值新產品、降低生產成本，以得到實質效益，為集團創造利潤。

何謂供應鏈？其可稱為價值鏈。企業將內部資訊、客戶資料、供應商、合作夥伴及競爭者透過網際網路傳遞的方式加以數位化，將原本實體的媒介轉變成虛擬，因而降低成本、加速交流。而價值是一個會經常因為外部條件或環境而有所變動的，鼓勵開放性網路設計，可鼓勵創新、彈性、企業精神及環境應變能力。組織內部各單位擁有高自主能力，能在企業間相互協調，甚至將組織外的單位也考量至網路中，形成虛擬企業。

中鋼競爭優勢探討：

1. 電子商務系統：中鋼電子商務系統力求操作方便性、有效率、內容豐富化，於 1998 年正式推出。其系統功能如下：
   (1) 顧客與中鋼之間以郵寄、傳真或電話聯絡的資料，皆可透過網際網路查詢；同時可將資料下載至顧客電腦做後續同步處理，顧客可以在任何時

間、地點，以最便捷的方式查詢最即時、準確的資訊。目前提供的資料包含銷售合約、生產狀況、信用狀餘額、折扣、提單、品質證明書等。

(2) 鋼品種類、規格繁多，顧客可透過電子商務系統之電子訂購作業方式向公司訂購，以提高訂單準確性，減少訂單資料郵寄、傳真所花費的時間，有利雙方。使用中鋼電子商務系統，不收取任何費用，以提升鋼鐵業資訊流自動化速度及整體鋼鐵業的競爭力。

2. 供應鏈現況：目前中鋼供應鏈包含上游的原料商、修護廠商、下游顧客及中鋼之子公司，子公司仍由內部網路與總公司保持聯繫。中鋼期望所有合作夥伴能配合供應鏈政策，甚至可幫助顧客設計 ERP 系統。

中鋼導入電子商務後之發展現況：

1. 電子化供應鏈加速交易流程，減少成本，除去人為操作缺失。
2. 供應鏈施行後，更能深入瞭解及預測顧客需求，進而規劃產能。中鋼會定期訪問顧客，以隨時解決顧客問題，並搜尋潛在的顧客群，瞭解網站的使用率。而當有顧客對於電子化供應鏈系統有疑問時，中鋼強力推動顧客瞭解供應鏈系統操作及實行。
3. 物流方面，中鋼經由電子商務系統在最快的時間內，通知配合的貨運公司運送貨物。同時，顧客也隨時能在網站上即時查詢出貨狀況。
4. 資流方面，仍以傳統方式執行，由顧客上網查詢目前的信用狀，並瞭解金額的結算與入帳時間。
5. 顧客管理方面：訂單流程的程序並未改變，但減少訂單流程成本、縮短時間，進而增加業務量，吸引更多客群。
6. 庫存管理方面：加快提貨的時間，out-of-stock 發生率亦降低，減少庫存成本，將訂單 - 運送 - 票據之間的循環期縮短。
7. 配送管理方面：促使物料成本減少。
8. 財務管理方面：雖未施行電子化金流服務，但提供顧客可即時查詢信用狀情形，使顧客更依賴電子商務系統的運作及提升信賴度。
9. 生產管理方面：員工生產與產品的管理時間縮短。

資料來源：中鋼網站 (www.csc.com.tw)、經濟部貿易局 (www.trade.gov.tw)。

討論

1. 何謂供應鏈管理？
2. 供應鏈管理的附加價值為何？試舉例說明之。

案例 3-2
O2O 的成功案例 ── GOMAJI、Yahoo! 奇摩

台灣最大團購平台 GOMAJI 除了原本的團購業務外,朝 O2O 跨出重要的一步:GOMAJI 夠麻吉卡。下載 GOMAJI 的 APP 軟體之後,GOMAJI 提供店家機器,消費者付款時就出示 APP 上的 QR Code 來支付,不僅提供更多樣化的付款方式,進而吸引更多用戶加入團購網,商機湧現。

中國信託執行副總劉奕成說道:「有生活才有交易,有交易才有行動支付」。而民以食為天,套用劉奕成的話在 GOMAJI 夠麻吉卡上,「有吃,才有支付」,非常貼切。GOMAJI 已經在台北市上千家餐廳進行一段時間的試營運,據聞商家與消費者的反應很好。GOMAJI 此舉不僅是 O2O 的佈局,也跨入行動支付的服務。GOMAJI 行銷副總 Rio 提出「一個 APP,一個目的」的看法。「你怎麼專注在一個目的來開發設計 APP,你就會獲得使用者和客戶最直接的回饋與感謝。」

Yahoo! 奇摩電子商務事業群總經理王志仁表示:「相較於筆電或平板等其他裝置,Yahoo! 奇摩觀察手機因為介面小,具及時、行動性高等特色,為滿足網購族更便利的生活購物需求,因此在行動購物的服務上早一步從使用者觀點發展出虛實整合 O2O 體驗,並朝幾大方向發展:包括完整流暢地串接瀏覽商品到付款流程、高度個人化的商品內容、方便的線上線下無縫整合的消費體驗、商品追蹤及優惠方案的及時推播通知等。」另外,搶先業界推出結合 O2O 購物功能的 Yahoo! 奇摩超級商城 APP,讓消費者可透過掃描 Barcode/QR Code 直接上線購買商品。短短上線三個月,已有 2 萬件可掃描 Barcode/QR Code 的商品數,2014 年底達 5 萬件商品。

與一般的購物 APP 相較,Yahoo! 奇摩超級商城 APP 擁有高度的個人化功能,且具有無縫整合線上線下通路的服務。因應手機介面小的限制,Yahoo! 奇摩超級商城 APP 透過內部數據資料、用戶喜好與特定行為,如瀏覽歷史紀錄分析,於預設首頁提供大圖面及使用者個人喜好連結,與關聯性更高的商品內容。此外,使用者也可在應用程式內蒐集店家折價券,透過手機在實體店面使用,進一步落實 O2O 購物體驗。及時性的購物車追蹤清單到期及優惠商品的推播通知,也獲得消費者好評。使得這款 APP 從 2014 年 3 月上市,短短三個月就在這次調查中名列最受手機購物族歡迎的第二大網購 APP,且在 iOS 及 Android 各獲得 4.3 與 4.1 顆星的評價。

智慧型手機的普及,促使 O2O 發展,業者將官方網站、網路商店轉由 APP 的形式,讓消費者能更便捷地瞭解目前所探索的商品資訊,並且也可在 APP 中

提供專屬的線上優惠活動，吸引更多廣大的行動通訊用戶，進而提升交易量。

在 O2O 營運策略中，許多業者不斷推陳出新吸引消費者注意，這場長期戰局中，業者該思考如何留住老客戶的方法，以及吸引新顧客，才能在競爭激烈的環境中生存下來。底下提出幾點吸引客戶的方法：

1. 新產品或服務必須具有獨特吸引力。
2. 積分優惠或促銷活動。
3. 提供限時使用優惠券。
4. 提供 APP 軟體即時分享最新情報資訊。
5. 依老顧客購買習性，定期發佈相關感興趣產品的資訊電子報，促使回購率提升。

上述方法是最容易刺激客戶再回到線上交流互動。然而，在線上的服務活動應該超出客戶想像，讓客戶在驚喜之餘更樂於在線上分享經驗，激勵更多品牌的知名度及推廣。

資料來源：Inside 網路趨勢觀察網站，http://www.inside.com.tw/。

討論

1. O2O 方式有哪些？
2. O2O 未來發展趨勢為何？是否有限制？
3. O2O 的核心價值為何？

參考文獻

1. 中鋼網站，http://www.csc.com.tw。
2. 經濟部貿易局網站，http://www.trade.gov.tw。
3. Inside 網路趨勢觀察網站，http://www.inside.com.tw/。

電子商務

4 電子商務配送流程

小資女首次海外網路購物經驗

　　小資女是暱稱剛踏入社會的女性大學新鮮人，本文所提及的小資女希望拓展視野，大學期間申請到美國姐妹校當交換學生一學期，因此畢業後，順利找到位於中國深圳的台商公司，並進入國際貿易部門工作。因為剛出社會資歷尚淺，收入不豐，因此利用網路購物可分期付款的優點，購買工作用的筆記型電腦，對社會新鮮人是很方便的事。

　　小資女身為電子商務專科的畢業生，就學期間曾經參與台灣著名糕點網路團購活動，也曾在露天拍賣售出二手手機的經驗，因此對於台灣網路購物有足夠的信心。到中國深圳工作一段時間，逐漸適應忙碌的工作，但也因為過於忙碌，陪伴她四年的筆記型電腦也功成身退，需替換一台更適合商務人士使用較輕、較薄、易於攜帶的超輕薄筆電 (Ultrabook)。因為台灣知名購物網站有全球配送服務，也可以使用中國的支付寶、台灣的信用卡及全球通用的貝寶 (PayPal)。最重要的部分是分期付款與多樣的機種選擇。接著，她開始分析網站現有的品牌機型、價格與免息分期的規定，甚至還有信用卡公司搭配的紅利折抵優惠。

　　經過兩天的分析比較，加計跨國運費後，小資女終於決定下單華碩超輕薄筆電。因為選擇配送到中國深圳，全球購物配送網頁載明需3至7天才能到貨，時間過得很快，小資女很快收到台灣海外配送的包裹。經由此方便又快速的網路購物經驗，繼續她忙碌的工作與生活。

4.1 電子商務環境與供應鏈管理

4.1.1 供應鏈管理定義

供應鏈管理 (Supply Chain Management, SCM) 是指在滿足顧客服務水準的條件下，將整個供應鏈成本達到最小。透過有系統的組織網絡，將供應商、製造商、倉庫、配送中心和通路商等有效地整合，從產品製造、轉運、分銷及銷售的科學管理方法。供應鏈結構模式如圖 4-1 所示，網路組織成員包括供應商、製造商、零售商與顧客。供應鏈管理包括資訊流與產品流，網路組織成員間的互動關係，產生五項基本功能：計畫、採購、製造、配送、退貨。

1. 計畫

首先需要策略來管理所有的資源，以滿足顧客對產品的需求。好的計畫需透過建立一系列的方法監控供應鏈成員，確保所有網路成員能夠以低成本方法，有效率地為顧客遞送高品質和高價值的產品或服務。

2. 採購

選擇提供貨品和服務的供應商，與之建立定價、配送和付款流程，進行監控和管理改善作業，包括提貨、核實貨單、轉送貨物到製造部門，以及核准供應商請款作業等流程。

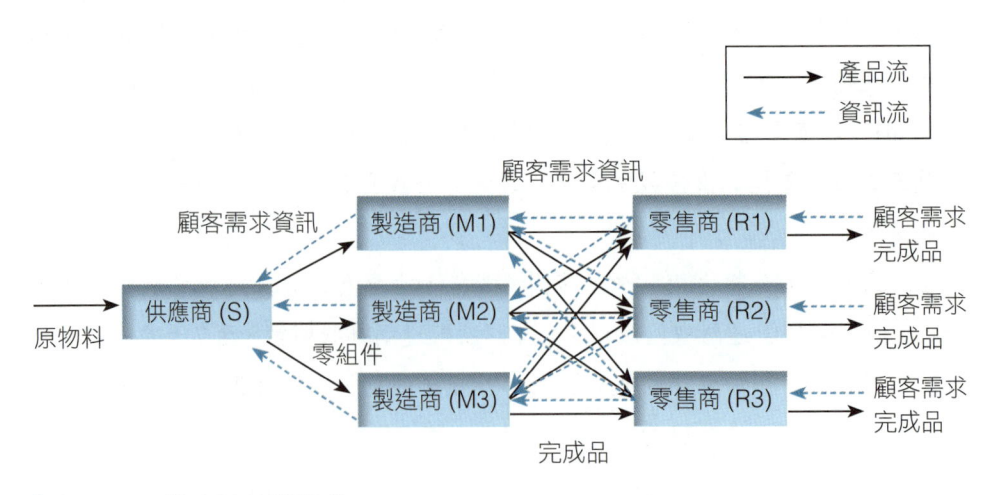

▶ 圖 4-1　供應鏈結構模式

3. 製造

安排生產排程、產品測試、商品包裝和送貨的活動，需要進行數據記錄，包括品質水準、產品產量和生產人員的工作效率等。

4. 配送

俗稱「物流」，主要是調整顧客端的訂單收據、建立物流倉庫及配送網路、司機與送貨人員進行倉庫提貨、送貨到顧客端、建立商品計價系統，以及應收帳款作業等。

5. 退貨

俗稱「反向物流」，這是供應鏈中的問題商品處理作業。建立網路接收客戶退回的次級品和多餘產品，並提供客服人員針對客戶產品使用問題，提供售後服務。

4.1.2 供應鏈管理策略

1. 快速回應

快速回應 (Quick Response, QR) 是美國紡織服裝業，因應快速變化的市場需求所發展的供應鏈管理策略。QR 係指物流業者面對多種品項，與小批量需求的買方市場的因應策略。關鍵不在於庫存商品數量與種類，而是具有足夠組裝與生產能力，搭配原物料與半成品，方能在顧客提出要求時，以最快速度分析所需的原物料與半成品，即時生產與組裝，提供顧客所需服務或產品。QR 主要借助網路資訊技術的資訊快速交換，透過產品合作開發以縮短產品上市時間。QR 方法改革的重點在於，補貨和訂貨的速度提升，最大的目的是解決缺貨問題，並且只在市場出現商品需求時，才啟動採購作業。QR 適用於單位價值高、季節性強、可替代性差、購買頻率低的行業。應用主要集中在一般商品和紡織行業，主要目標是對客戶的需求做出快速回應，並快速補貨，該方法重點在於縮短交貨提前期 (Lead Time)，快速回應客戶需求。

2. 迅速顧客回應

迅速顧客回應 (Efficient Customer Response, ECR) 是 1992 年美國食品雜貨業，因應顧客需求所發展的供應鏈管理策略。ECR 是由製造生產廠商、批發商和零售商等供應鏈成員所組成，透過成員相互協調合作，產生更好、更快、更低成本方法，以滿足消費者需求。例如，最大限度降低物流過程費用，迅速及時做出準確反應，使提供的物品供應或服務流程最佳化。另外，透過資訊交換可以進行新產品合作開發，並可進行商品管理與促銷。ECR 應用主要以食品業為對象，主要目標是降低供應鏈各環節的成本並提高效率，重點在於減少和消除供應鏈的浪費，提高供應鏈運行的有效性，用於產品單價低、庫存週轉率高、毛利少、可替代性強、購買頻率高的行業。因為食品雜貨業與紡織服裝業經營的產品特性不同，雜貨業經營的產品多數是一些功能型產品，每一種產品的壽命相對較長 (生鮮食品除外)，因此，訂購數量過多 (或過少) 的損失相對較小。

延伸閱讀：Uitox 以台灣 PChome 的成功經驗進軍國際

全球有 99% 的商品是不流通的，Uitox 如何讓台灣電子商務 24 小時到貨服務的成功經驗複製到全球？2007 年，PChome 推出 24 小時到貨服務，網路的便利讓網購人數突然倍增。2012 年 9 月，推出快速到貨服務的團隊創立 Uitox 公司，該公司的核心技術是電子商務倉庫管理，期許可以將 24 小時到貨服務推廣到全球 100 個城市。該公司團隊成員曾經在博客來、阿里巴巴、露天拍賣及東京著衣擔任營運業務，也曾經負責 IBM、HP、Dell 全球物流業務，特別是在歐洲市場營運五年。

倉儲精準管理技術

拆解供應鏈、精準管理倉儲、減少物流時間是電子商務快速到貨的關鍵。近年來，台灣發明許多相關倉儲機制，包括同時存放一百萬種品項的倉儲管理技術 (如圖 4-2 所示)，強調精準的庫存管理，有貨才賣，無貨不賣。消費者下訂單到貨品上卡車，只需一小時即完成，剩餘 23 小時為送貨時間。

線上零售業創新物流

電子商務的本質為「交易」導向，線上零售業可以突破傳統零售業的空間

(a) 網路下單　　(b) 倉儲管理

(c) 到貨配送

圖 4-2　Uitox 精準倉儲管理示意圖

限制、陳列商品的限制、海外商品的國界限制。台灣販售日本的商品僅占日本市場 1% 不到，國內所有的賣場所能陳列國外商品品項都是經過精挑細選，線上零售業可以突破實體限制，解決資訊不對稱與商品不流通的限制。

Uitox 創新商業模式

1. 提供全球前 100 大城市 4~6 小時到貨服務：預計未來 15 年，在全球 100 個城市提供快速到貨。城市的選擇標準以人口為基準，只要人口數達到 500 萬以上，即列為目標城市，每個城市的倉庫擺放約 50 萬至 100 萬個商品品項。在中國市場第一期 9 個城市基準為 1,000 萬人，地域以亞洲和環太平洋開始發展，9 個城市包括：北京、上海、廣州、深圳、香港、重慶、成都、瀋陽、武漢。

2. 提供跨國城市 2~3 天的到貨服務：每個城市的顧客都可以購買其他城市商品，例如，新加坡當地顧客可以買新加坡倉庫商品，也可以買上海、台灣倉庫商品，但需要 2~3 天的送貨時間。透過建構雲端商品庫，將全球 100 個倉庫點的商品，藉由雲端技術即時 (Real-Time) 查詢與存取，依循「有貨才賣，無貨不賣」的概念。此外，尚需成立進出口貿易公司，對於高購買率的外地商

> 品，透過進口的方式，以 15 天的量為進口基準，可以節省每日跨國運送的時間。
> 3. 提供電子商務客製化服務：透過全球倉儲建置、貿易公司的設立，可以串連全球金流、物流、資訊流、客服等資源體系，幫客戶在全球主要城市建構電子商務，並協助獨立品牌在全球流通。
>
> 資料來源：改編自《北美智權報》，第 91 期。

4.2　電子商務與物流創新

　　以網際網路為基礎的電子商務正催化著傳統物流配送的創新。根據電子商務的特性，需對物流配送體系進行統一的資訊流管理和調度，按照顧客訂貨要求，在物流中心進行檢貨與分裝工作，並將裝箱的貨物宅配送交收貨人的物流方式。回顧配送制度的發展歷程，共經歷三階段創新。初期階段就是宅配服務，為改善經營效率，國內許多商家開始提供宅配服務，這是電子商務的首次創新。接著，由於電子商務扮演中間商的角色日益加重，不僅影響到物流配送業者本身，也影響到供應鏈上下游整個體系，包括供應商、消費者。第三次物流創新，就是導入物流配送系統，及網際網路客戶資訊服務的廣泛應用所帶來的種種影響，這些影響有益於物流配送更有效率，資訊更透明，也更增加消費者對網路購物的信心。

4.2.1　電子商務物流

　　由於網際網路技術與手機訊息傳遞盛行，網路購物商品配送活動與配送資訊的溝通方式已拓展到網路與手機。實體商品的作業節點，可以透過網路資訊節點的形式呈現，並提供顧客查詢。實體配送活動的各項職能和功能均可透過電腦進行虛擬配送與追蹤，並發現實體配送過程中可以改善的流程，並進行優化作業，以達到實體配送過程的高效率、低成本、短距離、低耗時的目標。

　　除了傳統的分揀、備貨、配貨、加工、包裝、送貨等作業以外，電子商務物流配送的功能還需向下游延伸，如市場研究與預測、採購及訂單處

理，往上延伸到物流諮詢、物流方案的選擇和規劃、庫存控制決策、物流教育與培訓等附加功能，進而為客戶提供具有更多附加價值的物流服務。

電子商務物流配送主要為多品項、少批量、多批次、短週期、小規模的頻繁配送。基本上配送成本偏高，因此配送業者必須尋求新的商業模式，以增加利潤。例如：根據客戶的偏好，針對配送對象進行個性化流通加工，增加產品的附加價值；或是依據客戶偏好的配送習慣，為客戶制定配送方案。

4.2.2 電子商務環境之物流特性

相對於傳統的物流配送模式而言，電子商務物流配送模式具有以下優勢：(1) 高效率的商品配送；(2) 適時控制配送作業；(3) 簡化物流配送過程。傳統的物流配送業需投資大型的存貨倉庫，礙於空間的限制，存貨的數量和種類需受限。然而，在電子商務環境，可以使企業將散置在各地的物流中心，藉由網路連接起來，透過統一調配和協調管理，配送服務範圍和商品存放空間都可延伸放大。因此，商品配送的速度、規模和效率都將顯著提高。

其次，傳統的物流配送過程，人員參與比率過高，各個業務流程之間依靠人員來銜接協調，難免受到人為因素的影響。處理問題和故障時，多少會有停滯拖延現象。而電子商務物流配送模式借助網路資訊系統，適時監控配送過程，以及適時決策，使得配送訊息的處理、商品流通狀態、問題環節的查找、指令下達的速度等可提高。

此外，物流配送中心可以借助網路系統，進行配送自動化作業，例如，物流管理系統讓物流配送管理過程變得簡單和易於操作；電子商務平台上的顧客關係管理系統可使客戶購物和交易過程變得效率更高、費用更低；平台會員服務系統所提供的商品配送訊息，使得客戶找尋商品過程簡化和購買決策的速度加快。

> **延伸閱讀　台灣海外直購平台服務**
>
> 　　網路購物零時差、零距離、無時間限制的購物環境，讓跨國直購消費的門檻與距離逐漸縮小。目前台灣較具規模的海外直購網站是，樂天國際市場與中國淘寶，提供跨境直購新市場服務。藉由台灣樂天在台經營成果的經驗，樂天國際市場看好台灣網購發展潛力，以及希望滿足日本商品的台灣民眾，能夠免去代購手續費用、方便同步購買日本最新商品。因此與台灣網站 EZprice 比價網合作，提供日本當地一萬多家廠商商品，及限定獨賣商品的海外運送服務。樂天國際市場網站採用自動翻譯系統，故有部分商品的中文翻譯比對較為模糊，會員註冊介面採用英文，支付方式採取信用卡、支付寶與 PayPal 付款。
>
> 　　中國淘寶介面為中文簡體，部分用語跟台灣民眾的使用習慣不同，關鍵字搜尋需轉換成中國用語，支付方式包括信用卡與支付寶。考量台灣民眾的購物習慣，與台灣全家便利超商合作，推出超商取貨的物流服務。
>
> 資料來源：樂天國際、中國淘寶平台官方網站。

4.3　電子商務之物流與資訊流相關技術

4.3.1　條碼技術

　　條碼技術是現代物流系統廣泛採用的快速訊息採集技術，它能適應物流大量化和高速化要求，可大幅度提升高物流效率。條碼技術包括條碼的編碼技術、條碼符號設計技術、快速識別技術和計算機管理技術，是實現計算機管理和電子數據交換不可少的前端採集技術。

1. 條碼的定義

　　條形碼 (Bar Code)，簡稱「條碼」，是由寬度不同、反射率不同的「條」和「空」按照一定的編碼規則 (碼制) 編製而成，用以表示一組數字或字母符號資訊的圖形標識符。條碼隱含著數字資訊、字母資訊、標誌資訊、符號資訊，是全世界通用的商品代碼的表示方法。

　　條形碼中的「條」指對光線反射率較低的部分，「空」指對光線反射率較高的部分，這些條和空組成的標記代表物品的名稱、規格、單價、產

地等各種資訊，能夠用特定的設備識讀並轉換成電腦能夠識別的資訊。條碼符號結構如圖 4-3 所示。

2. 條碼的分類

根據不同的分類標準，條碼可以分為不同的種類：

(1) 按維數來分可分為一維條碼、二維形碼及多維條碼。圖 4-4 是常見的一維碼和二維碼樣圖。

(2) 按使用的目的可分為商品條碼和物流條碼。商品條碼是以直接向消費者銷售的商品為對象，以單個商品為單位使用的條碼。它由 13 個數字組成。物流條碼是物流過程中以商品為對象，以幾何包裝商品為單位使用的條碼。標準物流條碼由 14 位數字組成，除了第一位數字以外，其餘 13 位數字代表的含義與商品條碼相同。

(3) 按碼制可以分為 EAN 碼、UPC 碼、交叉 25 碼 ITF、Code Bar 碼、128 碼、93 碼、矩陣 25 碼等。目前國際上通用和公認的物流條碼碼制有 ITF-14 條碼、UCC/EAN-128 條碼及 EAN-13 條碼。選用條

| 空白區 | 起始字符 | 數據字符 | 校驗字符 | 終止字符 | 空白區 |

圖 4-3　條碼符號結構

(a) 一維　　　　(b) 二維

圖 4-4　常見的一維碼和二維碼樣圖

碼時，要根據貨物的不同和商品包裝的不同，採用不同的條碼碼制。單一大件商品，如電視機、電冰箱、洗衣機等商品的包裝往往採用 EAN-13 條碼。儲運包裝箱常常採用 ITF-14 條碼或 UCC/EAN-128 應用標識條碼。包裝箱內可以是單一商品，也可以是不同的商品或小包裝的多件同一商品。

3. 條碼識別裝置

條碼識別採用的是光電掃描設備，主要有以下幾種：光筆掃描器 (似筆型的手持小型掃描器)、台式掃描器 (固定的掃描裝置，手持帶有條碼的物品在掃描器上移動)、手持式掃描器 (能手持和移動使用較大的掃描器，用於靜態物品掃描)、固定式光電及激光快速掃描器 (由光學掃描器和光電轉換器組成，安裝在物品運動的通道邊，對物品進行逐個掃描。它是現在物流領域應用最多的固定式掃描設備) 等。圖 4-5 是常見的超市手持式掃描器。

4. 條碼技術在物流的應用

條碼技術在物流管理中發揮了重大的作用，例如：物資入庫、分類、出庫、盤點和運輸等。具體的應用主要表現在以下幾個方面：

(1) 銷售時點資訊系統 (POS 系統)：銷售時點資訊系統 (Point of Sales) 是指「利用光學式自動讀取設備，按照商品的最小類別讀取即時銷售資訊，以及採購、配送等階段發生的各種資訊，並透過通信網路

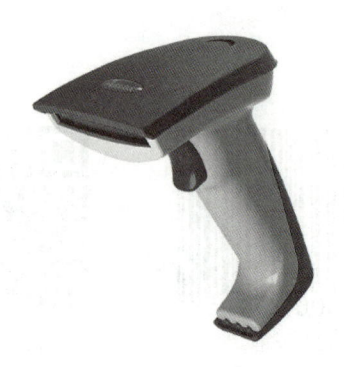

圖 4-5　常見的手持式掃描器

將其傳送給進行加工、處理和傳送的系統」。透過自動讀取設備，在銷售商品時直接讀取商品銷售資訊 (如商品名稱、單價、銷售數量、銷售店鋪、購買顧客等)，並透過通信網路和計算機系統傳送至有關部門進行分析加工，以提高經營效率 (如圖 4-6 所示)。

(2) 庫存系統：在庫存物資上應用條碼技術，尤其是規格包裝及裝托盤貨物上，入庫時自動掃描條碼並輸入電腦。由電腦處理後形成庫存的資訊，並輸出入庫區號、貨架、貨位的指令，出庫程序則和 POS 系統條碼應用一樣。在庫存管理方面，條碼技術能改進訂貨準備、訂貨處理，提供精確的存貨控制，減少勞動成本，使入庫、出庫數據精確。

(3) 自動分揀系統：在配送和倉庫出貨時，採用分貨、揀選方式，需快速處理大量的貨物時，由於每件物品包裝上都印有條碼，因此利用條碼技術便可以自動進行分貨揀選，並實現有關的管理。自動分揀系統 (如圖 4-7 所示) 主要由控制裝置、分類裝置、運輸裝置、分揀道口四部分組成。透過電腦連接在一起，配合人工控制及相應的人工處理環節，構成一個完整的自動分揀系統，能夠按照供應商的要求，在最短時間從龐大的儲存系統中，準確找到出庫的商品所在位置。並按照所需數量出庫，將從不同儲位上取出的貨物，按配送地點運送到不同的理貨區域或配送站點集中，以便裝車配送。

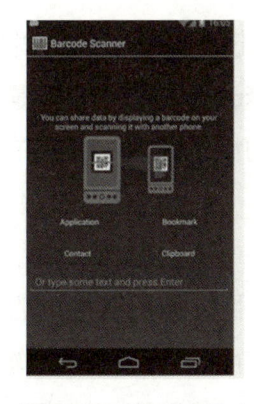

圖 4-6　手機二維條碼掃描應用程式

▶ 圖 4-7　自動分揀系統

4.3.2 射頻在物流領域的應用

1. 基本概念和準則

射頻技術 (Radio Frequency Identification, RFID) 是 20 世紀 90 年代開始興起，並逐漸走向成熟的一種非接觸式的自動識別技術。它是以無線通信技術和儲存技術為核心，伴隨著半導體、大規模集成電路技術發展而逐步形成的。利用射頻方式進行非接觸雙向通信，以達到自動識別目標對象，並獲取相關數據的目的。

最簡單的 RFID 系統由以下三部分組成，在實際應用中還需要其他硬體和軟體的支持。

(1) 電子標籤 (Tag)。由耦合元件及芯片組成，且每個電子標籤都具有全球唯一的識別號 (ID)，無法修改、無法仿造，提高了安全性。電子標籤中一般保存有約定格式的電子數據，附著在物體上標示目標對象。

(2) 閱讀器 (Reader，也稱讀寫器)。讀取 (或寫入) 電子標籤資訊的設備，可設計為手持式或固定式。閱讀器可無接觸地讀取，並識別電子標籤中所保存的電子數據，進而達到自動識別物體的目的。通常閱讀器與電腦相連，所讀取的電子標籤資訊被傳送到電腦上，進行

下一步處理。

(3) 天線 (Antenna)。在電子標籤和閱讀器間傳遞射頻信號，及電子標籤的數據資訊。

RFID 工作原理並不複雜，電子標籤進入磁場後，接受解讀器發出的射頻信號，憑藉感應電流所獲得的能量發送出儲存在芯片中的產品資訊 (Passive Tag，無源標籤或被動標籤)，或者主動發送某一頻率的資訊 (Active Tag，有源標籤或主動標籤)。透過解讀器讀取資訊並解碼後，送至中央資訊系統進行有關數據處理。

2. RFID 技術在物流中的應用

每個產品出廠時都被附上電子標籤，然後透過讀寫器寫入唯一的識別代碼，並將物品資訊錄入數據庫中，此後裝箱銷售、出口驗證、到港分發、零售上架等各個環節都可以透過讀寫器反覆讀寫標籤。標籤就是物品的「身份證」，借助電子標籤可以實現對原料、半成品、成品、運輸、倉儲、配送、上架、最終銷售，甚至退貨處理等環節進行即時監控。

由沃爾瑪等大型超市推動的 RFID 應用，為零售業帶來降低勞動力成本與提高商品的可視度，降低因商品斷貨造成的損失，減少商品偷竊現象等好處。可適用的過程包括商品的銷售數據即時統計、補貨、防盜等。

我國 RFID 在交通行業的應用已經開始，高速公路的收費使用 eTag，可使汽車被自動識別，在車輛高速通過收費站的同時完成繳費，大大提高了行車速度與效率。將該系統與車輛資訊數據庫、繳費資訊數據庫連接後，還可以自動對過往車輛實施不停車檢查，透過與資料中心數據庫進行對照，能在幾秒以內查到車輛欠費情況和違規情況，透過運用資訊化、網路化等科技手段，最大限度地遏止車輛規避交通費用和違規營運的行為。

4.3.3　GPS 在物流領域的應用

GPS 是全球衛星定位系統 (Global Positioning System) 的英文縮寫。GPS 技術是一種直接、經濟、可靠和成熟的定位技術，它由發射裝置和接收裝置構成，發射位置由若干顆位於地球衛星靜止軌道的不同方位之導

航衛星構成，不斷向地球表面發射光線電波。接收裝置通常裝設在移動的目標(如車輛、船、飛機)上，接收裝置接收到不同方位的導航衛星的定位訊號，就可以計算出它當前的經緯度座標，然後將其座標資訊記錄下來或發回監控中心。

1. GPS 系統的組成

GPS 系統包括三部分：空間部分 —— GPS 衛星星座、地面控制部分 —— 地表監控系統、用戶設備部分 —— GPS 信號接收機。

(1) 空間部分 —— GPS 衛星星座：21 顆工作衛星和 3 顆在軌備用衛星。準確來說，由 24 顆沿距地球 20,000 公里高度的軌道運行的 NAVSTAR GPS 衛星組成，在不同地發送回精確的時間和它們的位置。它們 24 小時提供高精度世界範圍的定位和導航資訊。

(2) 地面控制部分 —— 地表監控系統：一個主控站、三個注入站和五個監測站。主控站的任務是提供 GPS 的時間基準、控制地面部分和衛星的正常工作，包括處理各監測站送來的數據，編製各衛星星曆、計算各衛星鐘的鐘差和電離層校正等參數，並將這些導航資訊送給注入站，控制衛星運行軌道。注入站的任務是在衛星通過其上空時，把導航資訊注入給衛星，並負責監測資訊的正確性。監測站是一種無人值守的數據採集中心，其任務是對每顆衛星進行連續不斷地觀測，並在主控站的控制下定時將觀測數據送往主控站，5 個監測站所提供的觀測數據形成 GPS 衛星即時發佈的廣播星曆。

(3) 用戶設備部分 —— GPS 信號接收機：包括接收機硬體、軟體，及 GPS 數據的處理軟體包。GPS 接收機接收衛星的信號，進而判斷地面上或接近地面的物體位置，及它們的移動速度和方向等。GPS 接收機利用 GPS 衛星發送的信號確定衛星在太空中的位置，並根據無線電波傳送的時間來計算它們之間的距離。等計算出至少 3 到 4 個衛星的相對位置後，GPS 接收器就可以算出自己的位置。每個 GPS 衛星都有四個高精度的原子鐘，同時還有一個即時更新的數據庫，記載著其他衛星的當前位置和運行軌跡。當 GPS 接收器確定了一個衛星的位置時，就可以下載其他所有衛星的位置資訊，這

有助於它更快地得到所需的其他衛星資訊。

2. GPS 在物流領域的應用

(1) 車輛監控管理。如利用 GPS 的電腦管理資訊系統，可以透過 GPS 和網際網路即時手機全錄汽車所運貨物的動態資訊，實現汽車、貨物追蹤管理，並即時進行汽車調度管理。

(2) 鐵路運輸管理。透過 GPS 和網際網路即時手機全錄列車、機車、車輛、集裝箱及所運貨物的動態資訊，實現列車及貨物的追蹤管理。只要知道貨車的車種、車型和車號，就可以立即從近十萬公里的鐵路網上流動的幾十萬輛貨車中找到該輛，還能得知這列車現在何處運行或停在何處，以及所有車載貨物發貨資訊。

4.3.4　GIS 在物流領域應用

1. GIS 的基本概念和組成

地理資訊系統 (Geographic Information System, GIS) 是以地理空間數據庫為基礎，在電腦軟硬體的支持下，對空間相關數據進行採集、管理、操作、分析、模擬和顯示，並採用地理模型分析的方法，適時提供多種空間和動態的地理資訊，為地理研究、綜合評價、定量分析和決策服務，而建立起來的一類電腦應用系統。

地理資訊系統 (GIS) 主要由兩個部分組成：一部分是桌面地圖系統，另一部分是數據庫，主要存放地圖上各特徵點、線、面相關的數據。透過點取地圖上的相關部分，可以立即得到相關的數據；反之，透過已知的相鄰數據，也可以在地圖上查詢到相關的位置和其他資訊。可以借助這個資訊系統，進行路線的選擇和優化，可以對運輸車輛進行監控，並向駕駛員提供有關的地理資訊等。

2. GIS 在物流領域的應用

根據應用領域不同，地理資訊系統又有各種不同的應用系統，如土地資訊系統、城市資訊系統、交通資訊系統、環境資訊系統、倉庫規劃資訊系統等，它們的共通點是用電腦處理與空間相關的資訊。GIS 應用於物流

分析，主要是指利用 GIS 強大的地理數據功能來完善物流分析技術，具體應用簡單介紹如下：

(1) 輔助決策分析。在物流管理中，GIS 提供全方位的資訊，如歷史、現在的、空間的、屬性的，並在空間數據上集成各種資訊，進行銷售分析、市場分析、選址分析，以及潛在顧客分析等空間分析，獲得客戶資料及與企業相關的綜合數據，幫助子區域制定正確的生產和銷售計畫，提高決策分析的能力，以及決策的準確性和工作效率。

(2) 優化貨物運輸路徑。在物流網絡中，貨物運輸路線的好壞直接影響物流成本的多少。借助 GIS 技術來選擇網絡中最優路徑，首先要確定影響最優路徑選擇的因素，如經驗、時間、幾何距離、道路品質、擁擠程度等，採用層次分析法，確定每條道路的權值，取得最優路徑。在此基礎上，再根據現有車輛運行情況確定車輛調配計畫。

(3) 選擇機構設施地理位置。在物流系統中，倉庫和運輸路線共同組成了物流網絡，倉庫處於網絡的節點上，節點決定著線路，如何根據供求的實際需要並結合經濟效益等原則，在既定區域內設立多少個倉庫，每個倉庫的位置、規模，以及倉庫之間的物流關係等問題，運用此模型能很容易地得到解決。

(4) 即時監控車輛與貨物。GIS 能接受 GPS 傳來的數據，並將它們顯示在電子地圖上，幫助企業動態地進行物流管理。首先，可以即時監控運輸車輛，實現對車輛的定位、跟蹤與優化調度，以達到配送成本最低。並在規定時間內將貨物送到目的地，可大幅避免送貨送錯的現象。再者，根據電子商務網站的訂單資訊、供貨點資訊和調度資訊等，貨主可以對貨物隨時進行全過程的跟蹤與定位管理，掌握運輸中貨物的動態資訊，可以增強供應鏈的透明度和控制能力，提高客戶滿意度。

4.3.5 EDI 技術在物流領域中的應用

EDI 可以為市場設計一些附加超值服務。例如，透過監控客戶存貨而自動追加訂貨，收集即時市場資訊為決策提供靈活性和反應能力。同時，透過採用集裝箱運輸電子數據交換業務，可以將船運、空運、陸路運輸、外輪代理公司、港口碼頭、倉庫、保險公司等企業之間各自的應用系統連接在一起，進而解決傳統單證傳輸過程中的處理時間長、效率低下的問題。可以有效提高貨物運輸能力，實現物流控制電子化，進而實現國際集裝箱多式聯運，而促進港口集裝箱運輸事業的發展。

4.4 新型物流配送中心

4.4.1 新型物流配送中心特性

根據國內外物流配送業發展情況，在電子商務時代的新型物流配送中心需具備十項特性：

1. 物流配送反應速度快。電子商務下，新型物流配送服務提供者對上下游物流配送需求的反應速度越來越快，前置時間越來越短，配送時間越來越短，物流配送速度越來越快，商品周轉次數越來越多。

2. 物流配送功能整合化。新型物流配送著重於將物流與供應鏈的其他環節進行整合，包括：物流通路與商流通路的整合、物流通路間的整合、物流功能的整合、物流環節與製造環節的整合等。

3. 物流配送服務系列化。電子商務下，新型物流配送除了強調物流配送服務功能的適當定位與完善化、系列化，如傳統的儲存、運輸、包裝、流通加工等服務外，還需延伸擴展至市場調查與預測、採購及訂單處理、向下延伸至物流配送諮詢、物流配送方案的選擇與規劃、庫存控制策略建議、貨款回收與結算、教育培訓等增值服務；在內涵上提高服務對決策的支持功能。

4. 物流配送作業規範化。電子商務下的新型物流配送強調功能作業流程、作業、運作的標準化和程序化，使複雜的作業變成簡單易於推廣

與考核的運作模式。

5. 物流配送目標系統化。新型物流配送從系統角度統籌規劃公司整體的物流配送活動，處理物流配送活動與商流活動及公司目標之間、物流配送活動與物流配送活動之間的關係，追求整體活動的最優化。
6. 物流配送方法現代化。電子商務下的新型物流配送使用先進的技術、設備與管理為銷售提供服務，生產、流通、銷售規模越大、範圍越廣，物流配送技術、設備及管理越現代化。
7. 物流配送組織網絡化。為了保證對產品促銷提供快速、全方位的物流支持，新型物流配送要有完善、健全的物流配送網絡體系，網絡上點與點之間的物流配送活動保持系統性、一致性，這樣可以保證整個物流配送網絡有最優的庫存總水準及庫存分佈，運輸與配送快捷、機動，既能鋪開又能收攏。分散的物流配送單體只有形成網絡才能滿足現代生產與流通的需要。
8. 物流配送經營市場化。新型物流配送的具體經營採用市場機制，無論是企業自行組織物流配送，還是委託物流配送企業承擔物流配送任務，都以「服務 - 成本」的最佳配適為目標。
9. 物流配送流程自動化。物流配送流程自動化是指運送規格標準、倉儲揀貨、貨箱排列裝卸、搬運等按照自動化標準作業、商品按照最佳配送路線等。
10. 物流配送管理法制化。宏觀上，要有健全的法規、制度和規則；微觀上，新型物流配送企業要依法辦事，按章行事。

4.4.2 物流配送中心運作類型

物流配送是流通部門連結生產和消費，使時間和場所產生效益的設施，提高物流配送的運作效率是降低流通成本的關鍵所在。物流配送是一項複雜的科學系統工程，涉及生產、批發、電子商務、配送和消費者的整體結構，運作類型也形形色色。考察傳統物流配送中心的運作類型，對我們設計新型物流配送中心的模式具有重要的借鑑作用。

1. 物流配送中心按營運主體的不同,大致有四種類型

    (1) 以製造商為主體的配送中心。這種配送中心裡的商品百分之百是由自己生產製造,用以降低流通費用、提高售後服務質量,及時地將預先配齊的成組配件運送到規定的加工和裝配工廠。從商品製造到生產出來後條碼和包裝的配合等多方面都較易控制,所以按照現代化、自動化的配送中心設計比較容易,但不具備社會化的要求。

    (2) 以批發商為主體的配送中心。商品從製造者到消費者手中之間的傳統流通有一個環節叫批發。一般是按部門或商品類別的不同,把每個製造廠的商品集中起來,然後以單一品項或搭配向消費地的零售商進行配送。這種配送中心的商品來自各個製造商,它所進行的一項重要活動是對商品進行匯總和再銷售,而它的全部進貨和出貨都是社會配送的,社會化程度高。

    (3) 以零售業為主體的配送中心。零售商發展到一定規模後,就可以考慮建立自己的配送中心,為專業商品零售店、超級市場、百貨商店、建材商場、糧油食品商店、賓館飯店等服務。社會化程度介於前兩者之間。

    (4) 以倉儲運輸業者為主體的配送中心。這種配送中心最強的是運輸配送能力,地理位置優越,如港灣、鐵路和公路樞紐,可迅速將到達的貨物配送給用戶。它提供倉儲儲位給製造商或供應商,而配送中心的貨物仍屬於製造商或供應商所有,配送中心只是提供倉儲管理和運輸配送服務。這種配送中心的現代化程度往往較高。

2. 從物流配送使用的模式上來看,有三種主要類型

    (1) 集貨型配送模式。該種模式主要針對上游的採購物流過程進行創新而形成。其上游生產具有相互關聯性,下游互相獨立。上游對配送中心的儲存度明顯大於下游。上游相對集中,而下游分散具有相當的需求。同時,這類配送中心也強調其加工功能。此類配送模式適於成品或半成品物資的推銷,如汽車配送中心。

    (2) 散貨型配送模式。這種模式主要是對下游的供貨物流進行優化而形成。上游對配送中心的依存度小於下游,而且配送中心的下游相對

集中或有利益共享(如連鎖業)。採用此類配送模式的流通企業，其上游競爭激烈，下游需求以多品項、小批量為主要特徵，適用於原料或半成品物資配送，如機電產品配送中心。

(3) 混合型配送模式。這種模式綜合上述兩種配送模式的優點，並對商品的流通全過程進行有效控制，有效克服傳統物流的弊端。採用這種配送模式的流通企業，規模較大，具有相當的設備投資，如區域性物流配送中心。在實際流通中，採取多樣化經營，降低經營風險。這種運作模式比較符合新型物流配送的要求(特別是電子商務下的物流配送)。

延伸閱讀 線上到線下 —— 物流成為線上零售業的核心競爭力

伴隨網路時代的蓬勃發展，日新月異的商業模式與應用模式，隨著科技生活不斷演進。近年來，線上到線下實體 (Online to Offline, O2O) 商業模式 (如圖 4-8 所示) 逐漸受到重視，該模式強調將虛擬網路上的購買或行銷活動整合到實體店面活動。大家熟悉的台灣 EZTABLE 或美國的 OpenTable 與 Uber 都是成功案例。虛擬的網站有實體店家的輔助後，開始產生新的利基。目前台灣虛實合作的方式有併購、策略聯盟、實體銷售的網路獨家代理權。

虛實整合強化虛擬商家物流的不足

從 7-11 併購博客來網路書店，就是虛實整合的代表性案例。虛實整合的優點在於實體商店有搭配物流團隊的支援，可以增加虛擬網站在物流領域經營的不足。原本博客來網路書店的營運模式，在接獲訂單後，開始處理訂單作業，

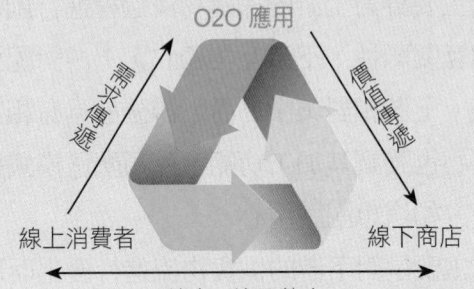

▲ 圖 4-8　線上到線下商業模式

其中最後一個步驟為寄送書本給客戶。該公司的物流策略採取「到店取貨」，付給物流廠商約商品價格三成左右的定點取貨費或配送費。後來，博客來與 7-11 虛實整合後，7-11 的物流車隊彌補了博客來在實體通路的不足，而 7-11 也從博客來學習電子商務的經營模式，可謂雙贏策略。7-11 經營策略將不會直接經營網路商店，而是採取間接參與模式，包括併購博客來與成立電子商務便利購，該公司目標是要利用網路虛實整合，達到擴大市場效應。

另外，京華城採取虛實通路策略，除了現有實體通路，可將網路商店視為實體通路的擴充，增加收入的來源。至於傳統 3C 賣場通路也逐漸納入虛實通路整合策略，包括全國電子、宏碁科技等。藉由官方網站進行線上銷售，搭配實體店面擁有的物流與金流系統，網站提供消費者最新的活動訊息及比價的管道，使用者也可快速搜尋出想要購買的商品。

資料來源：改編自張嘉玲，iThome，2001 年 5 月 1 日。

本章摘要

　　本章簡短說明電子商務對於供應鏈的影響、提供傳統供應鏈價值創造的契機，以及這些新價值對於零售流通業的轉變。此外，針對供應鏈管理的運作方法提出具體說明與案例，使讀者更容易瞭解電子商務市場是一個打破傳統商務時空限制的創新，逐步引導讀者對電子商務流程的概念有比較深入的理解和認識。另外，也簡短說明國內外電子商務直銷平台訂購流程及國際物流等相關案例及應用。

問題與討論

1. 理解概念：電子商務流程、供應鏈、海外直銷平台流程、國際物流。
2. 試簡述物流管理與電子商務活動的相關性。
3. 試簡述目前電子商務配送的主要模式與特性。
4. 試簡述第三方物流的發展趨勢與創新案例。
5. 現在大型企業紛紛自建物流中心與投資車隊，試評論這個現象。

案例 4-1
多品溫無冷凍動力運載的低溫物流

傳統的低溫物流配送方式 (如圖 4-9 所示) 係依照顧客所需求的食品，在低溫物流中心揀貨分裝後，以食品箱裝妥，經由運送人員搬運至冷凍車內，依照固定路線將食品箱依序送往各個運送點、商店或超市，當面點交給收貨人員或店員，即完成食品箱之物流運送作業。

傳統低溫物流運輸配送過程中，產生許多成本與耗能問題：(1) 高成本冷凍 (冷藏) 車；(2) 低溫能力不穩定；(3) 無法提供雙溫物流配送。冷凍車設備包括與一般貨車相同的車體與機械外，需加裝車上之冷藏 (冷凍) 設備，包括隔絕外界熱量的冷凍車廂、排熱造冷的冷凍系統 (壓縮機、冷凝器、蒸發器、控制機構及相關配件) 及其他構件所共同組成。冷凍 (冷藏) 車造價昂貴，且冷凍 (冷藏) 車使用數量多，造成冷凍設備數量又多、又零星，其維修機率與成本倍增。

其次，由於台灣地區交通壅塞，當冷凍車的引擎在怠速運轉狀態時，容易產生冷凍能力不足、排熱造冷效果不佳的現象，影響食品的品質與安全。台灣地區人口稠密，各商店間的配送距離過短，在冷凍車廂內部所增加的熱負荷還來不及冷卻排移，已經抵達另一家商店，再次承受開門卸貨的熱負荷侵入，使得低溫食品在 −20°C~10°C 的溫度環境中大幅度的變動。

再者，冷凍車的功能僅能配送相同品溫之低溫食品，像是運送冰淇淋或冷

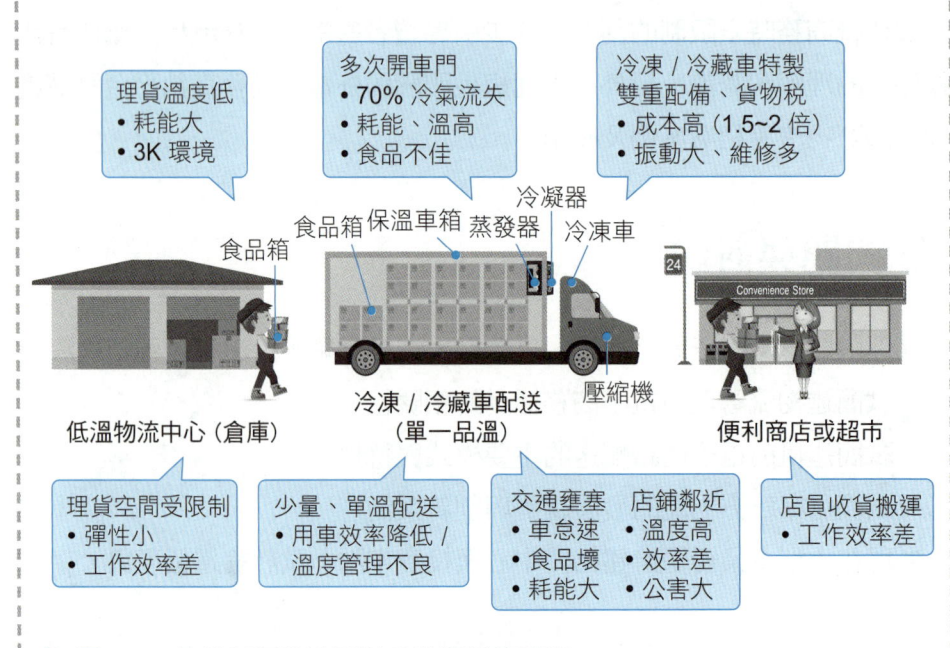

理貨溫度低
- 耗能大
- 3K 環境

多次開車門
- 70% 冷氣流失
- 耗能、溫高
- 食品不佳

冷凍 / 冷藏車特製雙重配備、貨物稅
- 成本高 (1.5~2 倍)
- 振動大、維修多

低溫物流中心 (倉庫) ｜ 冷凍 / 冷藏車配送 (單一品溫) ｜ 便利商店或超市

理貨空間受限制
- 彈性小
- 工作效率差

少量、單溫配送
- 用車效率降低 / 溫度管理不良

交通壅塞
- 車怠速
- 食品壞
- 耗能大

店鋪鄰近
- 溫度高
- 效率差
- 公害大

店員收貨搬運
- 工作效率差

圖 4-9　傳統低溫物流配送系統與耗能問題

凍食品者，只能選擇使用可維持在 –18°C 以下的冷凍車；運送鮮乳或冷藏食品者，只能選擇使用可維持在 0°C 以上不能結冰的冷藏車，因其保持品溫度範圍不同所致，所以對於不同品溫的低溫食品必須分開運送，造成車輛使用效率的降低。

多品溫無冷凍動力運載之低溫物流輸送系統

工研院能資所針對傳統低溫物流缺失，提出一種多品溫無冷凍動力載運的低溫物流輸送系統，研發蓄冷櫃(箱)取代現行冷凍車應用的低溫物流系統。如圖 4-10 所示，提供了裝載低溫食品的蓄冷保溫櫃。在物流中心藉由凍結機集中儲冷，將可置換且適用不同品溫的蓄冷器降溫蓄冷 (儲存冷能)，再把蓄冷器傳送置之蓄冷保溫櫃中，保持低溫食品的新鮮度，一般貨車即可運送裝載於蓄冷保溫櫃中之不同品溫的低溫食品，以進行無冷凍動力運載之低溫物流輸送。

電子商務宅配與低溫物流配送應用

台灣電子商務發展中，團購食品與各地名產需求日盛，然而，低溫食品 (濕貨)，如何少量、多樣、新鮮、高頻率即時配送到網購顧客的手中，宅配技術是線上生鮮食品業者極大的考驗。常聽聞消費者抱怨，委託物流業者運送的蔬菜、水果、鮮魚等食品，在送到時已損壞，對於業者商譽傷害極大。

導入蓄冷保溫櫃技術是，顧客於網路下單購物，電子商務服務中心通知食品廠或貿易商與物流中心出貨配送。然後，物流中心使用蓄冷保溫櫃與蓄冷袋，將不同品溫的低溫貨品分裝整合，與常溫貨車貨品混載，送往密集無需冷凍機器配置的宅配點，並在宅配點拆櫃。

成功案例如易集網在 2002 年年菜 (冷凍食品) 的 B2C 電子商務應用，顧客透過易集網進行網購，或在全家便利商店及萊爾富便利商店訂購，由大榮公司在營業所接收配送資料，匯集供應商的年菜，經揀貨分裝處理分裝入蓄冷保溫箱中，使用一般常溫貨車宅配到網購顧客手中 (如圖 4-11 所示)。

資料來源：工研院能資所郭儒家，節能服務網。

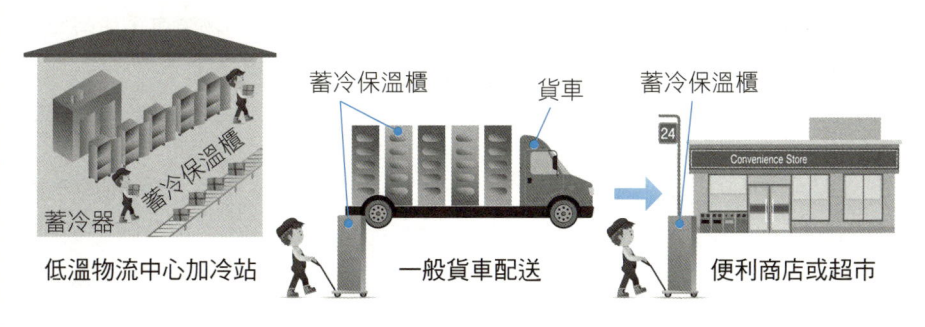

圖 4-10　新型低溫物流配送系統
（低溫物流中心加冷站　→　一般貨車配送　→　便利商店或超市）

▶ 圖 4-11　電子商務宅配

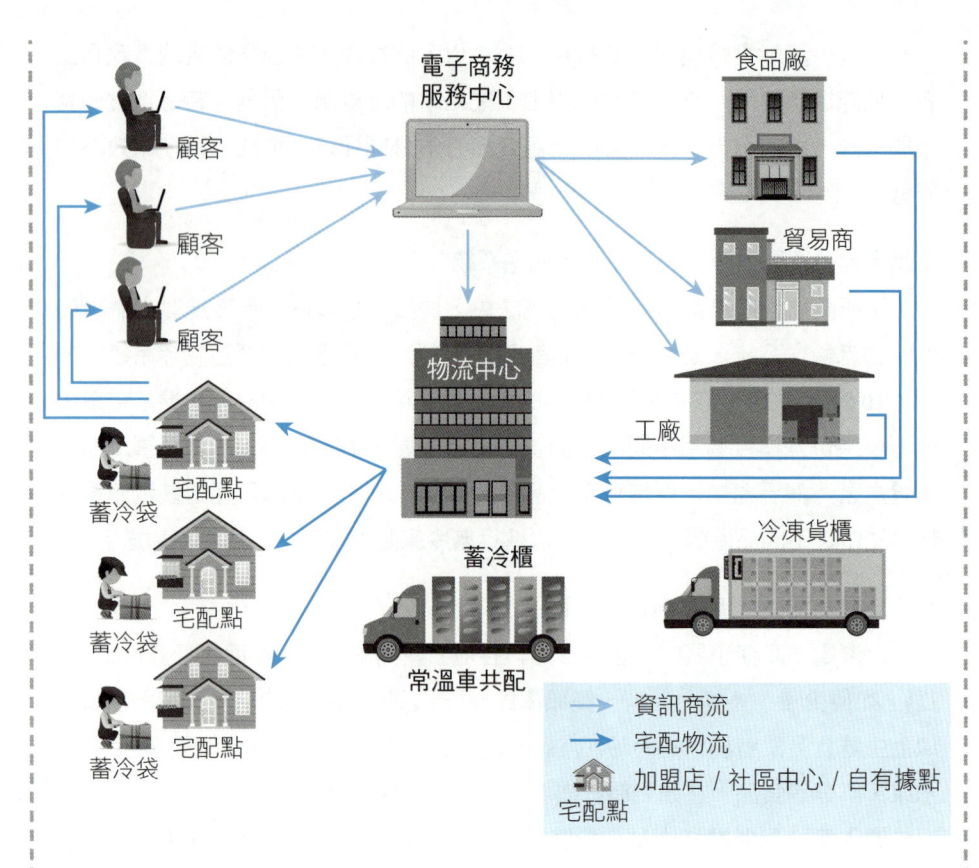

討論

1. 傳統低溫物流主要的問題是什麼？
2. 試討論國內物流運送業者如果要導入新低溫物流技術，需要做哪些管理面、技術面與組織面的調整。
3. 消保處於 2014 年公佈物流業者貨物運輸車冷凍 (冷藏) 情形抽查，共攔檢 11 家物流運送業者及 15 部冷凍 (冷藏) 車，共有 6 輛實測車廂內溫度不符合冷凍 (冷藏) 規定。試討論裝載低溫食品的「蓄冷保溫櫃」的物流車，能否解決電子商務低溫物流的食品品質損壞的問題。

案例 4-2
PChome 24 小時到貨服務

網路服務的價值，來自供應鏈的效率。在實體世界，從製造商到通路商，每一次商品被轉手，成本就提升一次。網購服務不但要以精準的庫存控管，讓消費者買到便宜貨，更要讓消費者與生產者之間的傳遞過程，沒有延遲的空隙，滿足隨時購買、立即享用的需求。PChome 於 2007 年 1 月推出 24 小時到貨服務，不僅是全球創舉，一年之後為公司創造百倍業績，其成功的關鍵因素就在於改變服務流程。這種 24 小時、三班制的台式服務精神，靠得就是執行力，外商公司很難與之競爭。從開始「不進貨、零庫存」，到後來擁有自己的五股與汐止工業區倉庫，有效掌握出貨的速度與品質。為達成 24 小時購物到貨的目標，在五股工業區建置自己的倉庫。2007 年又在汐止投資建造 2,000 坪倉庫，所有 24 小時到貨的商品全部集中在倉庫處理，從列印訂單、揀貨、理貨、出貨到配送，所有工作流程一氣呵成 (如圖 4-13 所示)。

為了 24 小時到貨服務而開發一套倉庫管理系統，系統關鍵在於從人性中的惰性著手，避免各種時間的浪費。網路購物從下單到出貨，整個流程中牽涉諸多環節，每個點都必須經過審查的關卡，24 小時到貨率是 99.99%，現在甚至可以做到中午前下單、傍晚前送達。

秒計庫存量

現有五十萬種商品，都是每一秒就計算一次每個品項庫存量。一有颱風動態，立刻進貨麻將；中元節將至，乖乖等零食的數量，絕對要比去年同期更

▶ 圖 4-12　大型倉儲中心示意圖

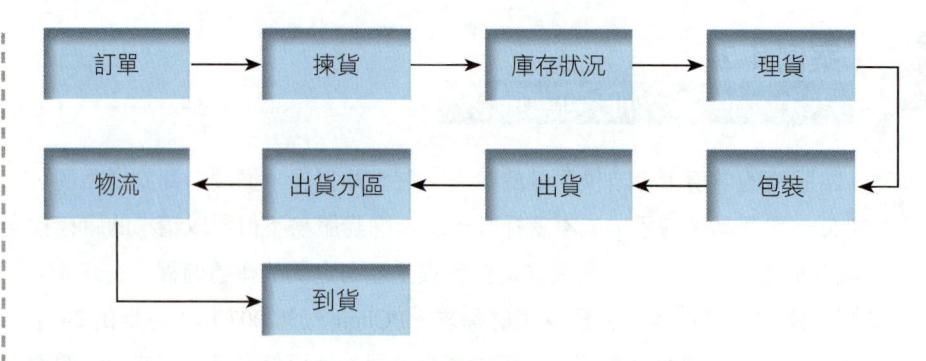

```
訂單 → 揀貨 → 庫存狀況 → 理貨
                              ↓
物流 ← 出貨分區 ← 出貨 ← 包裝
  ↓
 到貨
```

▶ 圖 4-13　PChome 24 小時配送到貨流程

多。以三班制、每班 8 小時，數百位工作人員在桃園上萬坪的兩個大倉庫裡，持續不斷用手推車走到不同的貨架前揀貨，務必讓每天上萬張訂單都能以最快速度送到消費者手中。從一開始，PChome 就放棄令所有企業眼紅的顧客檔案 (Customer Profile)，不需加入會員就能直接網路購物。網路購物只要專注一件事，「就是如何讓消費者最快拿到商品。」

創新服務

現代人生活過於忙碌，很多事無法事先預備，網購的便利就在於打理消費者的日常所需。PChome 賣出最多的品項，其實是衛生紙。因應高齡化社會，只要一通電話，告訴客服人員：訂購者的姓名、電話、地址、商品，一樣可以購物。PChome 還有不少創新服務領先業界，包括首創線上分期付款、線上現金積點、信用卡紅利線上即時折抵等。用更快、更便利的方式，把實體購物享有的優惠，提供給消費者。

一日配到貨模式

目前台灣提供 24 小時到貨服務的業者，其業務模式可以分成三種類型 (如圖 4-14 所示)。第一種類型是 B2C 電子商務業者自行營運倉儲，而配送則交由物流業者。PChome 線上購物就是這種類型，從虛擬走向實體，建置自己的倉庫，而配送則與統一速達黑貓宅急便合作；第二種類型是 B2C 電子商務業者不自建倉儲，而是與倉儲物流業者合作，由倉儲物流公司提供整合的服務。像是倉儲物流業者秋雨物流，目前就與提供 24 小時到貨的 B2C 業者合作。在這個模式中，倉儲物流業者也必須因應 24 小時到貨服務，而調整業務型態；第三種類型則是採取店配而非宅配的模式，像是博客來網路書店所提供的 24 小時到貨服務。消費者在下單後，隔天就可在 7-11 取貨。在這個模式下，博客來提供下單平台，倉儲則由 7-11 的子公司大智通負責，配送則是由 7-11 物流公司捷盟，負責配送到全省 4,700 多家的 7-11 便利超商。

24 小時到貨服務的三種模式

從商品下單到送達消費者手上，24 小時到貨服務在流程上可分為接單、倉儲及物流等三大領域。由於業者採取的異業合作策略不同，可分為三種不同的業務模式。

B2C 業者

PChome 線上購物：PChome 接單 → PChome 倉儲物流 → 統一速達配送 → 宅配 → 消費者

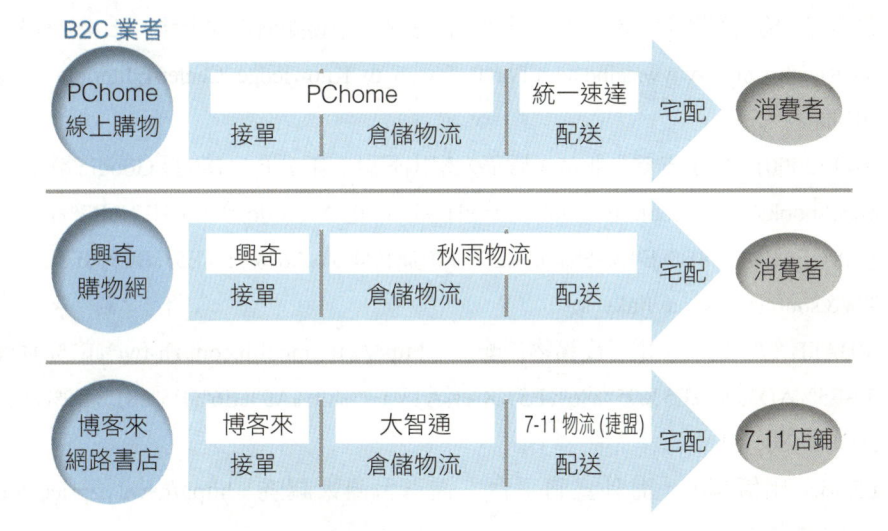

興奇購物網：興奇接單 → 秋雨物流倉儲物流 → 配送 → 宅配 → 消費者

博客來網路書店：博客來接單 → 大智通倉儲物流 → 7-11 物流(捷盟)配送 → 宅配 → 7-11 店鋪

圖 4-14　一日配到貨服務模式

資料來源：改編自馬岳琳、黃彥棻，《天下雜誌》，第 477 期、iThome，2008 年 7 月 23 日。

討論

1. 傳統電子商務物流主要的問題是什麼？
2. 試討論國內電子商務業者如果要導入 24 小時到貨服務，需要做哪些管理面、技術面及組織面的調整。
3. 試討論 PChome 所創新的快速到貨服務，能否構成其他競爭者，如 Yahoo! 奇摩購物中心的競爭壓力。
4. 試討論採用第三方物流的電子商務業者應該要如何強化他們現有的到貨速度。

參考文獻

1. MBAliB 智庫百科，供應鏈管理，http://wiki.mbalib.com/zh-tw/%E4%BE%9B%E5%BA%94%E9%93%BE%E7%AE%A1%E7%90%86。
2. 陳叡宜，資訊分享對供應鏈績效影響之研究——從供應商角度探討。元智大學企

業管理研究所，http://sbrsign.management.org.tw/paper7/Master/12/12.htm。

3. MBAliB 智庫百科，快速反應系統，http://wiki.mbalib.com/zh-tw/%E5%BF%A B%E9%80%9F%E5%8F%8D%E5%BA%94#QR.E7.9A.84.E5.85.B7.E4.BD.93. E7.AD.96.E7.95.A5。

4. 張瑋容，零售業革命！看台灣電子商務快速到貨服務如何走向全球。北美智權報，第 91 期，http://www.naipo.com/Portals/1/web_tw/Knowledge_Center/Editorial/publish-101.htm。

5. 張鐸(2000)，電子商務與物流。清華大學出版社有限公司，186 頁 Google 電子書：http://books.google.com.tw/books?id=PH_xh6vL0AMC&dq=%E6%B7%B7%E5%90 %88%E5%9E%8B%E9%85%8D%E9%80%81%E6%A8%A1%E5%BC%8F&hl=zh-TW&source=gbs_navlinks_s。

6. MBAliB 智庫百科，電子商務物流配送，http://wiki.mbalib.com/zh-tw/%E7%94%B 5%E5%AD%90%E5%95%86%E5%8A%A1%E7%89%A9%E6%B5%81%E9%85%8 D%E9%80%81。

7. EZprice 比價網，「海外直購平台」進軍台灣大調查，http://news.ezprice.com. tw/3447/。

8. 張嘉伶 (2001.5.1)，B2C 電子商務求生篇 (二) 虛實整合以及多角化經營是電子商務新的發展趨勢，iThome，http://www.ithome.com.tw/node/ 12408。

9. 郭儒家，低溫物流省能技術與應用研究。工業技術研究院能源與資源研究所。http://www.ecct.org.tw/print/47_2.htm。

10. 馬岳琳 (2011)，金牌服務大賞 / PChome 24 小時到貨無人能及。天下雜誌，第 477 期，http://www.cw.com.tw/article/article.action? id=5019854&page=1。

11. 黃彥棻 (2008.7.23)，B2C 服務戰開打 24 小時到貨。iThome，http://www.ithome. com.tw/node/49875。

5 電子商務獲利模式

台灣開心遊戲網獲利模式

　　社群網站成為電子商務獲利模式的主流後，期望帶來人氣的提升、流量的增加外，同時需考量營運成本的控制，因此成功的社群網站應該規劃有效的營運策略。長久以來，主要是藉由廣告和服務兩大項目獲利，進而延伸出更多獲利模式。

　　台灣開心遊戲網主要為提供遊戲下載的線上平台，其中獲利的來源包含廣告、VIP 會員升級收費、網路商店、遊戲點數儲值，以及遊戲下載與論壇等。為此，網站的獲利模式該如何永續經營？其實，最關鍵的仍是創新求變。以下將探討由廣告和服務延伸出的獲利模式。

一、廣告收入

　　廣告收入是一般網站獲利中最基本的模式，以販賣廣告為主軸的網站，當然期望的是龐大的瀏覽量及點閱率，如台灣開心遊戲網就是知名的社群網站。因此，各大網站常會出現知名遊戲廣告，並定期舉辦會員抽獎與遊戲競賽活動。如此一來，吸引更多會員，聚集人氣，就會形成很好的廣告效果。

二、社區的 VIP 會員收入

　　台灣開心遊戲網使用者中，以等級區分會員制運作。較高等級的會員，相對低等級的會員可接收到遊戲資訊、認識更多遊戲玩家、紅利點數優惠兌換等專屬服務，以吸引會員增加遊戲下載量與遊戲網平台瀏覽率，而提升會員等級，網站也達到獲利效果。

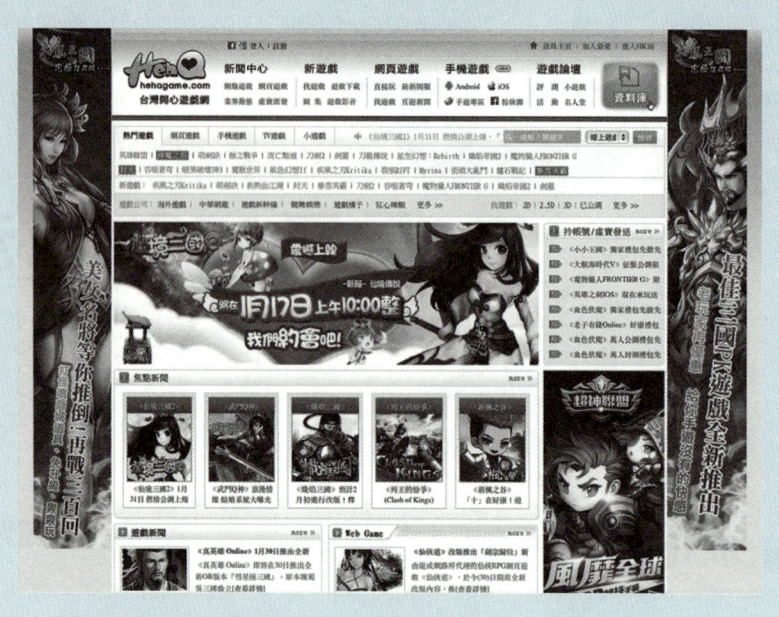

▶ 圖 5-1　台灣開心遊戲網網頁

三、遊戲增值服務

　　台灣開心遊戲網除了提供遊戲下載平台與論壇外，也有遊戲點數儲值服務。會員可藉由此服務，以實質貨幣儲值點數來購買相關遊戲的虛擬寶物。遊戲網可透過會員購買的寶物評斷出目前最受歡迎的遊戲與詢問度，進而再提供相關的促銷活動。如此一來，增值服務亦成為遊戲網站中非常重要的獲利來源。

四、Webgame 遊戲下載

　　在台灣開心遊戲網裡，除了可以藉由平台直接下載手機版遊戲外，近期，Webgame 模式在遊戲網中日趨活絡，受到玩家歡迎。當會員直接從網站平台進入 Webgame 玩遊戲，同時也增加網站的瀏覽率及點閱率，注入更多會員和廣告商加入，帶來無限的商機。

五、線上虛擬寶物贈送

　　台灣開心遊戲網社群中，會員之間可互相贈送虛擬寶物或線上禮物，而增加其會員經驗值等級。此時，網站可增加其利潤收入，並將虛擬寶物的贈送率在網站中設立一個熱門排行榜，間接影響會員在網站中瀏覽時購買虛擬寶物的機率，提升獲利。

5.1 電子商務獲利模式

在資訊透過網路快速流動的時代裡，企業要靠網路賺錢，靠得不僅僅是技術，商業獲利模式才是最重要的一環。獲利模式的好壞，能決定企業的興衰，企業要做大或強、要做品牌競爭還是低成本的擴張、建立學習型組織、創新銷售等，這些對於企業的利潤有貢獻嗎？為什麼有貢獻？又是如何貢獻的？這些都只是企業營運的手段及策略。然而，企業是否有獲利並且能否持續獲利才是關鍵所在。在這個以獲利為企業核心的世代已經來臨，為銷售量而銷售、為品牌而做品牌的時代已經過去，現在與未來的幾年內，獲利模式決定 90% 的企業興衰。

什麼叫作獲利模式？獲利模式主要是指企業的利潤來源、生成過程及產出形式。獲利模式、銷售模式和營銷模式既有區別又有關係，最主要的區別在於：銷售主要是如何賣出商品，營銷主要是如何滿足市場的需求，而獲利則是關注在如何賺錢。在實施獲利模式的企業裡，產品、服務是基礎，品牌是工具，營銷是過程，獲利才是根本。電子商務在獲利模式的方面，一直不斷產生新的模式，其中大多數是確定可靠的。然而，從事 Web 電子商務的公司很可能更傾向於使用經過檢驗可靠的模式。

目前，在 Web 上可以觀察到的通用電子商務獲利模式，基本上包括以下七大類：(1) 商品銷售 (含 B2C 和 B2B 商品銷售)；(2) 平台經營；(3) 在線廣告、競價廣告、搜尋排名；(4) 數位產品服務；(5) 特殊資訊收費 (註冊費、會員費)；(6) 中介服務；(7) 線上到線下實體模式。這些形式以不同的方法來進行操作。任何一個企業可以把不同的模式組合在一起，作為 Web 獲利模式策略的一部分。獲利模式在 Web 上迅速發展，新的和引人注目的變化在未來都是可以期望的。以下是這七種獲利模式的具體概念及案例。

5.1.1 商品銷售 (含 B2C 和 B2B 商品銷售)

全球最大零售網站──亞馬遜網路書店 2013 年財務報表顯示，2013 年營收達到 744.5 億美元；由亞馬遜網路書店從 2009 年至 2012 年的損益

表可知，你會發現它的營業額正在飛速增加。短短四年就從 245 億美元跳躍至 611 億美元，相當於 2.5 倍的成長。相較之下，同一時間內，北美電商整體市場僅僅成長了 1.4 倍。一般而言，B2C 的營運方向區分為兩種：一種是透過網路平台銷售自己經銷的產品；另一種是架設一個網路平台，提供更多的商家藉此銷售其產品。2014 年第一季最受歡迎的前 30 個購物網站，以「不重複造訪人次」來計算排行，第一季網友最愛造訪的網站分別由 Yahoo! 奇摩購物中心、Yahoo! 奇摩拍賣、Yahoo! 奇摩超級商城、PChome 線上購物及露天拍賣獲得前五名，PChome 商店街、博客來、momo 購物網則緊追在後。

　　B2C 為傳統最常見的購物網站型態，網站可招商合作夥伴與商家入駐，拓展網站營運，並共享顧客資源。在傳統型態中，消費者可向購物網站下訂單，購物網站再向產品大盤商進貨提供給消費者。網路家庭改變了傳統營運模式，注入新興的 24 小時服務，強調物流快速精確的觀念，搶下了網路購物中 17%~18% 的市占率。

　　以我國著名的 B2C 網站為例──PChome 網路家庭為台灣電子商務龍頭廠，營運範疇橫跨 B2C、C2C、B2B 等三大電子商務市場，目前營收仍持續成長。PChome 於 2007 年首度推出「24 小時到貨」服務，為全國第一個採用此營運模式的業者，打破傳統思維，堪稱 B2C 網路平台史上影響力最高的創新革命。PChome 網路家庭主要分為四種商業模式：母公司經營 PChome 線上購物 (B2C)、兩家子公司經營露天拍賣 (C2C)、商店街 (B2B2C)。

　　B2B 為企業間透過電子商務方式進行交易，在交易平台的整合中，企業間有穩固的網路、供應鏈體系建立一個電子交易系統，以規模經濟的方式，提供企業尋求上下游合適的供應商，降低搜尋成本、採購成本、溝通成本、資訊交流成本等，也能將範圍拓展到全球，以此稱之。

　　以台灣產業行銷網 Taiwan-B2B 為例，集合全台灣各類別產業，並分門別類其產品，提供各企業可快速搜尋想找的產品或廠商，提升效率。各行業也可將產品集中在此網站，統一行銷，降低行銷宣傳費用，並透過此網站將台灣產品行銷至全球。

5.1.2 平台經營

台灣網路商店選擇的經營類型，主要以開店平台、拍賣平台、自行架站，以及購物網站供應商四種類型為主。主要經營類型仍以「開店平台」為大宗，2012 年選擇開店平台為主要經營的商店高達 89.4%，高於 2011 年的 79.2% (經濟部 101 年度新網路時代電子商務發展計畫，我國 B2C 電子商店調查結案報告)。目前，台灣較廣為人知的開店平台為 Yahoo! 奇摩超級商城、PChome 商店街與台灣樂天市場，在電子商務的蓬勃發展下，虛擬通路對於消費者的便捷性更是受到注目，也被越來越多人當作創業的首選。

以 Yahoo! 奇摩超級商城為例，除了以廣告和招商合作夥伴增加獲利外，以商店街的型態經營，猶如實際生活中的百貨公司一樣，每個商店都是獨立經營銷售，會有定期的週年慶活動，給消費者更多的購買優惠，例如：信用卡刷卡優惠與紅利折抵現金等。讓消費者享受不用出門，就可以在家輕鬆逛街購物的便利性。

而在 Yahoo! 奇摩超級商城快速成長的背後，除了藉由 Yahoo! 奇摩入口網站強力的宣傳行銷外，對於進駐商城的品牌商家與合作夥伴的投入更是用心經營，這是吸引消費者的關鍵。在眾多購物平台中如何脫穎而出，必須區隔出商店的差異化，進而影響消費者的滿意度，在搭配行銷與多元化的促銷下提升商城進駐的成長率。最終，商城的瀏覽率同時提升，對於吸引更多的廣告收入更是輕而易舉。首先，該如何讓消費者提升滿意度？最基本的考量即是物流的便捷性，提供超商或 24 小時取貨服務，增加消費者購買意願及滿意度，並掌握最新流行熱門趨勢，鼓勵相關熱門商品的店家進駐，並且利用折扣及關鍵字廣告、活動廣告吸引消費者注意，將行銷策略發揮極大化。此外，可配合名人的公關活動或異業合作，強力增加電子媒體宣傳，創造消費市場新議題。上述觀點即為 Yahoo! 奇摩超級商城成為台灣購物網站熱門平台的成功因素。

延伸閱讀：中國最大的網購交易平台——淘寶網

淘寶網在成立之初對所有的進駐商店都不收費。馬雲說：「淘寶3年不收費。中國的網購市場還處於市場培育階段，免費模式更有利於跑馬圈地。」採用支付寶的付款形式也提高網上交易的安全性。經過多年的營運，淘寶網已經日趨成熟。淘寶網持續地快速發展，客觀反映在網路購物市場，龐大的網路用戶已經開始被帶動起來。

淘寶網在短短幾年內的快速發展，一方面與其採用的免費模式有關，但同時產品型態、市場擴展，以及服務擴展上也有其獨到之處。目前淘寶網平台的銷售產品類型已經從手機、筆記本、化妝品為主，逐步擴展到通話費儲值卡、衣服、食品、寵物食品等日常生活用品等。淘寶網在2007年初開始的通話費儲值服務和機票等旅行產品銷售平台的搭建，不僅有效整合很多線上、線下的分散資源，同時抓住消費者需求，提供更多便捷的選擇。市場拓展上，淘寶網加強與知名企業的聯合，眾多企業更在淘寶網上開設旗艦店。

淘寶網推出各種類型的小廣告，如商家關於品牌Banner廣告，也有按照點擊與成交效果付費的廣告；給賣家提供很多增值服務，例如：店鋪管理、裝飾工具等，受到商家歡迎。淘寶網將網站重要的Banner廣告位置和搜索結果的右側廣告位置對外銷售。2007年之前，淘寶網還沒到可以為客戶做大規模整合行銷的階段；但2007年之後，淘寶網已有一定的影響力，推出網路廣告服務。

淘寶網的網路行銷業務，主要是集中在如何利用自身的獨特優勢，為客戶提供精準、高效果的網路行銷服務。例如：幫助客戶提升品牌，幫助客戶促進銷售。另外，還向廣告客戶推出增值的服務計畫，包括品牌推廣、市場研究、消費者研究、社區活動等。幫助客戶促進銷售，主要指開拓網路行銷管道，包括品牌旗艦店建設、代理商招募等。

支付寶也形成淘寶網實現盈利的一個來源。支付寶和淘寶網的結合形成淘寶的一個融資機構，基本類似銀行，但比銀行的操作模式簡單許多。支付寶在使用者不斷交易的過程中，有一個匯進快、匯出慢的時間差，同時還有付款和收到貨物再支付的時間差，這當中就有一大筆資金和時間可以進行營運。

資料來源：改編自瞧這網，http://www.795.com.cn.

5.1.3 線上廣告、競價廣告、搜尋排名

線上廣告是電子商務中較普通的獲利方式,其樣式繁多。從文字廣告、網頁廣告、動態 Banner 廣告、Logo (圖標) 廣告、Flash 多媒體動畫、線上影視等形式,種類多不勝數。以收費的方式而言,目前較受歡迎的方式為按點擊次數收費 (CPM),知名的 Google 和 Yahoo! 奇摩等搜尋引擎網站都採用此類型的廣告方式獲利。

廣告收入也能在一般的網站中運作實現,前提是有足夠的瀏覽量,最好是某一類型的專頁瀏覽客群,亦即具備廣告收費的基本條件。當然,也可爭取成為大型網站的廣告合作夥伴,以獲取一定的盈利收入。專業的技術論壇 (如電腦軟體開發技術知識論壇)、特殊的客戶群體論壇 (如 Hello Kitty 愛好者論壇) 等的顧客都屬於獨特性、專業性的瀏覽群體。然而,在網站的瀏覽量達到一定程度時,也可在自己的網站裡為特殊的商家提供廣告服務。當然,也可採用連結廣告來賺取點擊次數收費。

近年來,網際網路的內容發佈商紛紛改變廣告的收費方式,推出了「競價廣告」。利用這種高效率、自由、互動模式的新型廣告方式,客戶可以自由選擇競價廣告發佈平台,透過調整每次點擊的價格,競價系統再根據此價格進行排名。競價廣告使得出價最高的競標者獲得第一位排名,而第二名則獲得次高的名次,根據價格由高到低進行廣告名次的分配,出價最低者排在最後名次。目前,競價廣告主要採用兩種收費方式,一種是將所有的參與者提交投標後,無論位於哪個名次都要繳納投標價;另一種方式為搜狐等 ICP (線上內容提供者) 推出的競價廣告新賣點 —— 採不點擊不收費的方式,意味著最前面名次的幾個廣告客戶才可能被點擊,而後面名次的客戶等於沒有得標。

另外,目前較流行的一種概念為「窄廣告」,針對更專業的瀏覽客群,與傳統廣告所強調的傳播覆蓋面的廣泛性相比,更強調傳播的精準性。即在合適的時間和地點,把合適的廣告傳遞給合適的人,有效的客群比例會大幅提高。

延伸閱讀：Yahoo! 奇摩的獲利模式

Yahoo! 奇摩為全球知名入口網站，在資訊爆炸的時代，搜尋引擎的經營能否成為一種新的經營獲利模式？首先，資訊蒐集成為一個關鍵性的考量，如何能以最快速精確的方式讓使用者獲得想要的資訊？如何比競爭對手更快創造出新的商機？如何建立新的經營基礎模式？以下為搜尋引擎成為網站主要獲利基礎的策略與手段。

競價排名

競價排名屬於一種按效果付費的網路行銷方式，此方式由百度網站率先推出，之後包含 Google、Yahoo! 奇摩搜尋引擎也採用此經銷模式。近年來，由競價延伸出的 PPC (Pay Per Click) 關鍵字點擊付費廣告越來越受歡迎，是企業競標付費關鍵字行銷的方式。在消費者搜尋的同時，協助潛在顧客主動接近企業提供的產品及服務。簡而言之，競價排名是由付費最高者的排名越前面為原則，註冊購買一定數量的關鍵詞，則其廣告行銷訊息會優先出現於感興趣顧客的搜尋結果中。

廣告收入

網站可利用瀏覽者的搜尋習慣中，掌握出消費者行為模式，觀察最新熱門商品的流行趨勢。可針對特定的消費族群投放關鍵性的廣告，增加廣告商的點擊率與銷售量，也創造了搜尋引擎的造訪人次，或是透過名人的公關活動、事件行銷廣告吸引造訪者。因此，搜尋引擎提供廣告行銷服務可帶來更多的商機與利潤。

圖片推廣收入

Yahoo! 奇摩從 2005 年開始強化搜尋服務項目，原本是採用 Openfind 的技術，近年來圖片搜尋技術也改採自行研發的 YIS (Yahoo Image Search)，圖片資料庫也同步更新，加入台灣十多家媒體即時新聞圖片，亦整合 Yahoo! 奇摩拍賣、Yahoo! 奇摩購物中心、Yahoo! 奇摩超級商城的資訊納入搜尋資料庫中。圖片廣告收入也是利用關鍵字廣告後搜尋該商品的圖片資訊，若關鍵字越極力推廣則圖片會優先排名於搜尋結果中，因此，圖片搜尋也為搜尋引擎網站帶來無限商機。

品牌行銷專區

Yahoo! 奇摩搜尋引擎列中，除了出現熱門搜尋關鍵字廣告外，在搜尋結果

中會將付費廣告行銷的品牌置於最上方,並整合品牌相關圖片、新聞及入口網站等搜尋模式,可以使造訪者清楚地瞭解品牌相關訊息,且便利地進入品牌網站。

搜尋是網路瀏覽最基本的方式。目前最有名的兩大搜尋系統 Google 和 Yahoo! 奇摩為最熱門的造訪搜尋引擎網站,但要如何優化搜尋結果並滿足各訪問者的不同需求,應該將創意與便捷性結合。因此,Yahoo! 奇摩引擎為提供關鍵字廣告、相關度運算、引導式搜索等策略經營,位居於國內前三大熱門搜尋引擎,因此,搜尋引擎已成為各大網站中最主要的獲利手段。

資料來源:http://www.ithome.com.tw/node/28586。

5.1.4 數位產品服務

數位產品服務包含的範圍較廣,不僅涵蓋如簡訊、來電答鈴這些常見的產品服務,也包括網路遊戲等虛擬產品,更包含訊息服務等無形的產品服務。

1. 網路線上遊戲

國內近幾年來,網路遊戲都由前兩大遊戲商智冠科技跟遊戲橘子穩居第一、二名,除了開發遊戲軟體外,他們也代理國外單機遊戲與線上遊戲,主要獲利模式大致可以分為下列幾種:

(1) 收費與發展周邊產品:一個網路遊戲的平均壽命為 18 個月左右,假如平均一萬人在線使用,則網路遊戲營運商一年的收入就可達到 1,000 萬元。網路遊戲作為成功的網路獲利模式,有著清楚的收費模式,同時誕生了眾多遊戲裝備的網站、遊戲論壇、戰隊等附屬相關產業。此外,需要有龐大的周邊產品系列,如遊戲雜誌或書籍、紀念品、公仔、電影、服裝等。

(2) 銷售各類遊戲卡:線上遊戲的獲利模式主要靠銷售各類遊戲卡。在銷售通路上,主要以網咖為基礎,建立直接面對客戶的購物系統。不少網站也在全國織就一張很大的銷售網,透過各地遊戲專賣店進行銷售。同時開通網上支付功能,以及郵局、銀行匯款等途徑。在價格上,有的採用 1 點 1 元,但是依不同種類卡片面額會有所不同;

在使用時間上，月租型卡在規定的期限內可隨意上網，點數卡則比較嚴格，採用以點數消費，每個點數大約能玩 15 分鐘，現在的遊戲卡點數計時功能已精確到以秒計算。

(3) 購買網路遊戲中 ID 或虛擬寶物：以眾多遊戲玩家來看，遊戲中的虛擬財產都是可以用現實生活中的實質貨幣來衡量的。在網路遊戲世界裡，要想取得更好的「戰績」，強大的裝備和道具是不可或缺的。通常玩家不得不花費大量的時間去「練級」，以提高自己在遊戲中的經驗值，才能有機會獲得更好的虛擬裝備和道具。而一些希望獲得強大裝備，但又不願意花費時間的玩家，則可以使用現實生活中的貨幣，購買其他玩家或遊戲商提供的現成虛擬裝備和道具。例如：一把虛擬的「倚天劍」，在現實中可以賣到幾千元，甚至上萬元的價錢。曾經僅僅是單純娛樂的網路遊戲，如今已成網路經濟中最活躍的一股力量，創造巨大財富。

(4) 遊戲內置廣告 (In-Game Advertising, IGA)：如果基礎服務免費是網路遊戲的主流趨勢，那麼廣告與遊戲的結合，即可在網路遊戲中置入廣告，能否創造網路遊戲的新獲利模式和主要獲利點呢？

目前網路廣告市場有以下三種特性：第一是內容和品牌的爭奪更加激烈。一端是根據廣告內容對於用戶的爭奪，另一端是依靠品牌和用戶對於廣告商的爭奪。網路遊戲可以說是一個新載體，即一種新穎的網路傳播媒介，是個增量的市場，勢必會成為企業間爭相關注的焦點；第二個趨勢為廣告商關心流量的針對性，所發佈的廣告內容能否直接傳達到特定客群中。從這觀點來看，網路遊戲是有優勢的，它可以透過用戶的使用行為進行發掘，是一個有利的因素；第三，廣告商關注廣告傳播的效益及效果，爾後按效果付費的趨勢會越來越明顯。同時，網路遊戲可透過技術和手段而統計出用戶瀏覽廣告的次數，與廣告的曝光率高低，這是它有潛力可開發的地方。

網際網路的服務提供方式還有很多種，只要能想得到的，或是用戶所需求的，都可能成為有價值的服務形式，也有可能成為網站可獲利的來源。電子商務的真諦是創新，只要不斷地創新，就一定會找到更多、更好

的獲利方式。

2. 軟體 (或 MP3 音樂等)

　　軟體 (或 MP3 音樂等) 下載可以說是網路上零售的一部分，只是其銷售的產品為軟體 (或 MP3 音樂等)，可以在網上直接下標，而無需透過物流的運輸過程。現在國內的軟體 (或 MP3 音樂等) 下載多為免費的形式。有許多的軟體公司更是利用網際網路的優勢進行在線上升級的服務，也是促進與用戶互動關係的良好方法。

　　由於消費能力和消費習慣的不同，英文網站的軟體 (或 MP3 音樂等) 下載大多數是以收費的方式，即使是共享也是有使用期限，這也開啟了許多實用性軟體的一個良好的銷售平台。

3. 簡訊、多媒體訊息、鈴聲等無線通訊營運服務

　　網際網路提供的簡訊、多媒體訊息 (MMS)、鈴聲下載，不僅為手機用戶帶來更周到及便利的服務，前景看好，也為各大網站提供一個良好的獲利模式。簡訊鈴聲的營業收入日趨成長，供應商也越來越多，由此可知這是成功的獲利模式。多媒體訊息 (MMS) 的獲利方式相較傳統黑白簡訊 (SMS) 有質感上的區隔。使用以來，深受用戶的愛戴，更廣為流行。

　　多媒體訊息 (MMS) 的獲利方式主要來自於多媒體訊息的服務功能。因此，多媒體訊息 (MMS) 的營運商費盡心思，不斷豐富創新此功能的服務空間。目前，多媒體訊息 (MMS) 像是被染上無數美輪美奐的誘人色彩，並廣泛地被使用。客戶可以將網路上自己喜愛的明星、寵物、風景等圖片轉換成多媒體訊息 (MMS) 發送出去；也可將音樂、賀卡、MMS 動畫、鈴聲、影像等傳給朋友，更不受文字處理的限制；可以透過網路上的多媒體訊息 (MMS) 收發郵件，進行交友和商務活動；還可以進行訂閱下載，甚至照相、攝影等功能。然而，價格自然也不菲。如發送一張彩色圖片或賀卡至少 5~15 元，大多數的用戶一時可能很難接受。因此，一般簡訊 (SMS) 在市場中的主要地位目前依然是不可被取代的，主要因素為價格的優勢考量。

　　儘管如此，多媒體訊息 (MMS) 用戶量目前迅速增長已是不爭的事實，廣告商更是樂見其成，也展開各種相關的活動。例如，中華電信公司曾經

邀請明星代言多媒體訊息 (MMS) 服務，成為其公司的形象大使，詮釋多媒體訊息 (MMS) 的時代特徵。多媒體訊息 (MMS) 為通訊業務增添新的亮點，富有「錢」景。

如果網站擁有較高的流量，也可以透過與專業簡訊鈴聲的網際網路服務供應者 (SP) 提供網站進行合作，賺取利潤。

4. 網際網路上網服務

網際網路的發展不可或缺的就是上網服務，例如：企業網站的架設、網域註冊、伺服器虛擬主機的租用服務、網站的推廣服務 (搜尋引擎優化)、網站營運諮詢服務等。既然網際網路已經成為經濟體系和生活的重要部分，就會需要更大量的網際網路服務供應商。

5.1.5 特殊資訊收費 (註冊費、會員費)

付費所提供的資訊服務只有註冊用戶才能閱讀，有些可以是會員或收費用戶才能取得的特殊資訊。例如：化工類網站，有許多的資訊是非用戶所不能閱讀的，這與化工行業的特性有關。其產品豐富、價格變化頻繁、企業資金實力比較強等特性，奠定許多化工企業願意付費閱讀一些對內部行情相關的重要資訊或歷史資料。

此外，還有一些人力網站、電子地圖、交友網站、在線電影等許多的關鍵資訊，也都只提供於付費的用戶所使用。

延伸閱讀：iPart 愛情公寓獲利模式

iPart 愛情公寓創立於 2002 年，「以人為本，創新價值，追求卓越」為其企業精神，提供網路使用者最佳使用環境，創造幸福空間的體驗。根據資策會 2012 年公佈「交友結婚成效」調查中顯示，從愛情公寓開站至今，每 5 人有 1 人透過此網站尋找到交往對象；每 21 人就有 1 人透過愛情公寓而結婚。此網站不打廣告、不舉辦公開活動，在一年創下千萬營收，意圖進軍海外市場。執行長張家銘表示，找出利基市場是關鍵。他認為網站應主打女性消費市場，只要「女生多，男生就會跟著進來」，因此，網站介面、人物設計、虛擬房間、

虛擬寵物等功能皆走粉紅、粉藍清新路線，以吸引更多年輕族群加入。此外，更掌握了女生喜愛的特點，包含人物衣服、花園設計、交換日記等功能，讓男女網友可藉由此平台過著虛擬同居生活，此貼心設計創下千萬好成績。

愛情公寓網站提供加值服務、住戶搜尋、禮品館、聊天室等服務，但最主要的核心價值還是需要透過會員付費制度。目前，營收來源主要來自會員加值服務，付費會員約有 5.7 萬名，每人每月平均消費新台幣 500 元。若看獲利情況，2011 年獲利 9,668 萬元、2012 年獲利 9,465 萬元，獲利情況甚至是衰退的。總經理林志銘指出，為了改善會員使用體驗，大量刪除有問題的會員帳號，並且移除一些干擾使用的廣告版面，全力衝刺會員付費。「雖然 2011～2012 這兩年看似成長停滯，但是營收結構上卻有比較健全的調整。2011 年時長期付費、零買付款的比率相當，但到了 2012 年長期付費增加到 75%，結構更健康。」2013 年營運著重於行動應用與海外市場，提供手機 APP 服務是為了增加會員廣度，希望會員不只是從現有的電腦版本資訊找到朋友，也可以透過「地理位置」的方式找到朋友，目前新會員有一半來自行動應用。

愛情公寓經歷了四代，一開始是女生才有房子，男生沒有，男生要請求女生讓他加入才能養寵物、澆花養草，愛情公寓順勢打出「網路同居」這個原創力十足的口號。2004 年初已有初步會員量，開始收費，月費為 90 元。同年年底付費會員已達 1 萬名，愛情公寓達成損益兩平，站穩腳步，才開始找來更好的視覺設計夥伴設計更棒的公寓，進入第二代。到了第二代尾聲，會員已達 50 萬人，讓男生也可以有自己的房子，同住者不必以情侶身份，也可像是兄弟姐妹，從「戀愛交友」轉向「休閒交友」，會員數又暴增一倍。過去愛情公寓也曾面臨韓國性質相近的競爭者 Cyworld 網與 Yahoo! 奇摩交友正面衝突，當時，愛情公寓再以創意出招，例如：可魯電影當紅時，便立刻推出拉不拉多犬，打著「不會有棄養潮的線上寵物」，也引起廣泛注意，成功創造最新話題與關注。愛情公寓總是能適時地在危機衝突時推出新構想迎接競爭者的挑戰，因此，都有奇佳的效果，堪稱專注於「創意勝」，搶下商機。

資料來源：http://mr6.cc/?p=737, http://www.i-part.com.tw/diary/diary_viewpage.php?o=1&d=1, http://www.bnext.com.tw/article/view/id/27800。

5.1.6 中介服務

在中介服務的模式中，網站不參與實際的交易，而是屬於交易中的第三方，即為客戶和商家間提供資訊、雙方交易配對、付款、查詢等相關功

能，並會從中收取交易佣金。然而，有些服務非常適合在網上提供，客戶可透過網站上填交易的相關資訊，網站能以相較傳統方式更便宜的價格為客戶提供服務。

1. 旅行社

旅行社可經由所銷售的機票、預訂的旅館、租用的汽車和導遊帶團服務中收取佣金，佣金則由交通或旅館飯店業者支付。旅行社的獲利模式是透過進行交易來收取費用，可藉用對資訊的整理和過濾以提升旅行社的存在價值。一間好的旅行社應該非常瞭解旅行者和目的地的情況，以便為旅行者提供有價值的資訊。例如：比價網 (http://www.funtime.com.tw/) 就是一個很好的旅遊中介網站。

2. 證券經紀公司

證券經紀公司也採用中介服務的獲利模式，按每筆交易向顧客收取佣金。證券公司可以在網站上提供投資建議及相關資訊，亦可以迅速執行處理客戶在網站上所填寫的交易指令。

3. 線上票務

現今機票、火車票都可以直接透過其官方網站，或中介網站來進行購買。其他還有許多票務，如演唱會、音樂會或體育比賽等門票銷售皆可由自己的網站，或中介的網站進行交易。

5.1.7 線上到線下實體模式

如 PChome 網路家庭 24 小時線上購物網 (http://24h.pchome.com.tw/index/)，總公司位於台北。配送範圍遍及全國各縣市區域，例如：美妝類的訂購交易，則透過與當地連鎖店家的合作經營進行買賣活動，而配送的時間可要求快速到貨，並於指定的時間送達 (如隔天中午 12:00 前到貨)，並提供北部地區的客戶可當天到貨的服務，前提是訂單需於當日 16:00 前完成訂購手續。

如此一來，強調新鮮品質的食品類找到了非常便利且可行的營運模式，透過網際網路與 24 小時購物網站合作，成功地解決物流本地化的問

題。同時，24 小時線上購物網站已與全國各地的食品商店形成較純熟、規律的內部結算機制，為食品類提供更好的配銷平台。

5.2 獲利模式的轉變

很多公司學習如何在網站上成功展開商務活動時，都曾經調整過獲利模式機制。隨著線上購物的人越來越多，線上消費者行為不斷地變化，公司不得不轉變獲利模式以適應瞬息萬變的環境。例如，有些公司的電子商務網站花了很多年才發展起來，這是正常現象。

5.2.1 獲利模式轉變

電子商務獲利模式的轉變主要有兩種型態：一種是從免費模式轉向收費模式或者半年收費模式，另一種是從收費模式轉向免費模式。

一個面向高消費階層的線上雜誌 Vogue (http://www.vogue.com.tw/)，因不斷地提供最新、最快的流行性資訊獲得廣大消費者好評。它的獲利模式轉變方向是：提供各大精品置入廣告行銷，而獲利的模式營運幾年後，Vouge 國際版雜誌開始提供線上訂閱版，訂閱者需年付新台幣 2,000 元即可進入雜誌網站上瀏覽，內容可下載到電腦上閱讀，由此可獲取更多的盈利收入。此外，訂閱者還可透過訂閱方案得到免費精選好禮 (如線上購物折價券、香水等)。

不少企業選擇免費加收費的模式，對於基本功能的使用提供免費服務，其他增值服務則另外收費，目的就是最大限度地擴張並吸引使用客戶群。《怪誕行為學》(*Predictably Irrational*) 的作者丹・艾瑞里 (Dan Ariely) 認為，消費者對大多數交易都能感受到優缺點。不過當某件商品或服務免費時，就會立刻忘記它的缺點。免費能讓人的情感迅速充電，在心態上感受到免費的東西比實際要值錢得多。例如，LINE 免費通話傳訊軟體，其通話、訊息和傳送檔案速度品質保持一定水準，擁有了良好的口碑，因此受到廣大用戶的愛戴與歡迎。企業若能夠長期提供免費服務並維持品質，則效益的凝聚力就會增強，使得用戶產生依賴性，龐大的用戶流

量自然就能轉化為價值不菲的廣告收益。免費時代的來臨後，另一個變化是由通路 (Place) 轉變為平台 (Platform)，例如：交付商品的地點、通路變得越來越密集。幾年前，防毒軟體皆以收費服務為主，需要到軟體的線上商店網站、書店，或是銷售直營點購買光碟或防毒軟體序號，再安裝到電腦上使用。現今，無論是使用或是升級防毒軟體，可在防毒軟體網站上直接電腦一鍵操作搞定，替代繁瑣的步驟。近年來，一般傳統的軟體商店也漸漸被取而代之，用戶會選擇購買某種防毒軟體的通路越來越多，例如：社交網站等，或透過即時通訊軟體置入的廣告訊息、親朋好友介紹等。「以前是以通路為導向，現在則以線上銷售交易實現用戶與企業間的直接對話與交流。」

5.2.2　獲利模式轉變的推動力

然而，企業是不會無緣無故地轉變自己的獲利模式，以上獲利模式的轉變都是基於一定的推動力而形成的。一般而言，推動企業轉變網站獲利模式的因素有資金、網站瀏覽量及客戶的需求。

1. 資金

一些大型的入口網站，在創立的起初，資金的來源主要在於股東的投資，對於客戶的瀏覽往往採用免費的模式，進而吸引更大量的用戶來造訪網站，使網站的瀏覽量增大。而當網站營運一段時間後，有些企業無法繼續進行資金投入時，往往會造成一些服務或網站的內容由免費的方式轉變成付費的方式提供，因此網站的獲利模式就此改變。此外，另一種情況就是當網站的瀏覽量很高時，網站的用戶已經產生依賴性，屆時網站也可將某些服務轉成收費模式機制，以增強盈收的力度。例如，目前 Yahoo! 奇摩拍賣使用戶非常高，起初對於賣家賣出的東西不收取任何佣金費用，在營運一段時間後，發覺拍賣的獲利商機越來越高，則於拍賣商品交易成功後向賣家抽取 2%~4% 手續費，這就是一個最佳的案例。

2. 網站的瀏覽量

有些網站在創辦初期就採用對某些服務收費的模式，或需要註冊用戶

才能進入網站瀏覽的機制。但是隨著網站的營運後，若瀏覽量一直沒有顯著的提升，此時企業往往會調整其獲利模式轉為免費的型態，有助於吸引更多造訪者，並提升網站的瀏覽量。

3. 客戶的需求

一般情況下，採用免費獲利模式的網站都會以廣告為主要盈利收入，但有些網站的 VIP 用戶並不喜歡頻繁地被廣告打擾，而願意接受收費的方式來瀏覽網站。此時，企業也可將某些服務從免費模式轉變為收費模式。例如：Yahoo! 奇摩一般信箱容量採用免費方式提供服務，另一種 VIP 高容量信箱則採用收費模式經營，針對不同客群的需求採取不同的收費機制，即區隔市場型態。

5.3 獲利戰略

本章前面已經講述許多目前網路上的獲利模式，本節將介紹公司採用這些模式而會面臨的問題及解決辦法。

5.3.1 通路衝突與互斥

已經有實體商店及網路通路的公司，經常擔心網站會影響原本的通路銷售。例如，李維斯公司 (Levi Strauss & Co.，簡稱 Levi's) 透過百貨公司和零售店鋪銷售牛仔褲，後來也拓展了網路通路。由於很多銷售 Levi's 牛仔褲的百貨業者和零售店鋪多年來一直抱怨網站影響其銷售量，因此，李維斯公司只好決定停止網路通路，即為水平通路衝突的兩難。

5.3.2 解決通路衝突的方法

傳統商店銷售和電子商務銷售兩通路間會出現以上所敘述的通路衝突問題，該如何解決和管理衝突的問題？解決的方法有以下幾種：

1. 產品策略

(1) 儘量避免使用兩種通路配銷相同的產品，以降低衝突問題的發生。

Webb K. L. 指出,一些供應商利用創新的方式來區別網路銷售產品與中間商產品,以降低衝突。例如:即使兩通路的產品本質相同沒有區別,但可對於網路銷售商品賦予不同的品牌或名稱,以區隔市場。他認為這樣可以降低網路銷售產品與中間商產品的對比性與衝突性,例如:吉普森吉他 (Gibson Guitars) 考慮網站上銷售吉他會與經銷商通路衝突,所以僅出售吉他弦和零件等附屬配件給消費者。

(2) 根據產品的生命週期來制定不同的銷售策略,可以降低衝突。在產品需求快速增長的時期,網路銷售與其中間商夥伴銷售的衝突會比較小,但在成熟期間和產品需求下降時,網路銷售與其中間商夥伴銷售的衝突相對較大。

2. 價格策略

供應商在網路銷售上的定價高於中間商的定價時,有利於價格通路衝突。Webb K. L. 認為,價格上的差異是產生通路衝突的一個非常重要的因素,中間商往往會對價格有著較強的敏感度,因而容易反映出較激烈的行動。因此,該如何定價對於管理這種新型的衝突有著決定性的作用與後果。King J. 和 Gilbert A. 認為,越來越多的製造商都選擇在網路銷售的價格高於其他中間商,或是停止在網路上銷售折扣商品,以降低通路衝突。

3. 促銷策略

鼓勵和推動兩類通路間的交叉銷售,可促進電子商務通路間與傳統通路間的合作,以減少新型通路間的衝突產生。電子商務通路的採用使得企業擁有最終消費者直效行銷的寶貴機會,不再受困於龐大的經銷商故意造成市場的隔絕。但為了促進各通路間的合作與共同成長,企業應多利用網路的優勢,在為自身產品做好宣傳的同時,也向消費者介紹並推薦更適合的傳統通路合作夥伴,或是在網站上另外架設專欄或部落格,讓傳統經銷商進行廣告宣傳,甚至可針對某些目標市場不提供網上訂購服務,而是向消費者提供當地可供選擇的經銷商相關資訊。同樣地,透過傳統通路來擴展企業網站知名度,或宣傳企業經由第三方網站提供的電子商務服務,也是一個很棒的方式。一方面使傳統經銷商能夠利用與消費者的接觸機會,

進而瞭解消費者的購買習慣與行為，適時地向目標顧客進行宣傳；另一方面還能促進通路間的合作與交流，避免衝突產生。

4. 通路合作策略

供應商把其在線訂單的配送交給經銷夥伴來完成，以利於降低通路間衝突。網路銷售量大的優勢是能夠快速資金流、資訊流的轉移，但它也有一個致命的缺點是，不能提供快速的物流轉移來與其他物流配套融合。由於這個原因，有很多製造商都借助中間商快速的物流配套設施來實現物流轉移，並與其建立良好的合作關係。例如，Cisco 公司在 1999 年的銷售收入 80% 來自在線業務，但實際上只有 1% 的產品是透過直接通路到達客戶手中的。簡而言之，Cisco 是利用通路網絡來幫助傳統銷售通路。

5.3.3　電子商務獲利模式的一些趨勢

21 世紀是網際網路時代，也是電子商務時代全面來臨，稱之為第三產業，特別是資訊服務業已成為 21 世紀的主流產業。未來的電子商務會如何發展？需要透過什麼通路來實現？每個人都有自己的見解，每個人都可以發揮自己的想像力，但有一點可以肯定的是，電子商務的市場發展潛力是無窮的。

1. 合作獲利模式

電子商務環境下，單一組織難以滿足顧客的所有需求條件，因此分工合作是必經之路。企業不僅需要內部跨部門的協調，還要解決好價值鏈中和供應商、客戶、合作夥伴之間的協調關係。企業想要在激烈的市場競爭中發掘自己的優勢，滿足顧客的需求，就必須建立合作的工作環境。企業建立現代企業制度，實現從金字塔形的管理模式轉變到扁平化的管理，更需要企業內部與外部的資源整合，亦需要透過企業員工之間、部門間的互助合作。

2. 專業搜尋代理商模式 (主要業務是網路商品的搜尋)

電子商務不但為消費者提供更多的選擇，也為企業帶來更多開拓市場的機會，讓供、需兩者間更密切的資訊交流，在增進消費者瞭解市場潛力

的同時，亦促進企業把握市場脈動的能力。因此，當大部分有購買能力的人都上網時，我們就應該讓商品更頻繁地出現在網站的搜尋引擎上。未來的經營型態將會被網路商品搜尋取代，而會出現專業搜尋代理商。

延伸閱讀　團購網站的獲利模式

近年來，團購市場深受消費者喜愛，因此，吸引眾多業者爭相進入此產業爭奪商機。團購起源於 2008 年前興起的「揪團」模式，原本由一人發起，邀請同好加入一起購買，湊齊相當人數後，再由發起者向店家下訂同時爭取優惠價格。然而，業者在此消費模式裡發展新的商機──團購網站，讓業者取代團主的角色，代替團主向店家爭取優惠價格，也省去團主找人湊團的壓力。

團購的消費模式中，消費者能享有優惠折扣外，商家也可省去廣告宣傳費用並拓展客源，雙方互惠，一舉兼得。業者除了面對眾多競爭者，也需要快速找到競爭優勢，領先取得市場版圖。過去台灣知名的團購網站有 GROUPON、GOMAJI 等 12 家，團購市場已進入「整理期」；亦即，業者在競爭激烈的市場中，正面臨淘汰的生存戰。如何能在此市場中保持領先地位，業者勢必發展出優勢的獲利模式來應戰。以下舉 GROUPON 團購網站為例說明。

慎選廠商，只提供最大折扣

以往合購的想法是什麼案子都接受，所以大部分只打個九折，少數打到八折，幾乎只是拿合購平台來當廣告版面使用。但 GROUPON 採精緻策略，每天只推出一樣商品，而上面的折價至少都從「六折」起跳，有的打折幅度更高達「一折」，吸引眾多消費族群。GROUPON 以一個新創網站之姿可以這樣做，是因為在 126 名員工中大部分都是業務，他們負責到外面訪察一般消費者會有興趣、利潤也高的商品，主動和廠商談超級大的折扣，放在 GROUPON 上面賣，想必這些業務拿的是超低底薪、超高抽成。

大膽收費，每次都抽三到五成

GROUPON 的抽成顯然是異常得高！大多會抽取高達售價 30%~50% 的佣金。換句話說，對商家而言，它不但要想辦法提供一折的折扣，最後收到口袋裡的可能只剩 0.5 折。也許你會問，為何廠商會接受 GROUPON 抽取如此高的佣金？透過第一點，GROUPON 的東西可能每個都是超級划算，吸眾力超強。此外，如此龐大的佣金，GROUPON 極有可能估算到成交機率大約三成，

就另外默默提撥約 5%~10% 幫每個商品在他處打廣告，廠商反正沒有風險，只要計算好賺 0.5 折後還是盈餘的，因此，有高達 95% 的客戶都願意再次和 GROUPON 合作下一檔商品。

100% 掌控金物流，不適合寧可放棄

經過上述兩點可知，GROUPON 網站可以販賣的東西其實不多。事實上賣的大多不是「商品」，而是賣「服務」。例如：有些像餐廳、SPA、課程，大部分成本是固定的，變動成本都是時間成本，空閒在那裡不如填滿它。如此一來，GROUPON 的缺點是它仰賴區域性，無法快速移到每個城市去。它的業務員必須在當地深耕，才找得到當地的「服務」。除此之外，GROUPON 得到的好處更大，因為「物流」的部分幾乎不需要，就為 GROUPON 解決一半的問題，讓 GROUPON 可以提出「讓我來為商家代收服務」，最後只需要給商家付費客戶名單，不需為之後的貨運糾紛煩惱。而「金流」部分，GROUPON 決定「自己擔」，而且是「成交才付」。GROUPON 的潛在風險是，萬一說好要來 1,600 位，結果卻只付了 1,400 位？GROUPON 會要你馬上先付，若不行，GROUPON 會將錢全數退給你，全部都是線上交易。而它可以這麼做是因為方便的金流工具，讓「退款」這件事對 GROUPON 來說，可能已經不再是麻煩的事情。

團購模式可以為商家提供一個很好的促銷平台與曝光機會，不僅是曝光率的保證，同時間也可以完整呈現商家介紹、優惠訊息，甚至連網站都沒有的商家，也可透過這樣的團購平台，獲得專業的行銷分析、建議，並做簡單促銷動作，是個省時、省力，又能直達有效消費者的網路行銷方法。GROUPON 模式帶領電子商務進入新紀元！它讓電子商務的虛實整合邁入下一個階段。

資料來源：經濟部商業司，台灣團購網站的現況與趨勢發展 (http://mr6.cc/?p= 3863, http://mag.nownews.com/article.php?mag=4-69-5127)。

本章摘要

本章第一節主要探討幾種電子商務的獲利模式及相關案例，使讀者對電子商務的主要獲利模式種類能有更深入的瞭解。同時也明白，電子商務企業本身內部或外部環境條件發生變化時，進而會影響企業的獲利模式。此外，本章也介紹傳統銷售通路和電子商務銷售通路發生的衝突問題與其解決方法。

問題與討論

1. 電子商務的獲利模式有哪幾種方式？試說明之。
2. 如何解決傳統銷售通路和電子商務銷售通路間的衝突？試說明之。
3. 何謂獲利模式的轉變？該使用哪些策略應對？試說明之。

案例 5-1
PChome 網路家庭的獲利模式

對消費者而言，PChome 購物網站最熱門的服務是 24 小時線上購物。PChome 網路家庭成立於 1998 年，之後轉型為大型入口網站，曾是台灣第一大電子商務網站平台。PChome 以線上購物為其最大獲利來源，而網路廣告、付費服務等也為其獲利方式。值得一提的是，PChome 首創線上分期、紅利積點、電子發票及商品預購等經營機制，曾獲得「金質獎」。

PChome 的經營核心價值主要以提供消費者物超所值的服務，創新發想的呈現方式與售後服務，強調物流快速精確，不斷求新求變，PChome 的經營哲學是，只要存在，就要不斷地改善。接下來介紹 PChome 提供的產品及服務。

網路購物

主要分為 24 小時線上購物、24 小時書店、商店街、等三大平台，目前提供約上萬種多樣化商品，也有許多企業與商家異業結盟的產品，並提供免運費及七日內無條件退貨的服務，重視消費者保障的權益，使 PChome 每年利潤節節高升。

加值付費服務

Skype 為主要的加值付費服務，提供語音對話，也可多人線上會議、傳輸檔案，以上服務皆為免費提供。若付費後，則可使用 SkypeOut、SkypeIn 等功能，而撥打國際電話也較能省下通話費，是消費者心中相當滿意的加值服務。

廣告服務

根據廣告的性質與受歡迎程度，提供特定的曝光位置，而價格也有高低之分，較顯而易見的位置收費相對較高，反之則較低。

消費者服務

1. 網路內容：提供全球超過 2,000 家行業的相關訊息，包含新聞、旅遊、運動、

遊戲等內容。
2. **商業交易**：由平台中的購物中心、拍賣、分類廣告等服務中，各商家與消費者可藉由此平台輕鬆並有效的完成交易。
3. **通訊服務**：提供電子郵件、相簿、社群等相關功能，使造訪者可透過電腦及網路傳遞資訊，較以往更為便利。

近年來，網路購物已在消費者的消費購物通路選擇中占有非常重要的地位，PChome 等網路購物是如何成功經營？以下探討其成功關鍵因素。

廣告收入

各企業或商家為了搶下消費者心中的知名度，勢必要出資付費在各大人氣網站宣傳商品或標題，而以各大搜尋引擎與網路書店最為明顯。若能提供合理或低廉的價格，並能 24 小時在網站中宣傳，則能為企業或商家創造商機。

網路內容

購物網站除了能帶給消費者便捷的交易途徑與優惠價格外，最關鍵的是掌握消費者行為。購物網站能從消費者每次的購物及瀏覽習慣觀察出消費者喜愛的商品種類，並可於每次消費者瀏覽時，將相關針對性商品於網頁中出現，增加購買率，提升營利。

網路購物

網路購物對於消費者而言是最便捷的購物方式，節省時間，還可以低廉的價格購入，再方便不過。PChome 首創 24 小時快速到貨，將物流過程精簡到最快速的方式，將產品傳遞到消費者手中，為眾多網路購物平台中創下新的商機。

連網服務

由於此模式的投資金額相當龐大，必須經過一段時間觀察才能進入市場，但致勝的關鍵便是如此，只要先搶下商機，就能成為獨占市場的佼佼者。由於網際網路對消費者而言是最不可或缺的，能提供良好的連線速率及穩定性是必然的趨勢，但目前這個市場已趨飽和。

2000 年面臨網路泡沫危機，PChome 停止招募免費會員，以免加重經營成本，開始對新會員收費，導致流失不少會員，痛失第一大流量之入口網站寶座。但另一個正確決定是，PChome 拋開原有像 eBay 的 C2C 模式 (長遠觀望這並非為主流獲利機制)，因此，PChome 開始經營 B2C 電子商務，奠定今日發展的雛形。多年來提供許多創新服務，PChome 為唯一在本地掛牌上櫃的大型網路公司，得到市場的青睞與支持，也讓內控機制調整非常嚴謹，降低系統性風險的

可能。近三年平均每股盈餘在 5.62 元左右，為突破網路經營門檻的典範。

資料來源：《數位時代》亮點人物，2013 年 8 月。

> **討論**
>
> 1. PChome 的營運模式有哪些？試舉例說明之。
> 2. PChome 的獲利模式有哪些？試舉例說明之。
> 3. PChome 的競爭優勢是什麼？試舉例說明之。
> 4. PChome 未來發展的建議有哪些？

案例 5-2
Yahoo! 奇摩入口網站和 Google 網站獲利模式比較

入口網站與搜尋網之特性

　　Yahoo! 奇摩是全球最熱門的入口網站之一，入口網站是網路使用者進入網路世界最主要的閘口，每個網站皆提供多元化的網路服務。目前兩大網站所提供的基本功能如下：搜尋引擎、免費電子信箱、新聞資訊服務、購物網站、金融、旅遊、生活，以及交通等相關訊息服務。相較於傳統入口網站，搜尋網的商機也充滿著無限可能，Google 則利用此優勢締造網路平台的新奇蹟。

Yahoo! 奇摩的經營及獲利模式

　　Yahoo! 奇摩以多元化的社群服務為經營特色，加上靈活且具有創意的行銷手法，為 Yahoo! 奇摩特有的經營特色。此外，憑藉其龐大的網站流量，穩居台灣入口網站之冠，其主要獲利來源除了穩定的「廣告收入」與「加值付費服務」外，近年來積極拓展 B2C 電子商務服務，推動網路購物，例如：Yahoo! 奇摩拍賣、Yahoo! 奇摩購物中心、Yahoo! 奇摩超級商城等知名開店平台，其目的在於增加營收並降低網路廣告所占的比例，以降低景氣波動對營收所造成的衝擊。目前的獲利模式包含網路廣告、電子商務、無線服務、企業入口網站，其中以網路廣告與電子商務為主要營收來源。

1. 網路廣告：廣告平台將是廣告主重視網路廣告的傳遞過程能否順利的關鍵因素。因此，Yahoo! 奇摩近年來廣告收入占整體營收的比例也有逐年成長的趨勢。
2. 電子商務：成立電子商務部門，將電子商務視為經營及規劃重點。
3. 服務分類網站將服務區分為 14 類別以上，包括首頁、搜尋、新聞、休閒娛樂、

旅遊、理財、購物、遊戲及個人化服務等，目前也將逐漸轉型為目的網站，將服務內容趨向「個人化」及「分眾化」發展。

4. **加值付費服務**：入口網站提供關鍵字廣告、商品曝光廣告、線上付費、小額付款、VIP 信箱、行動應用、超商取貨付款等加值服務，使能滿足消費者各種偏好與需求。

Google 網站營運及獲利模式

Google 是一家以廣告收入為主的公司，擁有數百、數千位頂尖工程師，也是全世界營收最豐富的廣告公司。一般網路廣告多以圖形或有動畫效果的橫幅 (Banner) 為主流，在 Google 網站刊登的廣告不使用圖片，只用文字型態，以免延緩網站快速回應搜尋的時間。因此，在搜尋結果中置入小型、非強制性，但與搜尋結果相關的文字廣告，成了 Google 廣告的特色。例如，當網友在 Google 台灣版中輸入「數位相機」時，搜尋網頁會出現另用色塊標示的台灣 eBay 文字廣告，廣告主通常十分喜歡這種方式，因為只有在網友實際點入廣告連結之後才需要支付廣告費。

另一個最關鍵的發展則是，將強大的搜尋技術提供給網友，它的搜尋引擎擁有最完善的資料庫，並依據瀏覽的程度自動做好分類，潛在地改變造訪者的瀏覽習慣，這就是它的優勢。在網路普及的時代來臨，Google 新聞服務的推出讓許多新聞業的網站面臨危機，因此，更多人利用 Google 搜尋自己感興趣的新聞標題。此外，許多入口網站和網路服務供應商 (ISP) 與之合作，採用 Google 的搜尋技術。這些公司通常會將 Google 與自家的搜尋結果結合在一起，一方面維持公司自主性，一方面也避免與他人重複。例如，當你瀏覽一家公司網站看到 Google 標誌時，表示這家公司每年得付 2.5 萬美元給 Google。根據《經濟學人》雜誌報導，隨著搜尋引擎的不斷發展，Google 不僅是各大入口網站的搜尋引擎，同時，有 75% 來自 Google 網站或使用 Google 服務的網站。

總結

Yahoo! 奇摩在 2014 年台灣入口網站中排行仍穩坐冠軍，但從未來的獲利模式發展趨勢看來，應提供更多元化的內容與服務。目前傳統的入口網站服務已日漸飽和，同質性也再度提高。近年來，網友造訪社群網站和部落格的時間遠高於入口網站，尤其是臉書的魅力不容小覷，其中服務內容包含網路遊戲，更取代了電子郵件的功能，讓網友能即時分享訊息及狀態，因此，入口網站該如何培養使用者的忠誠度？能否再創造新的服務模式？未來的網路使用模式仍充滿各種變數及可能性。對於 Google 而言，搜尋技術該如何拓展未來方向？在 2013 年的 Google I/O 大會中，Google 搜尋主管 Amit Singhal 宣佈搜尋引擎的未

來方向。他說:「我們所知道的搜尋將會終結。」並預期語音搜尋會是一個重要的方向,傳統的搜尋框將會逐漸消失。使用者所需的訊息透過可穿戴裝置來傳遞。這些裝置或許會有一個小螢幕,或許只需透過聲音來互動,能否實現這個目標,指日可待。

資料來源:http://www.inside.com.tw/2013/12/12/google-search-in-the-futur, http://www.bnext.com.tw/article/view/id/31260, http://wired.tw/2012/11/19/the_ubiquitous_social_network/index.html, http://www.digitalwall.com/scripts/display.asp?UID=15.

討論

1. 試比較 Yahoo! 奇摩和 Google 的獲利模式。相同或相異處請說明之。
2. 對於 Yahoo! 奇摩和 Google 的未來獲利模式的發展方向提出新的建議。

參考文獻

1. 加里・施奈德著,成棟譯 (2010),電子商務。北京:機械工業出版社。
2. 陳月波 (2006),電子商務盈利模式研究。杭州:浙江大學出版社。
3. 邵兵家 (2003),電子商務概論。 北京:高等教育出版社。
4. 免費時代:盈利模式的轉變,中國經營報。
5. 曲洪敏、蔣桂林 (2006),電子商務下渠道衝突及其管理研究。現代管理科學,第 6 期。
6. 連盈智 (2013),第三方支付網家、商店街受惠,惟股價已反映利多,http://paper.udn.com/udnpaper/POE0041/246533/web/,金融家月刊,第 158 期。

6 行動商務

行動消費時代

　　2014 年中國行動購物交易總額達新台幣 1,215 億元,同年 8 月,阿里巴巴創辦人馬雲指出,雲端 (Cloud+APP) 將是未來行動商務的關鍵。阿里巴巴的行動策略可分為兩大方向:一為 O2O 應用,另一為基礎的雲端運算。線上到線下實體 (O2O) 模式是將線上消費者帶入實體店面,結合線上付款與離線來客量的商務模式。連接線上與離線的途徑有二:一是社群網路,一是地理位置,因此阿里巴巴收購新浪微博與陌陌,在地理位置部分收購高德地圖。此外,阿里巴巴在 2014 年 6 月全額收購 UCWeb,掌握手機背後的雲端資料。其雙 11 購物狂歡節推出「3.8 手機淘寶生活節」,集結 1,500 家業者,讓使用者可以 3.8 元看電影、3.8 元唱歌、3.8 折吃飯,推動 5 千家品牌業者上線,其中透過手機、平板交易的金額占比達 42.6%。由交易數字可以發現,消費者越來越習慣使用手機和平板上網購物。

　　在台灣也有越來越多的消費者使用行動裝置購物,根據 Yahoo! 奇摩於 2014 年 7 月公佈的《電子商務紫皮書》顯示,目前台灣使用個人電腦上網的網購者占 42.7%,其他 57.3% 的使用者則會透過多螢 (手機、平板與個人電腦裝置) 進行瀏覽與消費。資策會在「2013 年行動購物調查」指出,過去一年有 57.1% 的行動裝置持有者曾在行動裝置上購物的經驗,也有近四成賣家導入行動相關應用,如天藍小舖於 2013 年開始跨足行動商務,約近兩成的訂單來自平台合作的 APP。

　　目前各大電商平台業者,包含 Yahoo! 奇摩、露天拍賣、7Net、udn,以及

團購業者 GOMAJI、17Life，電信業者台灣大 myfone 與遠傳 e 書城也提供各種行動商務服務，包含比價、導購、找商品、集優惠，或協助商家開發 APP 賣場。透過行動版網頁、APP 應用程式與社群行銷，讓消費者使用手機接收消費資訊，導流至官網購物。

6.1 行動商務的發展

智慧型手機持有率逐年增加，資策會 FIND 結合 Mobile First 調查數據顯示，台灣 12 歲 (含) 以上，持有智慧型手機或平板電腦的民眾已高達 1,330 萬人，而超過兩成比例同時持有智慧型手機與平板電腦。相較於 2013 年下半年的調查結果，智慧型手機普及率由 51.4% 成長到 58.7% (如圖 6-1 所示)。從消費者行為來看，消費者使用智慧型手機大多用來撥打 / 接聽電話、拍照 / 錄影、即時通訊與聊天、連結社群網站、查詢地圖與導航，以及玩手機遊戲等，均占六成以上的比例，其中查詢地圖、導航以男性比例居高。持有智慧型行動裝置的民眾約有半數會在裝置上收看影音節目，而民眾收看影音節目的習慣，已經逐漸從電視移轉到身邊可得的行動裝置。樂天市場在 2012 年針對全球線上購物趨勢調查發現，台灣有 7.4% 的消費者會使用行動裝置購物，比例高於法國 (4.8%)、德國 (4.3%)、加拿大 (4.1%) 及日本 (6.6%) 等國。

早期雖有多款智慧型手機問世 (包含諾基亞、宏達電、黑莓及 Palm)，不過市場不大，直到 2007 年蘋果公司推出第 1 款 iPhone，徹底改變人們使用手機的習慣以及市場生態。行動裝置的貼身度已比擬鑰匙、錢包，加上 APP 開發的無限伸展性，電子商務隨著行動裝置進化為行動商

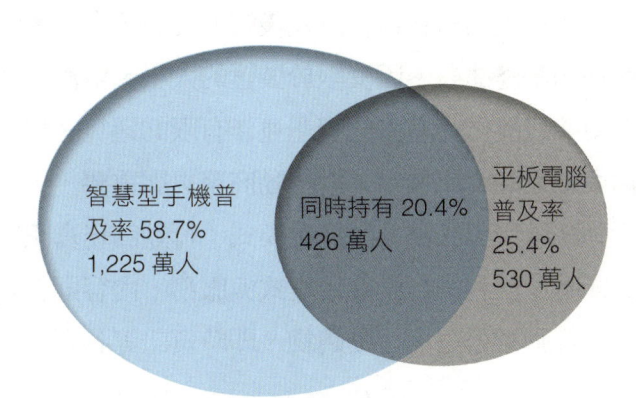

智慧型手機普及率 58.7% 1,225 萬人　　同時持有 20.4% 426 萬人　　平板電腦普及率 25.4% 530 萬人

智慧型行動裝置持有族群：63.72%
(持有智慧型手機或平板電腦)

推估台灣 12 歲 (含) 以上民眾，行動族群約有 1,330 萬人

圖 6-1　手持行動裝置普及率

務，全球零售業也全面提供行動電子商務市場。

6.1.1 行動商務的定義與特性

行動商務 (M-Commerce) 泛指使用者透過行動化的終端設備，與行動通訊網路進行商業交易活動。環境感知是行動商務發展超越電子商務限制的主要特性。顧名思義，行動商務的環境感知，即是指透過行動隨身裝置的各式感知裝置，擷取自然環境中的各種資料，並透過處理轉換這些資料，進而得知周遭物理環境所發生的變化 (如適地性服務)。相關科技構成的軟硬體基礎建設，行動商務更能支援更高層次的個人化、提供行動化的使用者體驗，以及友善的使用者介面。利基於無線通訊基礎的行動商務，讓買賣商品或服務的時間、地點不再成為商業行為的阻礙 (Tarasewich, Nickerson, & Warkentin, 2002)。組成行動商務的要素大致可以分為：

1. 使用者端行動化的通訊裝置：一般消費者最熟悉也接觸最多的行動通訊裝置，就是現在俗稱手機的手持行動電話。1970 年代初期，第一支行動電話的雛型由美國摩托羅拉公司提出，經過十幾年耗費鉅資的研發與佈建相關的基礎建設，1980 年代中期行動電話首次上市。
2. 可支援行動商務活動的網路架構與資訊平台：除了終端行動通訊裝置的普及之外，穩定的資料傳輸以及後端的資訊平台，皆是行動商務發展不可或缺的基礎建設。因受限於裝置的大小、電源、使用特性等因素，在使用端只能儲存有限的資訊並作有限的運算處理，故而穩定的寬頻傳輸與強大的資訊後台，對行動商務更顯重要。
3. 相關的行動式應用與服務及其商業模式：行動商務真正所能提供給人們的應是即時、便利的行動應用程式與服務，內容則包含娛樂遊戲、行動銀行、行動辦公室、行動購物、即時資訊等各領域。

6.1.2 適地性服務 (LBS)

適地性服務 (Location-Base Services, LBS) 是以全球定位系統 (GPS) 或地理資訊系統 (GIP) 為基礎，提供地理位置定位的行動服務。LBS 整合了

使用者的地理位置與相關服務連結,讓使用者得以找尋目前所在地鄰近的各式服務 (Schiller & Voisard, 2004)。LBS 服務範圍廣泛,由 **POI** (Point of Interest)、定位追蹤、圖資、電信商等資訊整合,大致可分為六大服務類型 (如圖 6-2 所示):

1. 定位追蹤 / 安全類:根據位置追蹤人、資產或車輛。
2. 交通 / 旅遊類:地圖、導航或是交通即時資訊。
3. POI 資訊類:查詢有趣、有用的位置資料。
4. 社群 / 交友:根據用戶位置發展社群互動。
5. 推播式廣告:根據使用者位置推播適地性廣告。
6. LBS 遊戲:根據位置的互動遊戲等類別。

如何更精確、更快速地完成定位是 LBS 服務首重議題,目前國內常見的手機定位技術由精確到粗略大致分成幾類,如 AGPS (Assisted-GPS、Aided-GPS)、GPS、TDOA (Time Difference of Arrivals)、Cell Id。

AGPS 是以 GPS 為主,AGPS 基地台為輔,利用多個數據基地台來取得不同基地台的星曆、時間和距離參數值傳至手機來平差計算,再加上都卜勒效應、頻率等重觀測量來同步檢核數據的精準性,最後得到的參數,

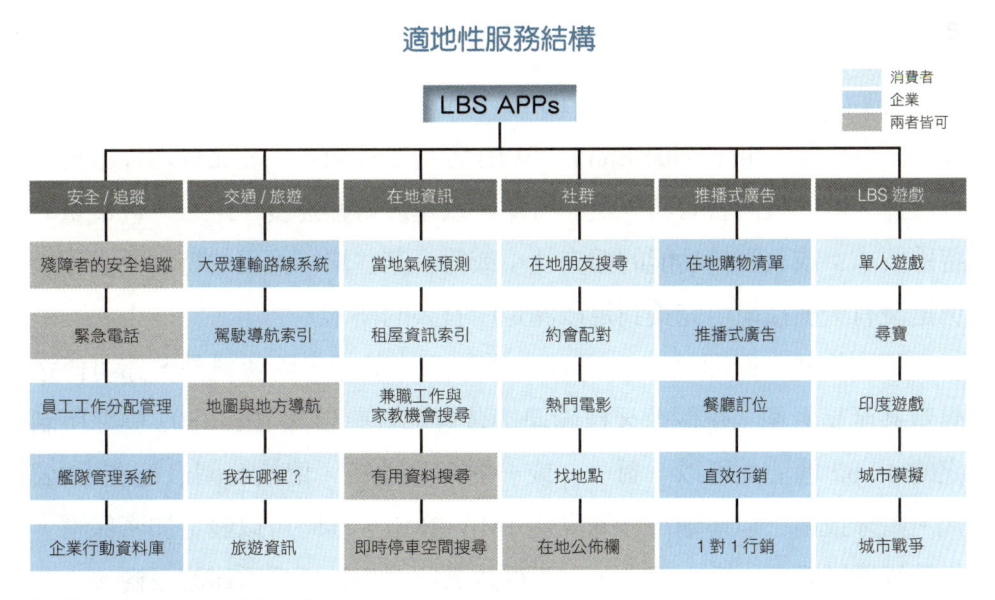

適地性服務結構

LBS APPs					
安全 / 追蹤	交通 / 旅遊	在地資訊	社群	推播式廣告	LBS 遊戲
殘障者的安全追蹤	大眾運輸路線系統	當地氣候預測	在地朋友搜尋	在地購物清單	單人遊戲
緊急電話	駕駛導航索引	租屋資訊索引	約會配對	推播式廣告	尋寶
員工工作分配管理	地圖與地方導航	兼職工作與家教機會搜尋	熱門電影	餐廳訂位	印度遊戲
艦隊管理系統	我在哪裡?	有用資料搜尋	找地點	直效行銷	城市模擬
企業行動資料庫	旅遊資訊	即時停車空間搜尋	在地公佈欄	1 對 1 行銷	城市戰爭

圖例:消費者、企業、兩者皆可

圖 6-2　LBS 應用分類

再利用 GPS 接收器求得該點位置。優點是定位速度快、精度較高，缺點是需有電信業者提供 AGPS 數據基地台，且在該基地台服務涵蓋區才能使用此服務，硬體的建置成本很高。

TDOA 由手機發送訊號至鄰近數個基地台，在兩兩基地台間的時間差繪製雙曲線，兩組雙曲線之交點即為手機位置。定位精度會依據基地台分佈的幾何位置有很大的影響，優點是手機時間並不需要與基地台時間同步，且不需修改軟硬體之建置即可完成；缺點則是基地台間必須達成時間同步，且只適用於都會區 (基地台涵蓋量大之地區)。

Cell Id 是以基地台為中心，搜尋使用者位置，此方式只適合 GSM (Global System for Mobile Communications) 系統中，優點是不需對現行網路及使用者手機進行修改，且可進行室內的定位，是一個經濟且快速的定位方法；缺點是定位精度會依照基地台服務半徑產生很大的定位誤差。

Assisted-GPS、GPS 定位精度高，適合用於救援型或保全用途之 LBS，如 iPhone 軟體 1st Call；Aided-GPS、TDOA 定位精度中等，適用於導航和查詢 POI 資料，如 iPhone 軟體 MotionX-GPS、Urbanspoon；Cell Id 的定位精度較低，適合用於查詢大區域性的資料，如 iPhone 軟體 WeatherPro (氣象)。

6.1.3 適地性服務 (LBS) 與行動行銷工具

行動裝置必須透過藍牙 (Blue Tooth)、無線傳輸 (Wi-Fi)、RFID、NFC、高寬頻 (Ultra Wide Band, UWB) 等通訊技術，才能讓適地性服務得以發揮。前述技術各有其立足的特點，或基於傳輸速度、距離、耗電量的特殊要求；或著眼於功能的擴充性；或符合某些單一應用的特別要求等。但是沒有一種技術可完美到足以滿足所有人的需求。

藍牙的運作原理是在 2.45 GHz 的頻道上傳輸，除資料外，亦可傳送聲音甚至是影像。每個藍牙技術連接裝置都具有根據 IEEE 802 標準所制定的 48-bit 地址；可以一對一、或一對多來連接，傳輸範圍最遠在 10 公尺。藍牙技術不但傳輸每秒鐘高達 1MB~2MB，同時可以設定加密保護，每分鐘變換頻率一千六百次，因而很難截收，也較不受電磁波干擾。

Wi-Fi 是一種無線通訊協定，正式名稱是 IEEE 802.11b，也是屬於短距離無線通訊技術。Wi-Fi 速率最高可達 11 Mbps。雖然在安全性方面略遜於藍牙技術，但在電波的覆蓋範圍方面卻略勝一籌，可達 100 公尺左右。

RFID 又可稱為電子標籤、無線射頻識別，是一種通訊技術，利用無線電訊號識別特定目標並可讀寫資料。因為標籤非常小且不需要電池，所以通常應用在產品追蹤和財務管理上。在行銷方面，RFID 晶片也可裝設在靜態展示品或海報，透過手機發送無線訊號至晶片，再回傳 URL、電話號碼、E-mail 或促銷代碼等訊息。

NFC 技術是由 Philips、諾基亞和 Sony 主推的一種類似於 RFID (非接觸式射頻識別) 的近距離無線通訊技術標準。它在單一晶片上結合感應式讀卡器、感應式卡片和點對點的功能。在數公分距離之間於 13.56 MHz 頻率範圍內運作。此技術目前已經在數個國際標準內進行標準化。

高寬頻 UWB (Ultra Wide Band) 是目前 IEEE 802.15.3a 正在制定的一種具有高傳輸速率、低耗電量和低成本的無線通訊技術，最適合需要高品質服務的無線通訊應用。此技術適用於個人無線區域網路 (WPAN)，並且被定位在短距離 (2~10 公尺) 與高速率 (53.3~480 Mbps) 的環境下使用。相較於 IEEE 802.11a WLAN (Max. 54 Mbps) 系統，其擁有高達 8 倍的傳輸速率。

延伸閱讀：虛實緊密結合的 SoLoMo

SoLoMo 是風險投資人約翰‧杜爾 (John Doerr) 在 2011 年 2 月提出的概念，即有效整合 Social、Local、Mobile，將資訊傳播更加地社會化、本地化、移動化 (如圖 6-3 所示)。

圖 6-4 顯示建立在 Social 平台基礎上，Local 和 Mobile 得以迅速發展，越來越多的消費者轉向行動網路，各個社交網站的手機用戶端應運而生。LBS 的簽到、生活服務、旅遊購物等應用結合 Social 和 Local，衍生出許多創新的 LBS 服務，實現線上到線下實體 (Online to Offline) 的即時互通，豐富與目標族群之間的互動溝通體驗，讓他們能更即時貼近品牌，也激發許多令人眼睛為

So Social 社會化　**Lo** Local 本地化　**Mo** Mobile 移動化

🔊 圖 6-3　SoLoMo 三大概念元素

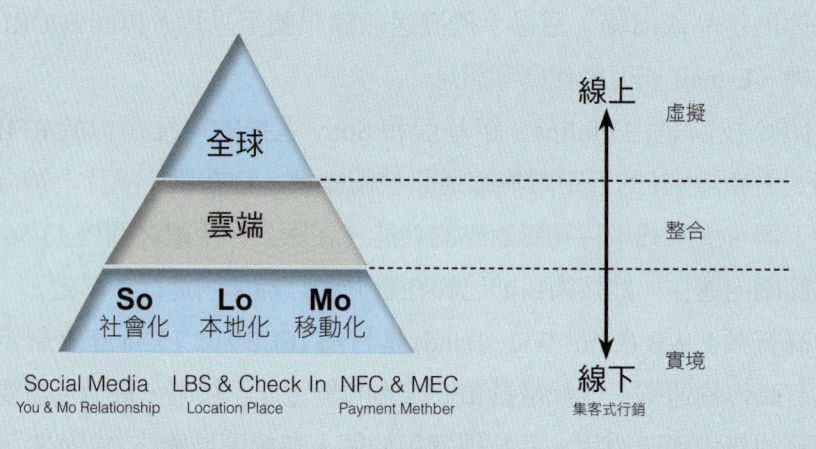

全球／雲端／So 社會化　Lo 本地化　Mo 移動化

Social Media　LBS & Check In　NFC & MEC
You & Mo Relationship　Location Place　Payment Methber

線上 虛擬／整合／線下 實境　集客式行銷

🔊 圖 6-4　SoLoMo 應用範圍

之一亮的行銷創意。

2010 年，日本電通在日本地區推出 iPhone APP「iButterfly」，消費者可透過 iPhone 上的照相鏡頭結合擴增實境技術 (Augmented Reality, AR) 在日本各城市「抓」蝴蝶，同時也能與朋友分享照片或蒐集成冊。但更重要的是，蝴蝶本身就是一張張的優惠券，可以在合作的商家處兌換抵用，不僅讓 Coupon 券更為活潑，使商家的宣傳更有趣，同時也能吸引更多人加入使用。

除了結合生活服務資訊，為消費者提供生活便利之外，SoLoMo 概念同樣也可以應用於品牌的行銷活動中。在傳播推廣品牌產品／理念的同時，也豐富消費者的互動體驗。MINI Getaway Stockholm 2010 活動便是應用此概念的一個經典案例。寶馬在斯德哥爾摩城市某處設置一台虛擬的 MINI 最新款車，消費者必須先下載並開啟 APP 應用程式，才能在地圖上找到「Virtual Mini」氣球。若靠近目標約 50 公尺便可點選氣球，隨即會出現「GETAWAY」畫面。當你以為已贏得一輛 Countryman 時，其他人也正虎視眈眈，只要靠近贏家 50 公尺就有機會搶下氣球，只有最後一個搶到並保留一週的人，才能免費獲得一輛真實

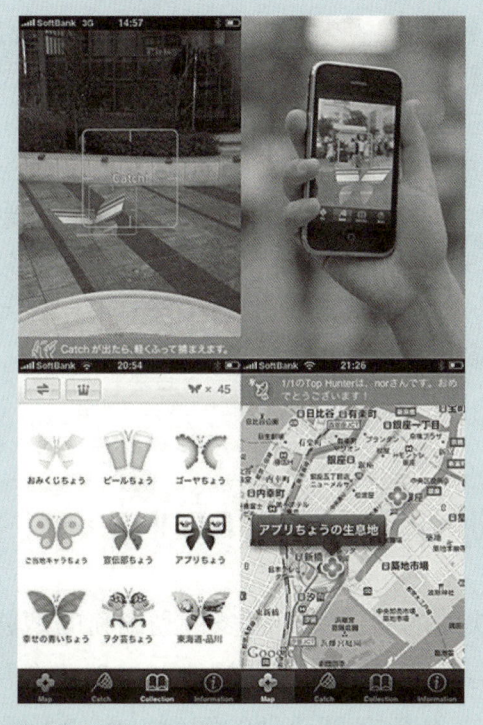

▶ 圖 6-5　智慧型手機擴增實境 APP 用於抓蝴蝶優惠券

的車。有趣的創意再加上玩家彼此競爭的刺激感，在短短 7 天的活動期間內，超過 11,000 人下載並參與此競賽。每位玩家平均參與 5 小時又 6 分鐘，透過 AR 技術展示虛擬車輛，讓玩家在遊戲中，直接吸收瞭解新車資訊。MINI 車款銷售量在 GETAWAY 活動結束後，季銷售成長 108%，創下瑞典車市新紀錄。

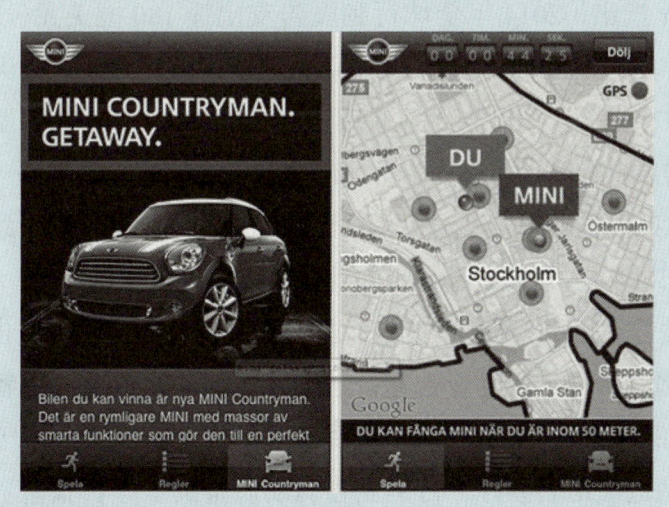

▶ 圖 6-6　MINI 汽車 SoLoMo 行銷活動

> 在亞太地區，各行各業的廣告主開始嘗試將 SoLoMo 應用到行銷活動中，為消費者帶來一種新模式的品牌互動體驗，進一步發揮並擴大社交廣告的價值。2011 年 6 月，每日 C 藉著更換新名稱、新包裝、新代言人，「金桔檸檬」新口味上市的契機，透過「人人報到」和「新浪微領地」兩大 Social + LBS 服務，在全中國 16 個城市展開的「鮮享新味報到贏贈飲」活動。消費者在社交網站分享，配合手機端的主動告知吸引簽到，讓此一贈飲活動，在短短 12 天內，超過 12 萬用戶分享此一贈飲優惠，累積超過 10,000 次的手機簽到，且 90% 以上有成功到線下換領贈飲。
>
> 資料來源：摘錄自數位行銷論壇。

6.2　行動商務的應用與創新

在行動科技快速的發展下，許多行動商務的型態已日新月異，傳統圍繞在企業本身的商務活動逐漸轉變為以消費者為主角，並脫離必須連上網際網路來進行交易活動的限制。例如：屬於無線射頻識別 (Radio Frequency Identification, RFID)、近距離無線通訊技術 (Near Field Communication, NFC) 等，已為行動商務領域帶來許多創新的應用。

6.2.1　行動廣告

Gartner 指出，2014 年全球行動廣告支出達 180 億美元，較 2013 年的 131 億美元大幅增加，預計 2017 年將進一步成長至 419 億美元。且絕大多數營收來自顯示型廣告，逐漸轉移至行動網站，而平板電腦則能帶動影片型廣告成長幅度。行動廣告最大的成長動力來自北美地區，主要因為該地區龐大的廣告預算，及一股轉移至行動廣告的風潮帶動所致。其次，亞太地區和日本是行動廣告最成熟的區域。

行動廣告 (Mobile Ads) 泛指以行動裝置為媒介所發送的廣告訊息。相較於傳統網路廣告，行動廣告結合適地性服務，能根據使用者行為所產生的數據加以分析，更精準地向使用者投放合適的廣告內容，因而比其他媒體更貼近使用者喜好。行動廣告有助於推動「虛實整合」(Online to Offline, Offline to Online, O2O) 的消費模式。行動數據公司 Vpon 為知名

飲料品牌製作的行動廣告，讓使用者透過通訊軟體互動得到餐廳優惠券，並於實體店面消費時使用，即是行動廣告結合 O2O 的成功銷售案例。此外，行動廣告的類型朝向 In-APP、Mobile-Web，以及更多互動型態的廣告發展，如 Vpon 配合某報社宣傳世界盃線上專欄所製作的廣告，結合擴增實境 (Augmented Reality, AR) 的應用，讓使用者體驗當守門員擋球的樂趣，帶動消費者與廣告的互動體驗，有效提升廣告效果。

6.2.2　行動網站

　　2013 年 6 月，Google 在 SMX Advanced 大會宣佈行動網站 (Mobile Web) 的績效表現會影響到行動裝置上的 Google 搜尋排名結果，顯示行動網站逐漸受到重視。如何讓使用者在行動瀏覽時獲得更好的使用經驗，必須針對行動裝置的特性，設計更友善的行動網站介面，包含將頁面大小控制到最小、排版簡潔、建立網頁在跨平台裝置瀏覽的兼容性、以快速簡單的方式提供使用者資訊、建立與傳統網頁間的自動轉換機制。

　　此外，制定「定位→規劃→執行」三大步驟的行動網策略，才能有效追蹤行動網站的成效。企業必須從目標客群的角度思考，目標客群如何使用各種通路 (包含使用目的、時間、情境)，以及行動裝置與使用者在各通路中的接觸點，規劃行動網站的內容。

> **延伸閱讀** 日本知名人力資源公司的「電腦 / 手機網站通路串連策略」
>
> 1. 使用電腦與手機的目的及時間不同，閱讀方式也會不同
>   使用者一般在家裡或學校 (較少在工作場合) 會使用電腦長時間搜尋職缺，並仔細閱讀各職缺的內容；通勤時會使用手機，在短時間內快速瀏覽職缺，並將有興趣的資訊先存入我的最愛，回家後再詳細閱讀。
> 2. 手機中的內容及功能應該更精簡，減少閱讀負擔
>   如圖 6-7 所示，使用者對同一網站，在不同裝置上有不同需求。因此，電腦及手機網站內容需要有不同設計。

	電腦	手機
使用者行為	指定詳細的搜尋條件，精確地搜尋徵才資訊	指定基本的搜尋條件，瀏覽大量的徵才資訊
網站的必備條件	進階搜尋功能可以精確地符合使用者需求	只需要基本搜尋功能，重點是減少瀏覽上的負擔

圖 6-7　不同螢幕尺寸與不同的搜尋需求

3. 手機與電腦需進行通路串連

由於使用者使用電腦和手機的時點不同，因此，透過會員登入機制及同步電腦與手機網站中我的最愛功能，讓使用者可以同時在電腦和手機網站確認，已加入我的最愛的職缺資訊，達到連貫的使用經驗，提高寄出履歷的機會。

資料來源：摘錄自《數位時代》，2014 年 5 月。

6.2.3　行動 APP

行動軟體數據分析公司 APP Annie 指出，在 2013 年至 2014 年，年營收成長 2.4 倍，主要的營收來源為「Freemium」(營收比率 98%)(免費使用基本服務，付費使用加值服務) 的應用程式收費模式以及遊戲內容，下載數量年成長率亦達 50%。隨著智慧行動裝置的增加，Google Play 的下載量與營收的成長帶給軟體開發商更為廣闊的機會。尤其是得利於遊戲類應用程式的成長，Google Play 的營收成長速度更是應用程式下載量成長速度最高的動力 (90%)，通訊和社交類應用程式的營收則是實現高速成長的另兩個類別。按地區來看，美國的 Google Play 應用程式下載量位居首位，其次是巴西、俄羅斯、韓國和印度。但是日本的營收卻是最高，其次才是美國、韓國、德國和英國。

近年來，在亞洲地區爆紅的 LINE 提供一個全新的人際互動方式，讓使用者能更精準地傳達自己的心情。這樣的營收狀況意味著時下人們已越來越仰賴行動通訊，且願意花錢讓人與人之間溝通的體驗更豐富、更多采多姿。根據 LINE 2013 年 7 月前對外公佈的第一季財報來看，LINE 在全球營收為 58 億日圓，約相當於新台幣 17 億元；而其中光是來自貼圖的營

收就有約 17.5 億日圓，相當於新台幣 5.25 億元，貼圖收入就占 LINE 總營收的三成。

延伸閱讀：行動健康商機浮現

「健康」是穿戴科技熱潮的第一波殺手級應用，不論是蘋果的 HealthKit 或是 Google 的 Google Fit，直接回應了「量化己身」(Quantified Self) 與健康管理的 APP 熱潮，築起數據交流與服務串接的行動平台。

根據 Research2Guidance 調查指出，與健康相關的 APP 數量近兩年內翻倍成長，約有 36% 的 APP 業者在這段期間進入健康與醫療市場。進一步問及為何想切入這個市場，有近半的業者認為，實現獲利是重要動機，顯見相關市場的潛在商機極具吸引力。

從目前的 APP 產業概況來看，不論是全球或台灣，健身類型的應用數量最多，符合現代人對運動與身形維持的重視，各大裝置業者也紛紛以此為行銷訴求，強調運用數位工具達到最佳化健身效果。此外，醫療服務也是 APP 市場相當熱門的切入選項，配合完善的法規與更多樣化的智慧裝置，這些服務將成為行動健康市場的營收主力。

單位：億美元

年	2013	2014	2015	2016(預估)	2017(預估)
營收	24.53	40.00	63.53	135.87	265.60

圖 6-8　全球行動健康 APP 未來市場營收預估

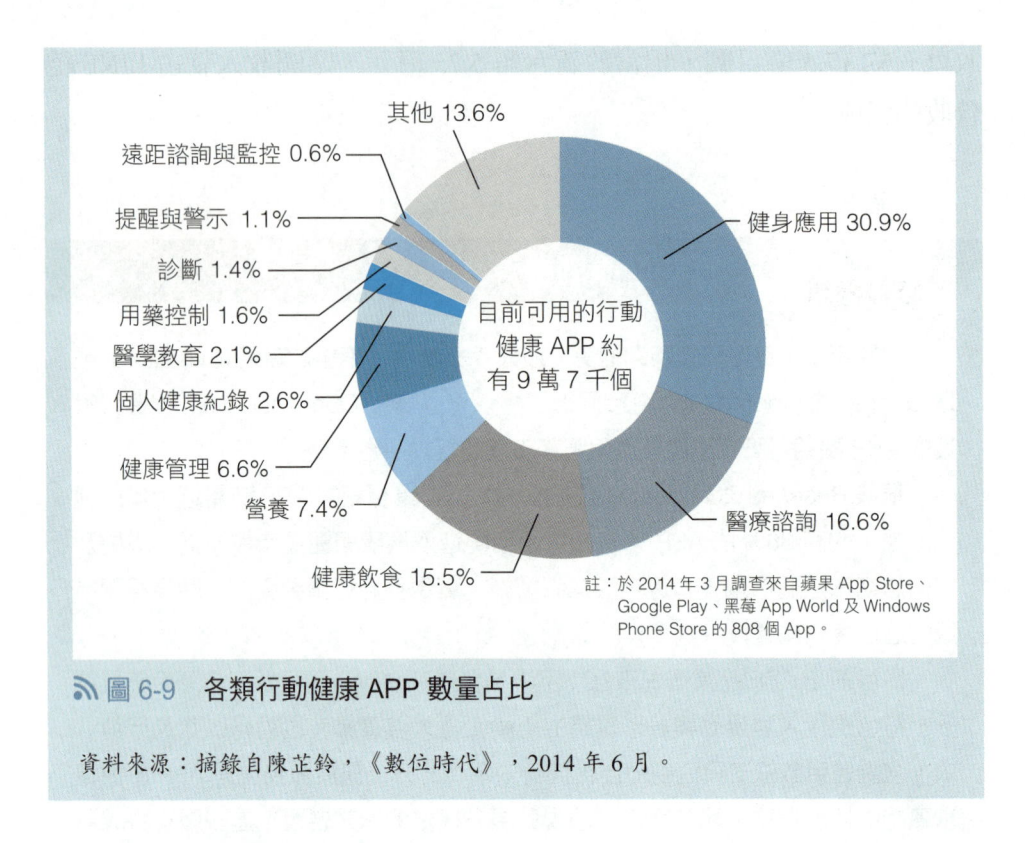

```
其他 13.6%
遠距諮詢與監控 0.6%
提醒與警示 1.1%
診斷 1.4%
用藥控制 1.6%
醫學教育 2.1%
個人健康紀錄 2.6%
健康管理 6.6%
營養 7.4%
健康飲食 15.5%
醫療諮詢 16.6%
健身應用 30.9%

目前可用的行動健康 APP 約有 9 萬 7 千個

註：於 2014 年 3 月調查來自蘋果 App Store、Google Play、黑莓 App World 及 Windows Phone Store 的 808 個 App。
```

圖 6-9　各類行動健康 APP 數量占比

資料來源：摘錄自陳芷鈴，《數位時代》，2014 年 6 月。

6.2.4　快速回應矩陣碼

快速回應矩陣碼 (QR Code) 屬於二維條碼的一種，於 1994 年由日本 DENSO WAVE 公司發明。QR Code 比普通條碼可以儲存更多資料，也不用像普通條碼般在掃描時需要直線對準掃描器，其應用範圍已經擴展到包括產品追蹤、物品識別、檔案管理、行銷等方面。QR Code 具有隨時攜帶取用的特性，不受空間及時間上的使用限制，將資料儲存於行動載具中，或透過網址連結的型態提供更豐富的資訊內容，能有效降低傳統手寫記載的錯誤，提高資訊延展性。

台灣中華電信是最早應用 QR Code 作為介面的電信公司之一。emome 636 影城通服務，即是利用手機直接訂購電影票，並以 MMS 簡訊傳送附有 QR Code 的訂位紀錄給訂購者。訂票人只需在開場前至櫃檯出示手機中的 QR Code，即可確認訂位紀錄，因此又稱作「行動條碼」。另外，台灣農委會推廣生產履歷的機制，讓民眾可藉由生鮮產品上面所附有的 QR Code E 標誌，透過手機內建 QR Code 解碼功能，便能看到生鮮產

品的生產資訊。台灣高鐵在 2010 年 2 月推出的高鐵超商取票服務，也是 QR Code 的相關應用。乘客可於付款完成後，取得在票面上印有 QR Code 的高鐵車票，在搭乘高鐵列車時可直接持該車票，將印有 QR Code 的一面，朝下對準高鐵各車站驗票閘門的條碼掃描區，利用感應方式即可通過閘門。

延伸閱讀：防範駭客攻擊，保障個資安全

台北捷運忠孝復興站往 SOGO 的連通道，有個很吸引人的沖繩旅遊大型廣告，上面印著 QR Code 吸引手機族注目，拿起 Google Android 手機掃描，竟然連往俄羅斯色情網站，並且下載可疑的 browser_update.apk 程式？！

台灣首見 QR Code 駭客攻擊案例，並且抓準民眾相信實體廣告的 QR Code，不會有所遲疑，掃描後直接開啟。無獨有偶，中國也陸續傳出有駭客鼓吹網友掃描二維條碼可享網購優惠。使用者在沒有留意的狀況下，安裝了木馬的 apk，甚至還掃描 QR Code，被盜走手機銀行帳戶存款的案例。

掃描該 QR Code 後，一開始連接到正常的旅遊活動網址，接著 Android 手機瀏覽器被轉址到其他網站，同時又驅動疑似下載 APP 的行為。手機用戶開瀏覽器時，看到 browser 字眼還以為是正常網址，接著網頁就被轉到俄羅斯一個色情網站首頁。若改用 iPhone 掃描，則會引導到一個俄羅斯語系的網頁，輸入手機號碼後，就可以下載 ipa 檔 (iPhone APP 檔案)。改用桌上型電腦連接該旅遊網址時，竟顯示正常旅遊活動內容。

駭客抓住消費者心理，依照不同瀏覽器的 User Agent 來做不同引導網址的行為。當消費者掃描一個 QR Code 後，進行下載 APP，是一個常見的使用情境。因此從駭掉 QR Code 網站，引導下載 APP，不知情使用者將輕易上當。其次，駭客抓住網站管理員的維護習慣，只針對手機用戶來做攻擊，而讓網站管理人員不易發現。如此網站管理人員即使每天用桌面電腦檢視網頁，也不易發現此問題。從此次攻擊發現，駭客在技術上可以做到把銀行、網購、航空公司或各類 QR Code 轉址到假 APP 下載。如果手法更為強烈，是可以搭配 APP 市集，並不一定需審核可上架，導致使用者基於相信企業官方 QR Code，而導致在合法的 APP 市集，下載假 APP，乃至輸入真實的個資帳密的危害事件發生。

資料來源：摘錄自張朝駿、魏孝丞，《數位時代》，2014 年 3 月。

6.2.5 行動支付

根據 MasterCard 全球行動支付成熟度指數調查，全球**行動支付** (Mobile Payment) 交易量預計在 2017 年將達到 7,210 億美元 (如圖 6-10 所示)，台灣在行動商務市場名列全球第 11 名 (36.1%)，有 48% 消費者擁有可支付卡類產品，每 12 人中有 1 人使用行動裝置線上購物。在整體經濟、科技與社會環境皆萬事俱備下，行動支付必須結合民眾消費習性，讓使用者與商家能充分信賴，是推動行動支付的重要關鍵。

行動支付具有極大便利性，目前行動支付的類型可分為藉由近距離無線通訊 NFC 技術，使手機成為電子錢包及提供專屬的行動支付平台。NFC 技術是行動支付普及發展的關鍵，NFC 晶片讓手機可涵蓋信用卡、悠遊卡等電子票證，只要透過 NFC 晶片即可感應扣款。過去行動裝置必須內建**安全元件** (Secure Element)，才能使用 NFC 技術實現行動支付應用。2014 年 Visa 代碼服務技術 (Token)，結合 **HCE** (Host Card Emulation) 將信用卡及金融卡資訊存在雲端的概念，透過一串虛擬數位帳號，或一個可以被安全儲存於行動裝置內的代碼，取代傳統塑膠卡片上的支付帳號

全球行動支付交易量 5 年內成長 3 倍

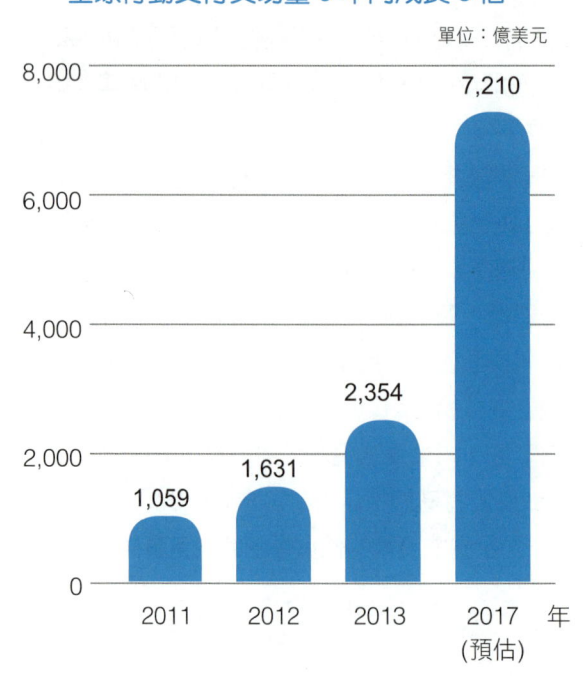

單位：億美元

年度	交易量
2011	1,059
2012	1,631
2013	2,354
2017 (預估)	7,210

圖 6-10　行動支付市場

資訊，透過無線網路在裝置間傳輸加密編碼，避免駭客攔截與詐騙。Visa Token 以國際標準組織 (ISO) 為基礎，可設定個別商家、單一行動裝置，或不同購物類型的自訂模式進行參數動態產生，兼具創新運用與安全性，讓消費者付款時個人資料不會外洩。即使發生手機失竊也可立即補發代碼，消費者不需取消帳號或申請卡片補發，兼具便利與成本效益。

台灣行動支付公司建構「金流信任服務管理平台」(Payment Service) 與澳洲推出「Visa Checkout 服務」，以「簡單、安全、數位錢包」的概念，採用業界標準加密和多層驗證，保護消費者個人資料，跳脫過去強迫使用者前往其他網站，或離開交易流程的方式，直接內建於電子商務網站中，適合各式可上網裝置，讓網路購物付款更加便利與快速。

6.2.6 智慧家庭

近年來，家電產品導入互聯網概念，由數位家庭走向智慧家庭 (如圖 6-11 所示)，讓使用者不需要繁瑣設定，就能透過行動裝置與 APP 控制，或串聯所有與家庭生活、娛樂及安全息息相關的物品，甚至直接把 APP 變成平台或入口，成為人類生活、娛樂與安全的監控中心。根據市調機構 IDC 數據，智慧家庭市場的年複合成長率在未來七年將達到 17.74%，市場規模預計於 2020 年達 517.7 億美元。由三星電子打造的 SMART HOME 體驗屋中，使用者可以透過手機感應數位門鎖進出房門，還可以在遠端透過行動裝置，藉由數位門鎖跟 IP 攝影機監控出入口，還可透過手機、平板或手錶來開啟家中的電燈、電視、冷氣、冰箱、音響、掃地機器人、洗衣機、洗碗機、烤箱等家用電器，監控所有電器所消耗的電量，進一步幫助減少開支。SMART HOME 的 APP 同樣可以透過「Home Chat」啟用家中電器。此外，結合衛星定位的方式連接位置感應服務，家中的設備透過位置識別技術變成可以自動開啟家中的電器。當屋主快到家時，位置感應服務就會啟動居家模式，進行地板清掃，自動開啟空調跟音樂。

新型態的智慧家庭強調彼此連結、數據分析與雲端整合。台灣網通大廠友訊、合勤、正文、中磊與明泰，皆看好智慧家庭概念的興起，紛紛推出以 4G 行動通訊為主的路由器與閘道器。整合家中所有連網裝置，無縫

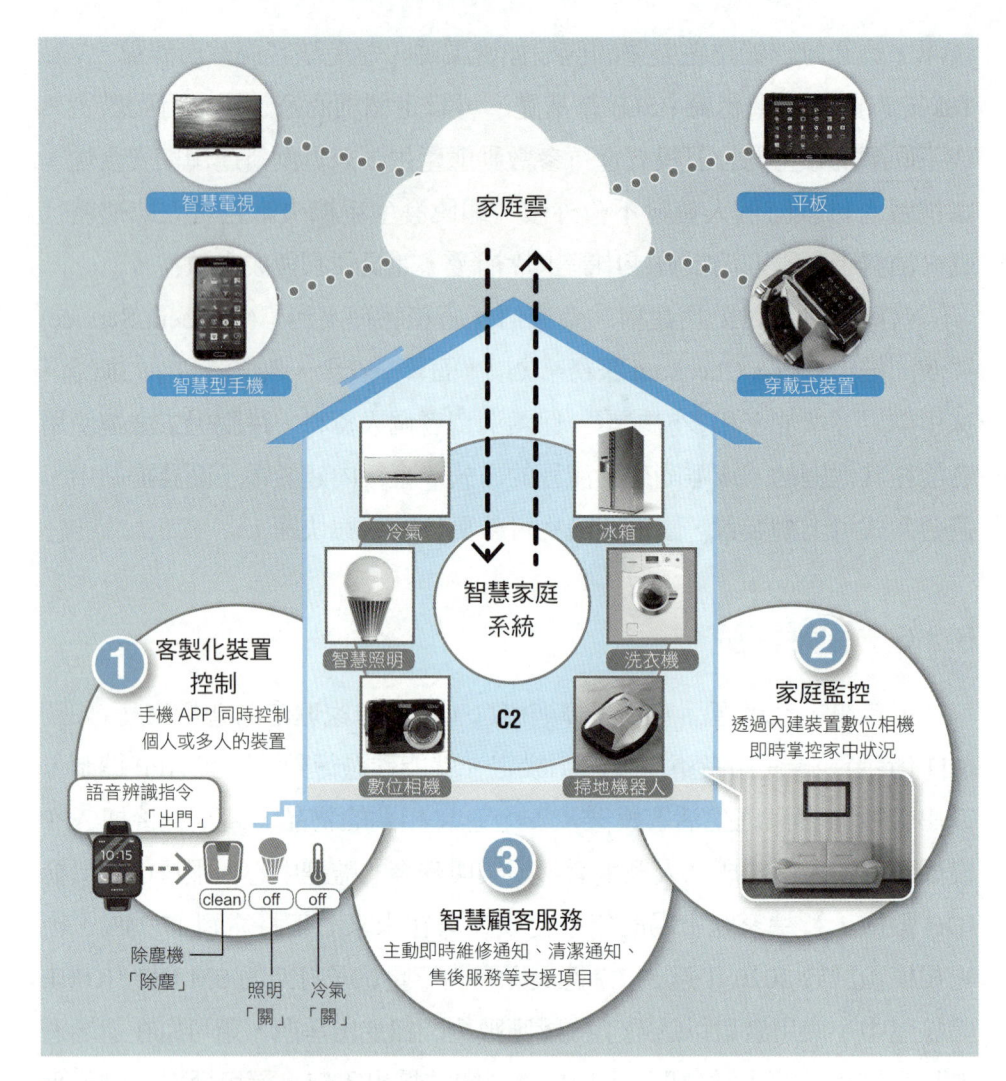

▶ 圖 6-11　三星智慧家庭示意圖

串聯和設定家庭網路通訊、影音娛樂、安全監控、網路儲存、自動控制等設備與雲端平台是最主要的訴求。在家庭安全方面，國內的保全業者也推出相關的行動智慧服務，如中興保全的「MyCASA 智慧宅管」與新光保全的「iHome」皆強調，把原有的保全服務融入雲端整合的概念，讓屋主隨時掌握家中情況。

> **延伸閱讀**
>
> ### 新光保全營造家庭情境群組
>
> 　　在網際網路時代，居家管理可以更智慧。新光保全研發第二代「iHome 智慧居家管理系統」，透過 10.1 吋觸控螢幕，整合影像對講、保全監控、數位留言、情境控制、家電管理等功能，用 Wi-Fi 來串聯螢幕、家電及手機 APP。即使住戶出門在外，也能透過手機遙控居家設備。
>
> 　　新光保全技術研發中心協理鄭澤芳表示，觸控螢幕和智慧型手機的普及，讓居家管理系統的功能更加多元。像是過去常見的影像對講，用戶可看到門外訪客影像，新系統則新增轉接功能，用戶出門在外也能透過新光保全開發的手機 APP 看到對講機影像，防止小偷行竊。在數位留言方面，不僅大樓管理員可直接留言給全體住戶，加快訊息傳遞，家庭成員也能留話在系統中，取代傳統紙本留言。
>
> 　　情境控制則是目前市場的主流趨勢。鄭澤芳表示，住戶可先將需要控制的家電設備群組化，「比如要看 DVD，就要把燈關掉、窗簾拉起來、電視打開。」設定完成後就能一次操控所有設備。若搭配 APP，用戶就能遠端遙控冷氣、燈光、窗簾等設備，「夏天可在回家前先把冷氣打開，或是晚上不在家，也能遙控開燈防小偷。」若住戶家中有安裝攝影機，透過手機也能遠端連線看到家裡影像。
>
> 　　由於設備都需要聯網操作，因此 iHome 以新建案採用居多，由建商直接買斷，再搭配新光保全的付費保全服務，一般個體住戶則以租賃設備為主。目前一代 iHome 約有兩千戶採用，二代在 2014 年 7 月推出。
>
> 資料來源：摘錄自陳怡如，《數位時代》，2014 年 6 月。

本章摘要

　　本章針對當前行動市場概況，逐步介紹行動商務相關的技術、服務與應用。包含適地性服務 (LBS)、適地性服務 (LBS) 相關應用、行動廣告、行動網站、行動 APP、快速回應矩陣碼 (QR Code)、行動支付與智慧家庭等內容。

問題與討論

1. 試簡述行動商務的定義與特性。
2. 試舉一適地性服務 (LBS) 應用案例。
3. 試舉一行動商務應用與創新案例。
4. 試討論行動支付對我國金融產業的影響。

案例 6-1
電視購物業者搶進電子商務

根據美國尼爾森 (Nielsen) 調查報告顯示，所謂「零電視家庭」是指不再收看付費的有線電視、衛星電視，甚至連接收免費電視訊號的天線都不用的家庭。這群人不看電視反而打開電腦、手機收看電視節目。2012 年，台灣有 81.4% 的家庭裝設有線電視，雖然無法得知相同定義的零電視家庭在台灣有多少人，但尼爾森去年調查消費者使用網路與手機的用途，結果顯示「使用網路看電視 / 電影」與「使用手機看電視 / 電影」的比例分別為 20.5% 與 7.0%。國家傳播通訊委員會 (NCC) 公佈的數據也顯示，收看第四台的人口逐漸減少，收視率也逐漸下滑 (從 2012 年的 504 萬戶，到 2014 年第二季降為 498 萬戶)。2010 年，台灣電視購物市場約新台幣 400 億元的規模，至 2013 年下滑到 300 億元，可見電視購物業者正面臨轉型的挑戰。

過去商品與供應商資源充足，物流與金流也有穩定基礎，同時擁有忠誠客戶，對各大電視業者建置數位化通路的轉型過程保有一定的優勢。2004 年，東森創下一年新台幣 280 億元的營收紀錄，從 3 個購物頻道擴張成 5 個，而後面臨事業重創，重新以森森購物和東森得意購兩大品牌發展。近期森森購物與工研院合作，運用聲紋辨識技術，推出手機購物 APP「樂購森活」。消費者可以一邊使用手機 APP 一邊收看電視，只要看到有興趣的商品，就可以拿起手機開啟 APP，透過聲音搜尋商品，立即連結到正在播出的商品頁面快速聯網下單，達到雙螢的互動體驗。

富邦集團轉投資 momo 購物台，2013 年的行動商務業績占營業額的 11.5%，超過台灣與中國的平均值，其網路購物與手機購物成為其營收成長的重要契機。momo 購物網會員的消費分析顯示，在 2013 年 4 月僅有 2% 的消費者透過手機進行購物，但是 2014 年 3 月，透過手機購物的 momo 購物網會員已增加至 14%，是 2013 年同期的七倍。為持續擴大營收，並進行市場佈局，momo

▶ 圖 6-12　momo 購物網手機 APP 頁面

購物網 APP 於 2014 年 5 月上線。momo 購物網 APP 主打「揪團」以及「整點搶購」功能。「揪團」提供每個消費者可針對商品、自主發起團購，只要達到指定人數，就可享有破盤價。而「整點搶購」則是提供消費者搶購熱門商品的機會，提供消費者能買得快、也買得夠便宜的服務。為加強電子商務營運，富邦也預計建置高自動化倉儲，補強後勤系統。

除此之外，momo 購物網也集結品牌商，建構「momo 摩天商城」的內容。提供品牌商具品牌風格的客製化頁面、可自訂價格，以及行銷活動的權利，輔以 momo 購物網的會員與網站流量，可滿足品牌商如同建造實體店面一般的自由度，打造最具特色的網路專屬商店。

資料來源：改編自張嘉伶，《數位時代》，2014 年 6 月。

討論

1. 試簡述電視購物業者面臨轉型的原因。
2. 試分析電視購物業者轉型過程中的優劣勢，以及可能面臨的問題。
3. 試討論電視購物業者如何提高行動消費比率。

案例 6-2
永慶進化房仲科技 3.0，打造全通路智慧服務

「不能太近、也不能太遠，這就是照顧的真諦。」在秋日的午後，永慶房屋經紀人小張坐在電腦前，仔細回想他對沈媽媽一家人購屋需求的對談和觀察。房子雖然是沈媽媽要住的，但沈媽媽更擔心孫女怕黑、要求採光明亮；女兒則希望媽媽的家，是走路可到達的距離；而遠在美國的兒子，因為媽媽膝蓋退化，強調要有無障礙設施……

2014 年 9 月永慶房屋廣告播出後受到廣大迴響，廣告中首次出現「永慶房仲科技 3.0 ── 在店、在線、在行動」標語，象徵台灣房仲業全通路智慧服務時代的來臨。隨著 2000 年網路的發展與普及，永慶掀起房仲業第一波科技革命。初期永慶率先打造永慶房仲網，推出影音宅速配、公開成交行情資料等，教育消費者「買屋前先上網看屋」的概念，促成資訊公開、透明的房仲科技 1.0 時代，徹底改變房仲服務模式。

隨著行動工具與無線網路環境發展，房仲科技 2.0 引進各種行動載具，作為經紀人服務客戶的輔助工具，讓服務更及時、便利提供物件資料給消費者，提升服務效率。導入行動服務後，永慶發現如何從上萬筆物件中，精準找到符合客戶需求的房子，不只需要經紀人的專業探索和細膩觀察，更需要智慧系統的協助。於是永慶整合三大重要元素：全通路服務、i 智慧經紀人的人工智慧，以及雲端系統，從虛擬到實體全面串聯，推出雲端智慧分析系統。消費者可以透過門市、網站、智慧型手機或平板電腦等載具查詢物件、接收和互動，並記錄其搜尋軌跡。當中「永慶買屋快搜 APP」便具備物件搜尋功能，同步整理物

圖 6-13　永慶房仲科技 3.0 關鍵要素

件周遭生活機能所在位置，包含金融機構、休閒公園、醫療院所、學校等資料，另外，提供近三個月永慶與政府成交行情作為參考依據，更能主動推播符合條件的新進物件、收藏物件的降價通知。

　　房仲科技 3.0 改善過去物件搜尋數量過多，不夠精準的缺點，從聆聽客戶的對話、客戶與家人的互動、客戶詢問問題與客戶需求條件，挖掘客戶最深層的需求。雲端系統的科技智慧仰賴累積 20 多年的龐大資料庫與精準比對，針對經紀人藉由探索互動得以瞭解購屋者需求，以及購屋者自行查詢紀錄，進行比對分析。預計幫助客戶省下 20% 看屋時間，增加 20% 物件帶看與服務時間。

資料來源：改編自《數位時代》，2014 年 6 月。

討論
1. 房仲業在導入行動服務後遇到什麼問題？
2. 試討論行動商務與雲端結合對房仲業者與購屋者雙方的影響。

參考文獻

1. 數位時代，第 241 期，2014 年 6 月。
2. 數位時代，第 244 期，2014 年 9 月。
3. 數位時代，第 245 期，2014 年 10 月。
4. 梁定澎總編、王紹蓉等著 (2014)，電子商務：數位時代商機。台北：前程文化，初版。
5. Schiller, J., & Voisard, A. (2004). *Location-Based Services*. Elsevier.
6. Tarasewich, P., Nickerson, R. C., & Warkentin, M. (2002). Issues in mobile e-commerce. *Communications of the association for information systems*, 8(1), pp. 41-64.

電子商務

7 數位內容

你我的數位生活

一如往常,早上 7 點迪士尼動畫《冰雪奇緣》的配樂鬧鈴聲在耳邊響起,佳綺梳洗後開始一天的 OL 生活。在前往公司的捷運上,佳綺用智慧型手機聽著網路音樂,一邊瀏覽臉書今日最新動態,一邊想著待會去吃公司附近的美味早餐。走進早餐店,大型數位看板輪播著最新商品與優惠活動,佳綺點了最愛的蛋餅,找了靠窗位置拿出平板,閱讀今天開會準備的資料。午餐時刻,同事們熱烈地討論連續劇最新劇情,佳綺為了昨晚的加班懊惱無法加入話題,幸好家中有互動電視讓她不需傻等電視重播,可以直接使用隨選功能補進度。經過一整天的忙碌,佳綺回到家,接到媽媽用 LINE 打來的網路電話,電話另一頭媽媽開心地聊到自己透過網路社群聯絡上小學同學,相約下個月舉辦同學會。同時,室友則在客廳玩著《英雄聯盟》,吆喝佳綺趕快加入戰局,不時用麥克風與公會隊友聊天……

搭車時,你會發現乘客低頭猛滑手機,連博愛座上的老伯都成了 Candy Crush 的遊戲高手;走進便利商店,遊戲產品比日報攤還大,位置比冰品區顯眼;與別人聊天,話題總圍繞在網路社群、網路遊戲、網路新聞;掃街拜票已落伍,社群科技戰與圖文並茂的市政白皮書為政治影響力發揮極大作用……舉凡食衣住行、教育、醫療、政治、娛樂,數位內容已悄然融入你我生活之中。

行政院在 2002 年提出《挑戰 2008：國家重點發展計畫》方案，將「數位內容產業」列入「新世紀兩兆雙星產業發展計畫」之一，並與政府有關單位配合成立相關部門與方案，包含由行政院成立的「數位內容產業推動辦公室」，作為產業推動與輔導單一窗口，推動「加強數位內容產業發展推動方案」，以及經濟部工業局委辦的「網路多媒體產業發展推動計畫」。

7.1 數位內容

7.1.1 數位內容的定義

依工業局所訂之數位內容產業定義，數位內容 (Digital Content) 即指將圖像、字元、影像、語音等數位素材加以數位化，並整合運用之技術、產品或服務。透過資訊科技的轉換，與相關軟體與硬體配合，數位素材經過整合組織方能轉換成有意義的數位內容，包括電腦動畫、遊戲軟體、影音內容、學習內容、行動內容等數位內容產品。

7.1.2 數位內容產業

數位內容產業 (Digital Content Industry) 是指，運用資訊科技來製作數位化產品或服務的產業，可區分為下列領域：包括數位遊戲、電腦動畫、數位學習、數位影音應用、行動應用服務、網路服務、內容軟體、數位出版典藏，以及數位藝術，大部分多屬創意產業或文化創意產業的範疇，圖 7-1 清楚呈現整個數位內容產業的結構。

1. 數位遊戲：將遊戲內容運用資訊科技加以開發或整合之產品或服務，提供聲光娛樂給予一般消費大眾。包含家用遊戲軟體 (Console Game)、個人電腦遊戲軟體 (PC Game)、掌上型遊戲軟體 (Handheld Game Console)，或大型多人線上角色扮演遊戲軟體 (MMORPG)，如表 7-1 所示。
2. 電腦動畫：以運用電腦產生製作的連續影像，廣泛應用於娛樂或其他工商業用途。包含電腦動畫 (2D／3D 動畫)、網路動畫 (Flash 動畫)、

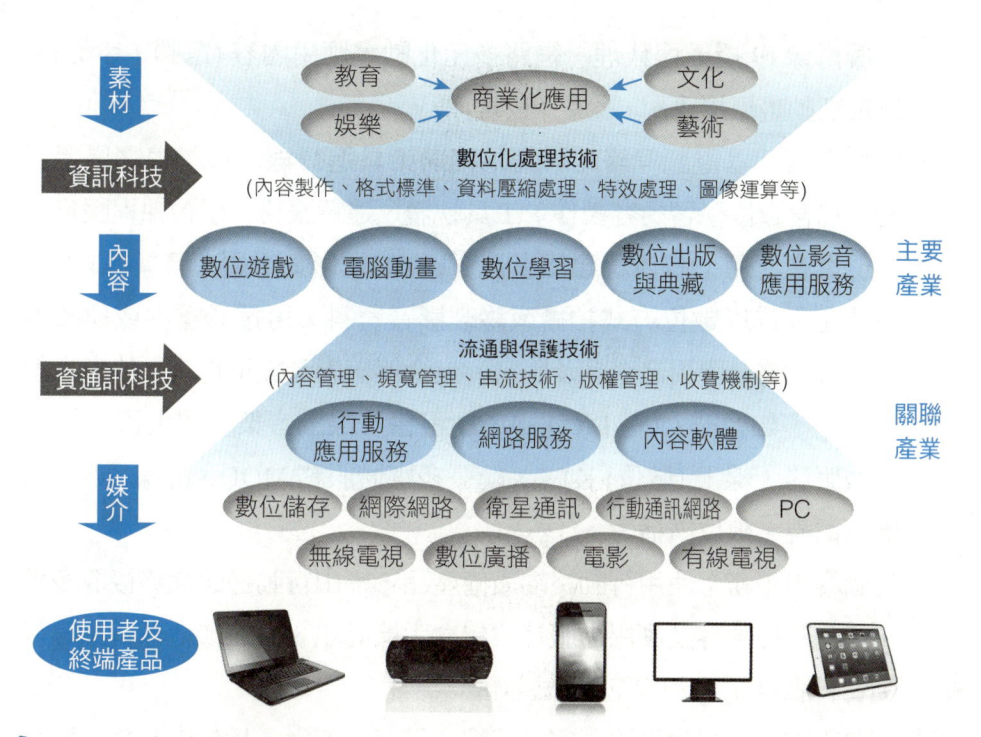

圖 7-1 數位內容產業結構

素材 → 教育、娛樂、商業化應用、文化、藝術

資訊科技 → 數位化處理技術（內容製作、格式標準、資料壓縮處理、特效處理、圖像運算等）

內容：數位遊戲、電腦動畫、數位學習、數位出版與典藏、數位影音應用服務（主要產業）

資通訊科技 → 流通與保護技術（內容管理、頻寬管理、串流技術、版權管理、收費機制等）

行動應用服務、網路服務、內容軟體（關聯產業）

媒介：數位儲存、網際網路、衛星通訊、行動通訊網路、PC、無線電視、數位廣播、電影、有線電視

使用者及終端產品

表 7-1 數位遊戲產業分類

分類	內容	代表廠商
家用遊戲軟體	家用遊戲平台單機與線上遊戲軟體 (PS2、Xbox)	大宇資訊、智冠科技、遊戲橘子、昱泉國際、松崗科技、宇峻科技、第三波資訊、唯晶科技、樂陞科技、奧汀國際、光譜資訊等
個人電腦遊戲軟體	個人電腦平台單機與線上遊戲軟體	智冠科技、遊戲橘子、中華網龍、大宇資訊、第三波資訊、昱泉國際、玩酷科技等
線上遊戲	透過網際網路進行互動娛樂之遊戲，包含客戶端下在MMOG及網頁遊戲、SNS社群遊戲等	中華網龍、傳奇網路、思維工坊、雷爵網絡等
行動遊戲軟體	個人行動終端裝置上的遊戲軟體，包含功能型手機、智慧型手機、平板電腦或掌上型遊戲機軟體	大宇資訊、橙訊科技、東遊玩子(前台灣易吉網)、樂陞科技、昱泉國際、唯晶科技、猴子靈藥、雷亞遊戲、極致行動、聖騎科技等

資料來源：2003 數位內容產業白皮書。

虛擬肖像 IP 授權與代理、網路多元化動畫應用內容 (電腦、手機)、行業別動畫模擬應用 (醫療、教育) 等。

3. 數位學習：以電腦等終端設備為輔助工具進行線上或離線之學習活動，包含數位學習內容製作、工具軟體、建置服務、學習課程服務。

4. 數位影音應用：將傳統類比影音資料 (如電影、電視、音樂等) 加以數位化，或以數位方式拍攝或錄製影音資料，再透過離線或連線方式，傳送整合應用之產品及服務。包含傳統影音數位化或數位影音創新應用，如音樂 CD、DVD、VCD 租售、線上音樂、線上影片播放下載服務、線上 (數位) KTV、隨選多媒體服務 MOD、(有線與無線) 數位電視、數位廣播等。

5. 行動應用服務：使用行動終端設備產品，經由行動通訊網路接取多樣化行動數據內容及應用之服務，包含手機簡訊、導航或地理資訊等行動資料服務。

6. 網路服務：以提供網路內容、連線、儲存、傳送、播放之服務，舉凡網路內容 (ICP)、應用服務 (ASP)、連線服務 (ISP)、網路儲存 (IDC)、內容傳遞網路 (CDN) 皆是。其服務範圍包含：

   (1) 內容服務：開發及經營網站內容、知識資料庫、網路商務及相關應用加值服務等業務。

   (2) 應用服務：提供網路應用系統整合、軟硬體設備整合服務及相關加值服務，如企業電子化應用、行業別專業應用軟體服務、電子資料庫服務等。

   (3) 平台服務：提供入口、付款機制、認證機制、目錄服務、平台機制、PKI、資訊安全、IDC (主機 / 網站代管、專屬主機、系統 / 網路管理、異地備援、資料管理、內容傳遞等) 等服務。

   (4) 通訊 / 網路加值服務：提供 VoIP、E-mail、簡訊、視訊會議、VPN、IP-VPN、傳真轉存、網路購物、線上掃毒、遠端遙控等服務。

   (5) 接取服務：經營並提供網路寬頻接取服務之業者。

7. 內容軟體：製作、管理、組織與傳遞數位內容所需之軟體工具及平台，包含多媒體製作工具 (Authoring Tools)、多媒體影音串流

(Steaming Media)、內嵌式系統 (Embedded System)、網站內容管理 (Web Content Management, WCM)、企業內容管理 (Enterprise Content Management, ECM)、數位資產管理 (Digital Asset Management, DAM)、數位權利管理 (Digital Right Management, DRM) 等。

8. **數位出版典藏**：運用網際網路、資訊科技、硬體設備等技術及版權管理機制，提供傳統出版業創造新的營運模式與衍生新市場，可帶動數位知識的生產、流通及服務鏈發展。包含圖像或文字光碟出版品、電子書、電子雜誌、電子資料庫、電子化出版 (E-publishing)、數位化流通 (Digital Distribution)、資訊加值服務 (Enabling Services) 等。將國家深具人文歷史意涵的文物，以數位形式典藏的過程即是「數位典藏」。該過程將原始的素材經過數位化處理 (包含拍攝、全文輸入及掃描)，加以詮釋資料 (Metadata) 之後，採數位檔案之形式儲存。因此，數位典藏產業包含創意文化、休閒旅遊、生活產品等，與生活息息相關的產業所需之文化數位內容及相關技術。

9. **數位藝術**：結合藝術與科技，創作新型多媒體化之藝術作品，並融合社會生活與環境生態，生產具有休閒娛樂功效之產品與服務，稱為「藝術科技」。包含影視、遊戲、數位音樂、動畫設計等與藝術結合之新作品皆屬之。

延伸閱讀 數位內容變身媒體業搖錢樹

安永全球媒體和娛樂業務負責人南狄克 (John Nendick) 說道：「我們認為數位內容正帶來獲利，而非妨礙企業獲利。當消費者轉向各種數位平台，企業正思索如何從中獲利，而對內容永不滿足的需求正帶動整個產業成長。」

媒體和娛樂公司善用付費線上服務，數位內容不再阻礙這兩大產業的收益，反倒成為賺錢幫手。安永聯合會計師事務所 (Ernst & Young) 於 2014 年 9 月 15 日發表報告指出，媒體和娛樂產業「仍是獲利最高的產業之一，且持續擴大領先」，獲利率平均約達 28%，包含有線電視業者、互動媒體、音樂、廣播電視業者，甚至是出版業，獲利相對少於同類型行業，但仍有賺錢。

報告指出，媒體和娛樂公司的獲利率自 2010 年以來每年都在增加。有線

電視獲利率達 41%，稱霸媒體和娛樂產業；其次是有線電視網路 (37%)、互動媒體 (36%)、電玩 (29%)、跨媒體業 (26%)、衛星電視 (26%)、出版和資訊業 (21%)、廣播電視 (19%)、電視電影製作 (12%)，以及音樂產業 (11%)。報告也發現，Google、臉書等互動媒體獲利成長速度最快，達到 19%，而紐約時報公司 (New York Times Co.) 和甘尼特公司 (Gannett) 等出版業獲利成長速度最慢，僅有 1%。

資料來源：摘錄自張詠晴，《中央社》，2014 年 9 月 16 日。

7.2 電視購物

「此 (互動電視) 改變將會創造出一個以電視為中心的，類似網路的電視收視模式，而收視者會從被動變成為主動」，前 AT&T 寬頻及網路服務部門執行長 Leo Hindery, Jr. 說道。

根據台灣數位電視協會之定義，傳統電視透過空中接收類比訊號稱為類比電視 (Analog Television)，數位電視 (Digital Television) 則是將這些類比的文字、影像、聲音，以及音樂、電話、電視所產生的訊號轉換成數位訊號，即類似電腦系統中資料處理的訊號 0 和 1 兩個數字所組成的二進位形式訊號。數位電視所傳送之畫面及音質較傳統類比電視優良許多。數位化的訊號具有大量壓縮，使傳送量增大的優點，例如，一個傳統的類比電視頻道只能播送一個節目，而一個數位電視頻道卻可以播送三、四個或更多節目，以及一些資訊廣播節目 (如股票、氣象)。數位電視互動平台的特色讓使用者能主動操控電視，隨時進行食衣住行育樂的資訊或交易，也可提供隨選視訊、計次付費等頻道服務。

自 2009 年底，微軟執行長史帝夫‧巴爾默 (Steve Ballmer) 提出「三螢一雲」的雲端服務概念後，台灣科技業引發一連串的雲端熱潮。電信業者積極推出雲端加值服務內容，結合電視、電腦、手機、平板電腦四大終端裝置，除了讓使用者能在各種裝置上共享照片、音樂等數位內容，更能在電視上提供互動的服務 (如遊戲、購物、銀行)。其實日本購物網站樂天市場 (Rakuten) 早在 2007 年即宣佈與數位電視入口網站 acTVila 合作，透過數位電視平台提供電子商務服務，讓不熟悉操作個人電腦或手機購物的

消費者，也能透過數位電視的遙控器前往購物網站消費。隨著平板電腦和社交網路使用率的增長與普及，國內營運商目前已朝向第二螢幕及社交電視進化，加強原本互動服務介面與功能。而付費電視業者也以影音為中心的互動電視服務來提供差異化以求生存，因此付費電視中互動電視服務皆是未來的發展主力。2014 年底，由經濟部中小企業處及資策會協助，串聯永豐餘生技 GREEN & SAFE 安心有機商品，台灣大寬頻、凱擘大寬頻、大新店有線電視、momo 購物台、TLC 旅遊生活頻道，以及四號小行星工作室等，跨平台策畫《雙廚出任務 —— 主廚食材箱》互動購物服務，由用戶於收看首播節目時，依節目畫面中顯示訊息，按下遙控器藍鍵參加活動，就有機會體驗商品。

延伸閱讀　互動電視的未來

2005 年，在歐洲的某個足球的場景，電視畫面播著貝克漢即將踢球入門的時刻。此時從電視的上方出現一個 pop up menu，請你選擇要不要賭貝克漢進球？當你看節目而忘了晚餐的時間，這時突然覺得肚子餓，按下遙控器，pizza 輕鬆地送到你家，可選擇不同的口味與組合。吃飽後，上個洗手間，回來的時候，現場節目完全沒有中斷，你可以繼續從剛剛停止的地方開始收看……，自從數位電視開播之後，這種觀影的情境就可能會發生在不遠的未來，而它的魔力才正要開始發酵，這就是互動電視！

其實互動電視並不是一個新的概念，大概打從有電視開始，製作人便一直努力地使其頻道及節目更有動能及參與感，我們可以這樣定義互動電視──任何可使收視者與頻道，節目或服務之間能產生一種對話關係屬於電視的元素，可以統稱為互動電視。更直接的一種說法，凡是能使收視者改變以往只是消極地看節目，而變成一種較主動參與及選擇的電視元素，都可稱為互動電視。

你也曾看到某個劇情而落淚不已嗎？你也曾因為不同的政黨認同，而讓你看某政論節目時氣急敗壞嗎？其實理論上一個好的電視節目應該是要能主導觀眾的喜怒哀樂，操控觀眾的百般情緒。而當觀眾的各種情緒被挑起之後，理想的情況是，他們的情緒都能以某種形式被滿足或是獲得宣洩？簡單來說，在此時電視要提供互動的機會，讓他們得到合理與電視節目的對話關係。然後再將商業運作巧妙地置入其中 (社會通常稱為置入性行銷)，如此利用影音互動行銷

才是永續不滅的。因為把電視跟網際網路這兩個媒體結合，將影音情境與互動功能融為一體所產生千變萬化的個人化內容，才是永續不墜的。而綿延不絕的商機，於焉產生。

以下，同樣也是西方的媒體觀察家對互動電視發展的一些預測：

1. 電視及網路的整合將使得平均上網的家庭戶數呈現顯著增加。由於過去必須在電腦主機做非常多的設定才能使用網際網路，導致數以百萬計很少或未曾接觸過所謂網際網路的人，將會發現坐在客廳的沙發上瀏覽網際網路世界是一件多麼容易的事情。此外，原本收看電視的族群將更喜歡這種新的使用行為，因為它增加原本電視的使用侷限，這種種因素都將使得在電視上的上網動作變得更普遍。

2. 與娛樂相關的網站，像是專為電視節目設置的電影及音樂的網站，其瀏覽量將大量增加。原因之一是未來的收視戶在收看任何節目時，由於他們的認知是透過互動娛樂家電(而非與跟工作氣氛較為相關的電器用品，如 PC)來看電視，因此他們對於電視會提供怎樣的娛樂存有一種非常期待的心情。因此，網路業者將會在節目播映前、播映中與播映後，透過訊息的傳遞鼓勵收視者瀏覽他們的網站。

3. 與娛樂相關的網站將會以隨選視訊，及提供一些像是與現存的頻道互補或競爭的特色，來增進其網站的特色及滿足他們的收視者。拜寬頻技術突飛猛進之賜，網站將可以提供線性的、與電視節目相似的影音品質，電視頻道的界線與網路電視的界線已然越來越模糊。

4. 民眾收看傳統電視頻道的平均時數將會逐漸下降，凡是將網路的內容結合在電視頻道中的電視節目，其收視能保證不墜。與節目對應的網站，由於有節目大量與精準的宣傳，將會很快地打響品牌的知名度及收視者的忠誠度。例如，電視收視者可能在收看 NBC 的節目時，注意到伴隨節目所宣傳的網站訊息，並且鼓勵他們去網路上瀏覽有關節目的訊息等。而在網站上，相對地，收視者可以看到許多關於促銷節目結束後其他節目的相關訊息。兩者達到相乘的效果。

5. 收視者將會習慣使用電視中的子母畫面，於觀賞節目時，邊瀏覽網頁及檢收其電子郵件。聰明的電視業者將會研發一些軟體來增進此服務的特性。在節目播出時，以訊息提醒消費者打開一個與節目內容相對應的視窗。

6. 由於收視者可以自由地在節目與網站之間做選擇，節目本身的收視當然會受到影響。因此，對於內容業者而言，較長的節目便更不容易經營，兩小時的節目就比一小時的節目更難經營，所以未來半小時的戲劇及情境喜劇將會變

成業界的標準。

7. 晚間新聞節目將更大量的依賴圖像及獨家報導，而非只是靠著美麗的主播播報流水帳式的新聞。由於很容易連結到新聞相關的網站，收看互動式新聞的收視者將比一般收視者得到更多的訊息。當然，節目也會不斷提醒著消費者上網接收更多的訊息。
8. 與節目頻道對應的網站將扮演與頻道一樣舉足輕重的地位，頻道業者將花費重金打造一個與節目一樣具有吸引力的網站，而這些並不會白費，都會增加頻道的品牌忠誠度。

資料來源：轉錄李學文，《聯合新聞網》，2006年2月27日。

7.3 社群

7.3.1 社群媒體的定義

社群媒體 (Social Media) 是一具有 Web 2.0 特徵，讓使用者可以透過社交技術與他人線上互動的工具、服務與應用 (Boyd, 2008)。社群媒體吸引具有共同興趣的群體，滿足相似利益、表達自我與溝通，進而組織形成社交網絡 (Larry Weber, 2009)，具有參與、開放、溝通、社交、連結等特性 (Mayfield, 2007)。根據 Gartner 調查，有 74% 的消費者會依賴社交網絡影響他們的購買決策。

Web 2.0 的發展讓群眾參與的力量得以發揮。由臨時政府開發的 hackfoldr，於台灣的社會運動與救災事件上發揮極大作用，用戶得以透過 hackfoldr 瞭解所有的社會活動資訊，有效召集社會資源。此外結合 Ustream 與社群媒體傳遞，即可即時播放活動/事件現場情況。2014 年 8 月，由美國傳播到世界各地為漸凍人募款的「冰桶挑戰」(Ice Bucket Challenge) 亦是透過社群力量廣受報導。國內諸如九把刀、五月天、金城武等名人皆透過 YouTube、臉書等社群媒體上傳冰桶挑戰支持公益的影片，獲得廣大網友的支持與注目，此活動遍及所有社群媒體成功募款。此外，社群的群聚力也觸動許多新的商業模式，如國外亞馬遜鏈結推特，允許用戶透過推特將喜歡的商品直接加入亞馬遜的購物籃中，國內許多微型企業也得以透過社群販售商品，降低市場門檻。

7.3.2 社群商務

社群商務 (Social Commerce，可縮寫為 S-Ecommerce)，指透過社群網路 (Social Networks) 或點對點溝通 (Peer-to-Peer Communication) 結合而成的一種新興電子商務模式或行銷策略，讓消費者透過社交媒體的互動體驗滿足其購買需求。舉凡團購或利用社群網站彼此分享購買資訊，而衍生商機之行為，皆可稱為社群商務，eBay、GROUPON 即是提供社群商務服務的網站之一。根據 Mashable 社群商務網站可歸納為七種類型如下：

1. **點對點銷售平台** (Peer-to-Peer Sales Platforms)：以社群為基礎 (Community-Based) 的市集或商店街，透過個別的互動與直接出售來進行交易。國外知名網站如 eBay、Etsy、Amazon Marketplace 等，國內則有 Fandora、Pinkoi 等結合社群與電子商務的購物平台。

2. **社群網路銷售** (Social Network-Driven Sales)：臉書、推特與 Pinterest 皆是藉由建立社群網站或粉絲團驅動交易的另一種社群商業模式。藉由社會性標籤網站 (Social Bookmarking Site) 的特性，Pinterest 讓社群成員將感興趣的內容「釘」到「板」(Board) 上。成員之間可以 Repin、Like、Comment 圖片，或關注 (Follow) 別人的「板」，也可以根據自己的喜好給不同照片或是「板」標註喜歡 (Like) 的記號。

3. **團購** (Group Buying)：藉由提供優惠折扣，吸引足夠的買家進行採購，累積一定的採購量即可完成團購。團購網站可分為主題式與非主題式，前者如 LivingSocial，後者如 GROUPON。

4. **同儕推薦方式** (Peer Recommendations)：該類社群商務網站協助消費者整合他人購買商品，或服務的評價 (購買時可看見網頁顯示其他購買 A 產品的消費者也買了 B 產品)，或透過社交媒體與網友分享商品使用經驗，如亞馬遜、Yelp、JustBoughtIt 皆為此類型網站。

5. **消費者主導購物** (User-Curated Shopping)：此類型網站強調個人化，讓消費者建立專屬商品頁，可在網頁上透過圖文分享購物心得或體驗，吸引同好在網路上購買這些商品，如 The Fancy、Lyst、Svpply。

6. **參與式商務** (Participatory Commerce)：提供評分機制 (Voting)、資金投入 (Funding) 或協同設計產品 (Collaboratively Designing) 等方式，

讓消費者直接參與商品製作的過程。如 Threadless 由店家指定衣服款式，消費者可以自己上傳設計，透過評分機制決定有哪些新設計可以正式商品化，從服裝設計、產品決策至服裝宣傳等皆由消費者主導。

7. **社群購物** (Social Shopping)：這類型網站提供離線購物體驗，讓會員透過聊天室與加入論壇的方式與其他會員互動、意見交流，如 Motilo、Fashism、GoTryItOn。

延伸閱讀　Pinkoi

台灣最大的設計品線上購物平台 —— Pinkoi，短短兩年半，每月瀏覽人次高達六十萬，在流量監測網站 Alexa 的排名超越同類型的誠品網路書店，其中逾兩成的顧客來自海外。Pinkoi 就像是不受地點、時空限制的大型文創市集，讓台灣潛藏的設計能量擴散到全球。

Pinkoi 創辦人顏君庭的創業動機來自在美國生活的體驗。放眼國外，看到台灣受限於販售管道，小品牌與首創品牌等設計品無法被看見，為了打破既有的市場結構，顏君庭決定設立不需上架費、只抽一成交易手續費、專售文創設計品的網購平台 Pinkoi。

從研究使用者行為、話題吸引力，以及社群網站應用，顏君庭集結各式人才共同創業，在 2010 年 Pinkoi 上線。從最初只有五十位設計師，至今每週有一百多位設計師的作品排隊審核上架。Pinkoi 懂得深耕內容，加入創新的互動設計功能，提供買賣雙方溝通平台與客製化商品。更連結臉書，帶動社群交流。在金流規劃上，串接台灣各大信用卡、支付寶、PayPal。並提供多國語言網站，包含美國、日本與中國市場。

Pinkoi 希望藉由與臉書社群的緊密結合，讓好朋友之間分享互動，好設計不僅能夠被更多人喜愛，也讓臉書上的朋友到 Pinkoi 買設計、品設計。

資料來源：摘錄自白詩瑜，《天下雜誌》，第 525 期，2013 年 6 月。

7.3.3　社群行銷

Russell Herder 和 Ethos Business Law (2009) 調查指出，社群行銷有助於「建立品牌形象」、「建立聯繫網路」與「有效服務顧客」。全球近六

成的百大零售商已在臉書建立官方粉絲專頁，其中許多知名零售商已透過社交媒體取得初步行銷效益。如福特汽車為提升 Y 世代駕駛對汽車品牌的忠誠度，在 2010 年推出以 Y 世代青年為目標的 Fiesta 汽車品牌，每週提供六台 Fiesta 試駕體驗，並開放兩位車主開著自有 Fiesta 同步參加。參加者可以在 5 天內盡情體驗，並開著 Fiesta 以創意的方式執行任務內容 (官方指定任務 2 項、隨機抽選任務 2 項)，用相機或攝影機將過程記錄下來，在任務完成後撰寫文章發表至個人臉書、部落格或其他社群論壇。透過兩階段的行銷活動，與試用者的試乘報告與品牌推廣，打開 Fiesta 的知名度達 58%，拉近與目標顧客群的距離，快速地蒐集市場對 Fiesta 汽車的各種反饋意見，並提升潛在消費者的購買意願。藉由推式傳播與社群雙向互動特性，企業能夠利用將人潮導引到高互動性的社交平台，提供消費者互動經驗。

同一個行銷活動投入於不同媒體 (傳統媒體、網路媒體、社交媒體)，不同媒體促成行銷活動成功關鍵在於，需根據媒體特性在活動過程中給予不同的角色定位。而社群的關係管理包含「內部關係管理 (社群成員)」與「外部關係管理 (社群間)」。社群行銷應關心的問題有：「誰會回應、參與、瀏覽、轉貼、分享社群資訊內容？」、「張貼的時間與頻率？」、「何種類型的資訊內容是目標互動群想知道的？」、「何種類型的社群是社群使用者偏好使用的？」、「何處可以得到好的社群行銷效益？」、「如何吸引目標互動群的參與？」、「如何引導目標互動群分享或張貼他們自建的資訊內容 (UGC)？」。

延伸閱讀　大型零售社群行銷案例

南臺灣占地最大的商場——夢時代，早在 2007 年就投入社群媒體行銷。經過不斷地嘗試與辛苦經營，找到與目標市場合適的互動媒介，目前透過社群成功累積十幾萬粉絲人數。

夢時代於社群的行銷活動目標有二：「提升賣場來客數」與「建立虛擬互動經驗」。前者主要透過不同的社交媒體、運用不同的內容、在不同的時間點接力式傳達訊息刺激。並頻繁舉辦社群行銷活動，將店內行銷刺激用社群文字

或圖像等網路訊息呈現，或結合於社群行銷活動設計環節之中，吸引社群粉絲蒞臨賣場；後者則是將店內活動、事件或商品的照片、影片上傳到社群網站，或是利用社群免費應用程式服務設計社群活動內容，強化網友間互動，建立網路使用者的虛擬互動經驗。

夢時代最早使用的社群媒體是 YouTube，最成功的案例是 OPEN 將在時代大道跳台客舞的影片被網友大量轉貼，點閱率由幾百人次迅速提升到十幾萬人次。之後也陸續利用服裝秀、簽唱會、大遊行等影片都對點閱次數的提升有很大的幫助。

在無名小站盛行時期，行銷人員也會透過部落格撰寫活動文章，或電視戲劇租借場地的拍攝情況，甚至跑遍全台灣該戲劇拍攝地點，將拍攝現場的照片與情況撰寫成長篇文章，獲得許多網友的支持。

2009 年，夢時代建立臉書粉絲專頁，從幾百人次粉絲人數開始，利用網路寫手、向大型企業爭取加入最愛專頁，或是在粉絲團上贈送熱門電影票等方式提升粉絲人數，但上述方式都無法有效提升粉絲人數。同年年底，夢時代與 7-11 的聯名按讚抽獎活動「當我們讚在一起」成為社群人數提升的關鍵，直到隔年 1 月活動結束，粉絲人數比預期的十倍數成長多達四十倍。

有鑑於台北信義商圈的成功案例，並因應公司海外發展、大陸散客自由行觀光開放政策，夢時代也註冊新浪微博的帳號。此外，申請企業認證的機制，利用加強微博發文頻率的方式，以及一些與公司相關的簡介，期望讓大陸的自由行散客透過微博來認識夢時代。

資料來源：黃照貴、楊雅惠 (2012)，網站互動性之社交媒體營銷活動與顧客反應，*Scientific Journal of e-Bussiness*, pp. 7-16.

7.4 數位遊戲

國際研究暨顧問機構 Gartner 指出，在行動遊戲、電玩主機與遊戲軟體的熱賣下，2015 年數位遊戲市場 (含電玩主機軟硬體、線上遊戲、行動遊戲和 PC 單機遊戲) 達 1,110 億美元 (如表 7-2 所示)。我國經濟部指出，數位遊戲的主要成長力來自於線上遊戲與商用遊戲產業。原因在於受到海外市場授權金增加，以及社群遊戲風潮的帶動，加上商用遊戲的海外市場需求逐年增長，線上遊戲公司透過合資與子公司方式積極佈局海外市場，外銷比重達九成。此外，智慧型手機和平板等行動裝置使用率持續增長，

表 7-2　2012 年至 2015 年數位遊戲市場營收

單位：百萬美元

領域 / 年分	2012	2013	2014	2015
電玩主機	37,400	44,288	49,375	55,049
掌上型遊戲機	17,756	18,064	15,079	12,399
行動遊戲	9,280	13,208	17,146	22,009
PC 單機遊戲	14,437	17,722	20,015	21,601
整體數位遊戲市場	78,872	93,282	101,615	111,057

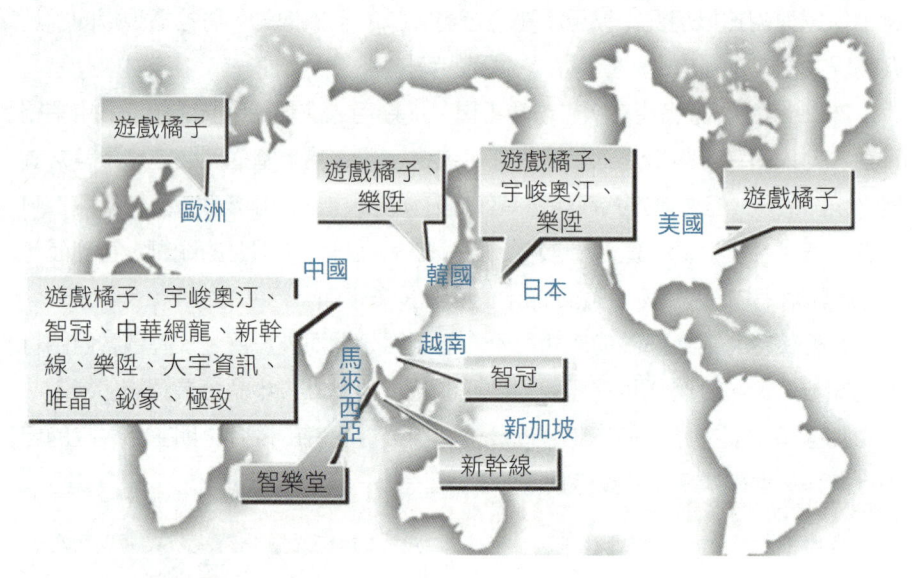

圖 7-2　遊戲廠商海外佈局

行動遊戲提供玩家娛樂價值將呈現最大幅度的成長，並產生更多新興獲利模式，如手機網遊。

7.4.1　數位遊戲產業結構與合作模式

　　數位遊戲產業結構由技術研發、開發製作、發行代理與流通代理、通路等部分組成。遊戲廠商、中介機構、國內學術機構是產業鏈中的主要參與者。

1. 遊戲廠商

　　包含國內外技術研發商、開發商與代理商。國內遊戲技術研發多半仰賴其他廠商，如遊戲橘子的天堂是代理韓國的 NCsoft，僅少數廠商具備技術研發能力，如華義國際、智冠科技等。此合作模式導致代理權利金與營收拆帳比率條件不利於代理遊戲廠商，產品後續的更新與技術支援更視國外研發商之態度與意願而定，因此能夠快速支援產品更新與自主能力，是國內遊戲廠商的競爭優勢要素。為了在產品線上互補與共同拓展市場規模搶攻海外市場，許多廠商實行合作或併購等集團化策略，如智冠科技強打「遊戲授權」，遊戲橘子偏好「當地市場營運」。智冠積極佈局中、越、星、馬等地，旗下子公司網龍、遊戲新幹線以中國為主，智樂堂側重東南亞市場，並於馬來西亞成立研發團隊，在泰國與當地業者合作。遊戲橘子則採行同業水平合作，以及全球化的佈局策略，包含日本、香港、韓國、歐美等地扎根營運，推出整合動畫與線上遊戲的新模式，其遊戲《HERO 108》(如圖 7-3 所示) 已在全球 164 個地區 Cartoon Network 頻道播映。此外，遊戲橘子更採取廠商間垂直合作方式，於 2014 年 6 月宣佈與樂陞成為策略夥伴，收購行動休閒遊戲平台 Tiny Piece 公司，由樂陞負

圖 7-3　遊戲橘子《HERO 108》

責行動開發。除了同業結盟方式，國內遊戲商為突破現有產品線，尋求與其他產業合作，看中創新、創業投資商機，如「群募貝果」即幫助創業者集資的群募平台。

2. 中介機構

數位內容創新過程需要扮演促進角色的中介機構，包含政府推動單位、研究機構、產業公協會與人才培育機構。政府推動單位有經濟部工業局數位內容產業推動辦公室、行政院數位內容產業發展指導小組；研究機構有資策會智慧網通系統研究所與工業技術研究院；產業公協會負責推廣遊戲軟體應用、擴大服務市場、協調同業合作，包含台北市和新北市電腦公會、中華數位內容發展協會；人才培育機構則有數位內容學院。透過先期技術移轉、政府補助、技術能力培植、產品推廣支援、專案計畫支援、研發計畫支援等方式，中介機構可協助遊戲商提升成果應用效益，並創造具體利潤。

3. 國內學術機構

大專院校扮演知識研究的基礎，以供廠商技術創新的來源，並協助企業訓練培育相關人才，如創新育成中心為協助地區中小企業在市場、行銷、通路、融資等合作發展的重要機構。淡江大學建教合作中心與智冠科技合作開設半年共計 200 小時的「遊戲軟體創作人才培訓班」，遊戲製作入門至研發各環節，協助人才學習實務製作流程與建立團隊合作能力。

7.4.2　APP 行動遊戲

根據 Gartner 資料顯示，2013 年全球行動裝置遊戲產值已高達 130 億美元，目前在 APP Store 上已有超過 17 萬款 APP 行動遊戲。繼 Rovio《憤怒鳥》(Angry Birds) 之後，目前最熱門的 APP 行動遊戲莫過於 Mad Head 的《神魔之塔》(Tower of Saviors) 推出短短一年就創造近千萬下載次數的業績，擠進全球前十大最賺錢的行動遊戲。當 APP 行動遊戲成為新的遊戲產業主流，傳統用戶端遊戲的發展空間將遭到壓縮，也將影響遊戲內容的發展方向與新的商業操作方式。

延伸閱讀：遊戲育成平台，實踐創意夢想

為了培育台灣遊戲創意人才，華義、遊戲橘子、樂陞、昱泉、香港 MadHead 聯手成立育成平台車庫咖啡廳，以每家出資新台幣 3,000 萬元與資源的形式，讓有遊戲創意的年輕人可以在落實創意成為商品時，獲得所需要的技術、資金、市場、商務資源。

華義國際董事長黃博弘表示，2013 年行動裝置發展速度超乎預期，過去台灣遊戲產業專注 PC 平台。2012 年面臨轉移，很多用戶往行動平台移動，平板電腦也開始可以取代一些電腦功能，PC Game 面臨挑戰，連續五季以兩位數下降。但值得觀察的是，2013 年全球 10 大營收線上遊戲中，有五個是電競型產品，電競型產品可以說是線上遊戲的諾亞方舟，它講求操作技術，平板電腦想要取代有其困難。而 2012 年全球電競比賽獎金超過 1,000 萬美元，電競產業風起雲湧。除了電競型產品外，線上遊戲未來留下的應該是大作與知名續作。開發大型線上遊戲需要 100 人團隊、起碼要 3 年，所耗費資金在台灣至少投資新台幣 1 億元。至於手機遊戲進入障礙較低，只要 10 至 20 人、半年就可以做出遊戲。現今行動平台興盛後，許多人不想要做大專案，但小專案講求的是創意，且手機遊戲變得非常多，必須要有創意、靈活、貼近使用者想法的作品才有成功機會。而《神魔之塔》目前又吃掉台灣這麼大的遊戲市場，所以他認為台灣遊戲產業應該組建育成平台，讓對遊戲有想法、想要創業或者是學生，有環境可以取得更多資源與資金，讓一開始的創意發想能夠存活下去，或許其中可以出現明日之星。

遊戲橘子執行長劉柏園表示，2014 年是手機年、移動年，電腦遊戲的變化是無法改變的結果。電腦使用者一直往下跌，行動用戶增加，未來電腦遊戲可能走向電競領域，或是相當講求深度內容與畫面等表現，重到平板電腦跑不動的作品。現今台灣遊戲廠商面臨轉型壓力，遊戲廠商規模不會太小，和手機遊戲廠商靈巧彈性相比，作戰會辛苦，這是一個挑戰，如何用龐大組織去快速反映市場是需要解決的課題。但樂觀的是，手機遊戲的變化讓所有遊戲廠商站上新的起跑點，過去台灣和韓國、中國競爭線上遊戲市場，因為線上遊戲需要有很大的系統與資源開發。台灣一直追不上國際腳步，但台灣的研發團隊是有活力、有彈性、有創意與質感的，如今行動遊戲興起，對台灣來說是很好的契機。

有規模的大企業面對螞蟻雄兵很難靈活轉身，但創意團隊只需幾個人便能開發 APP，卻面臨把產品變成商品需要資金，商品上市要有更大資金與資源。

年輕人最大價值在於具有創意,但缺乏資金,所以遊戲業者可以合作提供平台。由 5 家廠商各自出新台幣 3,000 萬元,合計新台幣 1.5 億元來成立車庫咖啡廳育成平台,並且歡迎更多有興趣的廠商一同共襄盛舉。

資料來源:改編自巴哈姆特 GNN 新聞報導,2014 年 1 月 24 日。

本章摘要

本章針對常見的數位內容範疇與其相關案例,由淺入深帶領讀者認識數位內容的應用與未來發展,包含電視購物、社群與數位遊戲等內容。本章教學的主要目的是,協助讀者從數位內容的產業發展趨勢,思考數位內容如何掌握核心價值,跨界整合擴大產業加乘效應。

問題與討論

1. 試簡述數位內容產業應用範疇。
2. 試簡述電視購物的發展趨勢與案例。
3. 試簡述不同類型的社群媒體特性與社群商務模式。
4. 試討論我國數位遊戲產業海外佈局概況。
5. 試分析我國扶持數位內容產業政策的有效性。

案例 7-1
遊戲商轉型網路公司

遊戲橘子發揮雁行共伴策略,2014 年 9 月底正式從遊戲公司轉型為網路公司,從穩健的遊戲領域出發,拓展至電子商務、群眾募資、行動服務等,展開多元並進的腳步。電子商務方面,成立資本額新台幣 3 億元的第三方支付公司「樂點支付」,11 月初更取得樂利數位科技股份有限公司 51% 股份,未來將規劃更多行動應用服務。

第三方支付不只是可確保玩家虛擬寶物交易安全,對遊戲業者而言,也成為進軍海外市場的關鍵利器。遊戲橘子旗下樂點卡公司自 2011 年成立以來,以支付平台為主要服務內容,界接夥伴除了遊戲廠商之外,還包括影音、社群交

表 7-3　遊戲業第三方支付內外佈局

公司	本業項目	業外佈局	2013 年營收 (億元)
智冠	通路與儲值卡業務	第三方支付	110.37
歐買尬	線上遊戲營運	第三方支付	3.58
辣椒	線上遊戲營運	第三方支付	9.21
橘子	線上遊戲營運	第三方支付	83.09
華義	線上遊戲營運	比特幣交易	6.28

資料來源：陳昱翔，《經濟日報》，2014 年 9 月 19 日。

友等數位娛樂產業，合作廠商近千家，串接產品破萬。主要消費族群年齡層落在 18 到 35 歲，多屬網路新世代，熟悉數位內容與網路支付等創新概念。因消費者對於新科技接受度高，樂點卡不斷推出新服務，如樂點卡帳戶管理 APP、累積紅利的免費 G 點 APP，還有處理手機資訊備份的 iTools，方便用戶管理資料。

根據統計，亞太地區被喻為未來幾年線上支付發展最迅速的區域。看準支付市場潛力，樂點卡 2014 年連續第三年參加東京電玩展，以橫跨全球的支付系統、金流服務及通路行銷等資源，吸引有意進駐華語市場廠商。樂點卡旗下會員平台 iTools 提供行動裝置備份功能已突破百萬用戶，成為有力宣傳管道。同時，完整的通路及亞洲最大的線上遊戲機房，方便夥伴跨足他國業務，快速接軌當地市場。

除了持續開發海外市場，樂點卡早與玉山銀行合作，更通過國際安全認證，最重要的是擁有廣大熟悉新科技的消費者。橘子與樂利的原始股東聯電旗下創投 UMC Capital，將共同推動樂利成長，橘子也會利用國際資源協助樂利擴大客群，期望導入橘子廣大會員基礎並串聯集團旗下支付、線上遊戲及手遊、數位娛樂、廣告營銷、IDC 機房、平台等服務。在線上消費或是虛實整合，都有機會開創出全新商業模式，擴大營業基礎。

資料來源：改編自郭芝榕，《數位時代》，2014 年 11 月 3 日。

> **討論**
> 1. 遊戲業橫跨電子商務需面臨什麼問題？
> 2. 數位遊戲產業異業合作已成常態，如遊戲中可見某實體品牌的虛擬商品 / 商店 / 人物，請討論異業合作方式對遊戲產業未來發展的影響。
> 3. 試討論第三方支付如何協助遊戲產業拓展海外市場。

參考文獻

1. 陳雪華、項潔 (2005),數位內容產業與數位典藏。21 世紀數位圖書館發展趨勢。台北:文華。
2. 賀秋白 (2004),數位內容產業與出版產業之範疇比較。台灣藝術大學藝術學報。台北:國立台灣藝術大學,157-176 頁。
3. 經濟部工業局與財團法人資訊工業策進會 (2014),台灣數位內容產業年鑑。

8 電子商務付款機制

電子紅包引爆激戰

　　網路巨擘阿里巴巴和騰訊將中國人農曆新年發紅包的習俗轉變成一筆生意，這兩家公司現在都提供發電子紅包的服務，為爭奪市場引爆激戰。

　　法新社報導，中國人發紅包給小孩的習俗，現今透過科技已能用智慧型手機互送紅包，並在中國蔚為流行，也因而引爆騰訊和阿里巴巴的大戰。兩家公司都提供這項服務，搶攻這塊有利可圖的市場大餅。

　　居住在北京的王樂向法新社表示：「這不像傳統銀行轉帳一樣或耗時，反而更方便、簡單和有趣。」中國最大網路服務入口網站騰訊旗下的微信於2014年提出此構想，旋即獲得廣大迴響。10 天內約 800 萬用戶互送 4,000 萬個虛擬紅包，最低金額為 1 元人民幣，也有將一個紅包分給數個人的有趣選項。

　　阿里巴巴經營的支付系統支付寶錢包，允許 1.9 億用戶透過新浪微博送虛擬禮物 (阿里巴巴為新浪微博股東)。騰訊禁止阿里巴巴透過微信送紅包，因為他們構成「安全」威脅，使得數位戰火越演越烈。為了獲得青睞，這兩家公司推出線上遊戲讓用戶抽獎，並以紅包作為獎品。

　　騰訊同意 10 天內在微信和 QQ 通訊 APP 送出 8 億元人民幣紅包，阿里巴巴則承諾發送 9,500 萬美元紅包，以及價值數十億元人民幣的折價券。

資料來源：中央社，2015 年 2 月 18 日綜合外電報導。

8.1 電子商務付款機制

電子商務線上付費趨勢在資訊科技發達的今天，網路付款已經成為消費者購買商品的一種消費模式，消費者不需要親自到銀行匯款繳費，僅需使用網路 ATM、第三方支付等功能，就可以在線上直接完成付費，且多元化的付費機制也如雨後春筍般地蓬勃發展。以目前台灣所使用的網路付費機制帶給我們的便利生活有哪些改變？對於網路購物族群來說，以往需要透過實體銀行轉帳付款，或是透過網路銀行進行轉帳及貨到付款等機制。目前網路付費流程更是逐步簡化，消費者可使用信用卡於線上付款，不需要再使用轉帳或是劃撥等繁複流程就可以完成線上付款。在網上購物過程中，許多的消費者選擇使用信用卡支付，這是因為信用卡採用先享受後付款的機制，同時信用卡也可以視發卡銀行的方案採用不同利率的分期付款機制。另外，因應科技進步，日漸增加的信用卡快付費方式 (Visa payWave) 使信用卡的使用環境也在不斷的進步。

8.1.1 傳統交易付款方式

傳統的交易方式，付款結帳主要是指企業、組織或個人在交易經濟活動中，使用現金、支票與劃撥匯款等付款方式進行交易的支付與資金結算的行為。簡單來說，所謂的交易付款就是賣方與買方產生交易行為時，買方將資金交付與賣方，並完成商品交付的商務過程。傳統交易侷限於較小交易市場規模，並以實體店家居多，消費者可以在現場查看或是試用商品，對於消費者來說，實體商品具有較大的保障。雖然如此，但傳統的交易方式也會因為時間的限制有所侷限。

隨著日漸擴大的消費水準與市場規模，多元的消費族群也逐漸增多，加上電腦科技的進步，與網絡及通信技術發達，這些傳統交易付款方式也出現了如下的限制：(1) 金流服務效率偏低；(2) 付費安全的風險較多；(3) 金流處理流程複雜；(4) 增加運作成本；(5) 受到空間區域的限制；(6) 以支票、匯款等方式付費，非即時結算，風險較高。

電子商務主要是在網際網路的平台進行，具有即時、互動性、操作流

程簡單、低時間成本等優勢。在這樣的環境下，如果僅依靠傳統的交易付款方式，如現金、支票與劃撥匯款等，交易流程將會成為電子商務金流的阻礙。

電子商務的交易與金流需要於網際網路上進行，其金流是電子商務商業模式的運作核心，其流程與消費者的付款互動方式會直接影響到電子商務成效的優劣。傳統的付款方式已經無法滿足現今電子商務在消費與付款便利性上的要求，隨著近年來網際網路和行動裝置的發展，各種創新與便利的電子商務付費方式亦應運而生。

8.1.2　網路付款系統概述

網際網路付款的特性是建構於資訊系統架構之下，主要是以電子商務的商業模式為出發點，並以銀行端為主要服務提供者，考量其安全性、效率性與方便性之基礎建構的網路付款系統，經由網際網路進行金流的運作。讓傳統對於「錢」的概念提供了網路時代的思維，亦針對現代網路發達後的隱憂，駭客及電腦病毒、隱私權的政策考量、消費者必須付出額外的交易成本，以及諸多網路付款機制與媒介的限制。或許網路付款機制也因應時代的進步產生些許隱藏風險與限制，但為了未來商業模式與金流的創新發展，提供更便利的交易機制，使得消費者與買家之間的商業模式更為便捷。

實際上，目前全球的電子商務付費模式是傳統的付款方式 (如現金、劃撥結帳) 及網路付款 (如信用卡網路付費、網路銀行) 兩者並行。傳統的付款方式是利用網際網路在購物網站上先行發出訂單，待結帳後，再利用貨到付款或是劃撥匯款的方式進行結帳。網路付款是利用信用卡網路付費或是使用網路銀行進行匯款，達到買方與賣方之間的電子商務金流關係和最終的消費扣款手續。和傳統的付款方式相比，網路付款具有以下特點：

1. 為消費者提供便利、高效率、安全性，以及可靠的服務。
2. 網路付款可以廣泛應用於製造商、營運商、宅配和網路購物等領域。
3. 使用較新的科技設備達成網路金流的交易系統，而傳統的付款方式則是透過現金的交易、劃撥匯款等實體對價的交易方式來完成。

4. 網路交易平台的環境主要建構於網路上。由於現今網路的發展，資料傳輸與網路安全性都有相對的提升與防護機制，而傳統的付費方式則在較為封閉的系統中運作(如 ATM 轉帳)。
5. 網路付款平台具備網路銀行、網路帳戶資訊查詢，以及轉帳等功能，集中管理使用者帳戶。

8.1.3 網路付款交易流程

網路付款系統必須滿足防止被拷貝、偽造，並可以防止被非法使用，以及消費者個人隱私資訊的安全性，更重要的是可與現金互換且等價的關係。網路付款交易流程能否具有完善的金流與商業流程，可以探討下列重要角色的特性與付款方式的異同。

以商業模式可以區分為下列模式：

1. 買方主軸市場 (顧客、消費者)

債務方發起付款行為，以消費者為主導的網路銷售市場，消費者可以透過消費市場的需求及規模，與商品服務提供者增加議價條件，並可以有效的貨比三家，降低價格。

2. 賣方主軸市場 (電子商務平台、網路零售商)

有效的產生交易活動，金流可造成賣方的利益最大化。透過網路訂單進行銷售行為的履約，並產生合法交易帳單與交付明細。賣方主軸的市場主要是針對商品導向的銷售模式，向消費者提供產品與服務，並在交易過程中達到商品的集體行銷與銷售。但是也可能產生商品同質性高，因應網路資訊流通的發達造成賣方市場內部競爭，而無法準確預測市場需求，造成獲利不佳的可能性。

3. 第三方支付主軸市場 (銀行、數位憑證認證機構)

(1) 銀行與金融機構

A. 目前第三方支付市場主要包含銀行方、交易認證機構為主。傳統的銀行方在網路付費中所扮演的角色，主要為消費者使用網路銀行進行商品買賣匯款的交易流程，而銀行方扮演的驗證消

費交易的有效性，並對網路商家提供明確的金流系統，驗證消費者所達成的交易明細與帳單。由於銀行等金融專用網路屬於內部網路，不對外部其他系統開放，因此具有相當高程度的安全性。

B. 但是以第三方支付主軸市場雖包含傳統的金流模式機構，但是主要是利用網際網路平台，在銀行端與信用卡等金融機構之間的合作流程，網路付款的資訊必須透過第三方支付平台進行處理後才能進入銀行端的付款系統，透過授權與獲取交易資訊的方式達成交易。由於為了確保買方與賣方在交易過程中的資訊安全，一般會委託銀行或是信用卡等金融機構協助建構。

(2) 數位憑證認證機構

數位憑證認證機構主要為第三方認證機構。負責發放數位憑證，並在憑證中確認使用者擁有合法的公開金鑰，以確認各方的真實身

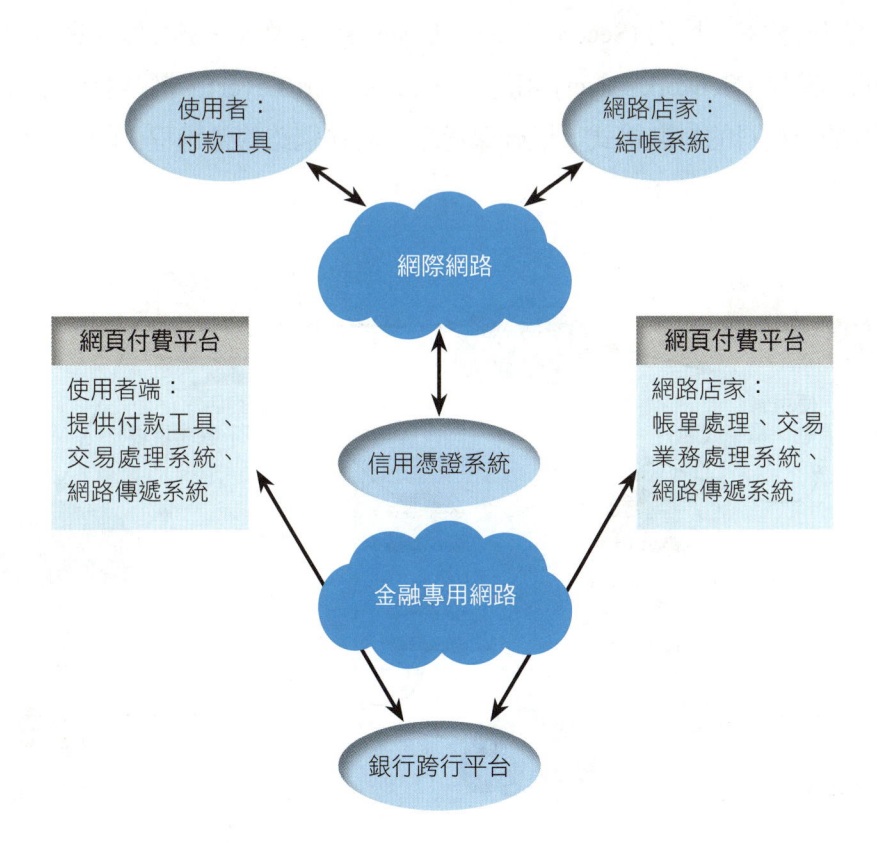

📡 圖 8-1　網路交易付款的基本架構

份，也發放公共金鑰、數位簽章使得攻擊者不能偽造和篡改憑證，來保證電子商務付款交易過程的安全受到保護。數位憑證認證機構亦產生並分配管理所有網路交易中消費者所需的數位憑證。在 SET 交易流程中，數位憑證不僅對消費者、網路店家發放憑證，還要對收款方的銀行端與交易平台發放憑證。

4. 網路付費方式與標準

現行電子商務網站主要採用安全電子交易協定 (SET) 的付款交易方式和非 SET 的結算方式兩種。安全電子交易 (Secure Electronic Transaction, **SET**) 是由 MaterCard 和 VISA 聯合網景、微軟等公司，於 1997 年 6 月 1 日推出的一種電子付款標準。SET 協定是根據 B2C 上，消費者使用信用卡為基礎的電子付款系統開放式規格，保證開放網絡上，使用信用卡進行交易的安全性 (如圖 8-2 所示)。

線上信用卡付款的安全協定與控制模式，主要有 SET 模式和一般化的網路傳輸安全協定 (Secure Sockets Layer, SSL) 模式。SSL 建構在具可靠性的網路層 (Network Layer) 和傳輸層 (Transport Layer)，網路層協定確定了傳輸層資料的封裝格式，以確保通訊資料在網路傳輸過程中的正確性與

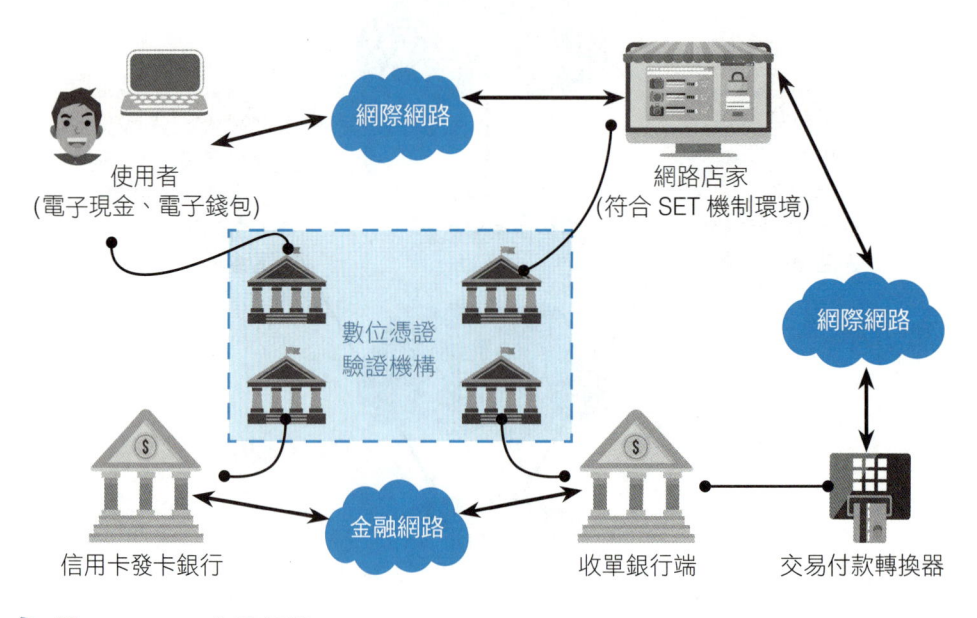

圖 8-2　SET 交易架構

機密訊息保護。SSL 會將兩方所進行傳輸的資料進行加密，保證兩個訊息傳遞的保密性和可靠性，使消費者、網路店家與伺服器互相傳遞資料或資訊時不被攻擊者竊聽 (如圖 8-3 所示)。

　　SSL 在伺服器和顧客資訊處理設備兩端可同時被支援，目前是網際網路上資訊傳遞保密的標準。目前使用的網頁瀏覽器皆以 HTTP 和 SSL 互相結合，進行資訊傳遞安全的服務。主要功能為買賣雙方及金融機構透過第三方認證的機構進行使用者信用認證，認證機構的功能是保證信用卡的交易資訊流通的安全性和可靠性，並透過加密後的訊息發送至銀行端，進行網路驗證，最後進行交易的付款行為。

　　2014 年 10 月，Google 發佈在 SSL 3.0 設計中發現的設計缺失，建議停用此協定。因為攻擊者可以對傳輸層保全 (Transport Layer Security, TLS) 進行錯誤指定的發佈，然後強制降低安全層級，並可以透過此設計缺失進行資料竊取。目前各家主要網路服務提供商已強制使用 TLS 協定。Mozilla 與微軟也同樣發佈此一安全通知並徹底禁用 SSL 3.0，目前主要應用導向 TLS 1.2，此一協定於 2008 年 8 月發表，並且所有 TLS 版本於 2011 年 3 月所發佈的更新資訊中刪除 SSL 的相容性，這樣會使得 TLS 無

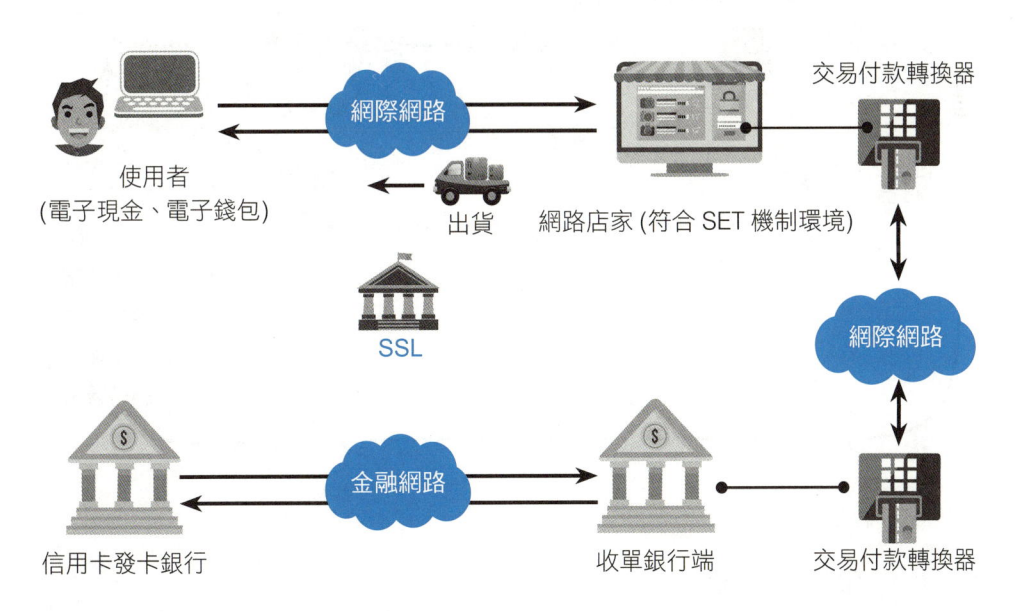

🔊 圖 8-3　SSL 架構

法使用 SSL 2.0 的服務協定，此一措施主要是為了避免資訊安全的疑慮。[1]

8.2 電子付款交易工具

8.2.1 電子支票

電子支票 (Electronic Check) 功能為將現有的紙張支票電子化，目前發展現況主要根據 1996 年美國金融服務協會 (Financial Services Technology Consortium, FSTC) 所發展，主要為針對企業對企業 (B2B) 透過網際網路進行高額付款所制定之規格，並與現有電子商務銀行端訊息及其付款系統連結 (如圖 8-4 所示)。常見的電子支票系統有 NetCheque、NetBill、E-Check 等。使用數位簽章取代傳統簽名，將匯款金額從一個帳戶移轉到另一個帳戶的電子付款流程。透過儲存使用者的私密金鑰 (Private Key)，使電子支票的付款行為可以在商家與銀行端之間透過網路互相傳遞，取代了傳統手寫簽名的形式。並且使用電子支票付款，相關的流程手續費用較低廉，交授付款訊息的銀行端也能為網路店家提供標準化的金流資訊。對於網路高

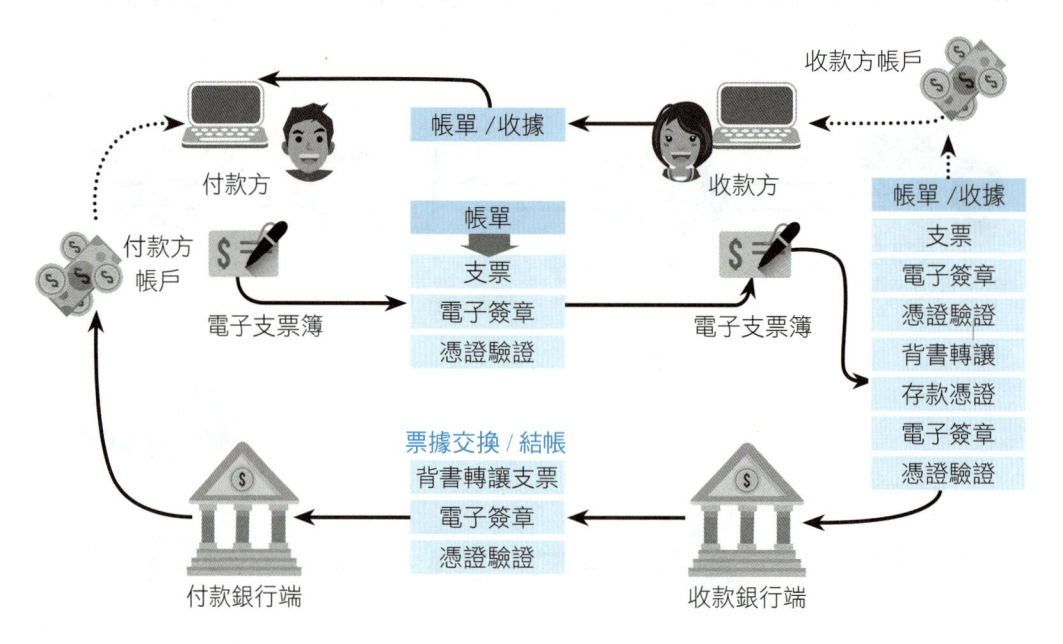

圖 8-4 電子支票架構

---

[1] 資料來源：https://access.redhat.com/articles/1232123。

額交易的商家無疑是最有效率的付款方式。

8.2.2 信用卡

信用卡 (Credit Card) 是一種使用非現金交易的付款方式，屬於使用者的信貸服務。信用卡一般是長 85.60 公釐、寬 53.98 公釐、厚 1 公釐的塑膠卡片，由發卡銀行或信用卡公司根據用戶的信用度與財力進行發卡動作，持卡人使用信用卡消費不需當場支付現金，待結帳日 (Billing Date) 發卡銀行傳遞付款資訊時再進行還款。除了部分與金融卡結合的 VISA 金融卡外，一般的信用卡並不會直接從用戶的帳戶直接進行扣款。

1. 信用卡

信用卡是一張正面印有發卡銀行名稱、有效期限、號碼等，背面有磁條、簽名條等內容，具有消費信用的卡片。它按用戶的信用等級，由發卡銀行制定用戶的消費限度。在每次結帳期間內，信用卡用戶可能花光卡上的信用餘額，並支付一個最低的基礎費用。信用卡發行銀行會對未結算的賒帳收款收取一定比例的利息。客戶可使用信用卡隨時、隨地完成網路交易安全支付操作，個人交易資訊、信用卡號及密碼訊息經過加密後，透過通信網絡直接傳送到銀行進行網路交易付款。

2. VISA 金融卡

VISA 金融卡就是一般 ATM 提款卡附加信用卡付款的功能，開戶後用戶只會拿到一張多功能的卡。這張卡不但包含金融卡的提款功能，還可以進行信用卡的付款功能。VISA 金融卡與存款帳戶連結，帳戶有錢才能刷，並能夠由自己控制預算與開支。國內外均可刷卡及領錢，消費不必提領現金，省時方便，購物更安全。進行網路付款時也僅需依照指示，輸入 16 位數字 VISA 金融卡號、有效期限、卡片背面安全驗證碼，與各網站自行要求輸入之資訊。送出交易，待網頁出現確認畫面後，完成付款。[2]

3. Visa payWave 感應式信用卡

感應式信用卡所使用的卡片為智慧卡，也稱集成電路卡，是一種比較

---

2 資料來源：http://www.visa.com.tw/personal/cards/visadebit.shtml。

　　　　　(a)　　　　　　　　　　(b)

🔊 圖 8-5　(a) VISA 金融卡；(b) Visa payWave 感應式信用卡

特殊的感應式卡片支付方式。具有微處理器的晶片卡，通常採用 RFID，或是 NFC 感應技術。Visa payWave 是消費者付款方式的一項重大突破。它結合了速度、便利性與安全性，能為顧客帶來更多附加價值。這一切都歸功於 Visa payWave 卡片上的晶片，你只需要在結帳櫃檯的感應式讀卡機前感應一下卡片，即可輕鬆又安全的完成付款。[3]

　　隨著網路使用的普及和電子商務的崛起，金融卡與信用卡可借助網絡平台 (如網路銀行)，來實踐網路 ATM 進行線上轉帳與交易付款功能。信用卡付款也成為網路交易付款中最常見與最重要的方式。

8.2.3　電子現金

　　電子現金 (Electronic Cash, E-cash)，又稱數位現金 (Digital Cash)，是一種以數位 (電子) 形式儲存並流通的貨幣，它把使用者銀行帳戶中的資金轉換成一系列的加密序列數。透過這些序列數來表示現實中的各種金額，用戶以這些加密的序列數就可以在能接受電子現金的網際網路商店購物。電子現金比較適用於消費者個體的消費模式、小額網上消費的電子商務活動。

　　用電子現金進行網絡支付時，用戶、商家和電子現金銀行都需要使用電子現金專用的軟體。使用者在電腦上安裝電子現金專用的軟體，賣家電腦也要安裝相對應的服務軟體，發行電子現金的銀行也有相對應的電子現金管理控制軟體。另外，為了保護使用者在使用電子現金時的安全及付款

---

3 資料來源：http://www.visa.com.tw/personal/features/visapaywave.shtml.

流程的穩定性，服務提供方銀行應向 CA 認證中心申請數位憑證，以證實服務方的身份，銀行和商家之間應有協定和授權關係，銀行負責用戶和商家之間資金的移轉 (如圖 8-6 所示)。

電子現金相較於其他交易付款方式具有如下特點：

1. 匿名性：電子現金用於匿名消費。買方用電子現金向賣方付款，除了賣方以外，沒有人知道買方的身份或交易明細。如果買方使用很複雜的匿名系統，甚至連賣方也不知道買方的身份。
2. 不可追蹤性：電子現金不能提供用於跟蹤持有者的資訊，這可以保證交易的保密性，也維護交易雙方的隱私權。除了雙方的個人紀錄以外，沒有其他相關的交易紀錄。因為沒有正式的消費明細與紀錄，連銀行也無法分析和識別資金流向。如果電子現金遺失，就會同紙幣現金一樣無法追回。
3. 安全性：電子現金只限於合法人使用，能夠避免重複使用。它融合現代密碼技術，提供加密、認證、授權等機制，可安全地儲存在使用者的電腦帳戶中或實體的智慧卡中，可方便地進行消費的付款傳遞。
4. 獨立性：電子現金不僅可作為整體使用，還能分為更小單位多次使

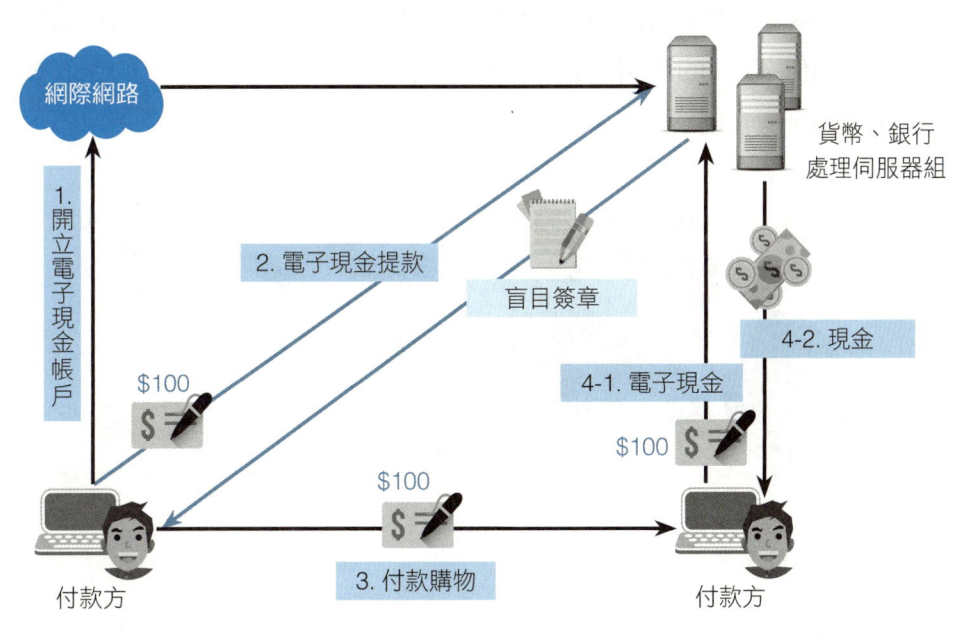

圖 8-6 電子現金架構

用，只要各部分的面額合計與原電子現金面額相等，就可以進行任意金額的支付。電子現金是獨立存在的，亦可以不依賴任何系統軟體。

電子現金使用現況如下：

1. 悠遊卡：悠遊卡係採用 RFID 技術 (飛利浦的 MIFARE 技術)，由悠遊卡股份有限公司所發行，架構類似台灣通、香港的八達通、新加坡的易通卡、深圳的深圳通、廣州的羊城通、JR 東日本的 Suica、JR 西日本的 ICOCA、一卡通等，可用於搭乘大台北地區交通運輸工具、停車場、醫院、動物園、圖書館等處使用。截至 2014 年 11 月底，悠遊卡發行總數已經超過 4,949 萬張，悠遊聯名卡發行總數超過 1,200 萬張，每日交易超過 550 萬筆，每日小額消費也超過 80 萬筆。目前並推出銀行版悠遊卡，由銀行特製卡片，除了信用卡功能外，卡片內餘額可支付交通費用、小額消費，使用者可為卡片申請自動加值服務。銀行不定期提供優惠活動，可享現金或紅利回饋。[4]

2. Mondex：Mondex 是英國西敏寺銀行開發的一種稱為電子錢包的電子貨幣，是基於智慧卡的一種系統。使用時，用戶只要把 Mondex 卡插入讀卡設備，3~5 秒之後，卡和收據便會從設備中退出。Mondex 卡具備和現金一樣的儲蓄與支付功能。當卡內的貨幣用完後，可以透過一種類似 ATM 的專用自動櫃員機，將持卡人在銀行帳戶上的存款調入卡內。現在已經可以使用專用電話來完成此項操作。如果用戶不加

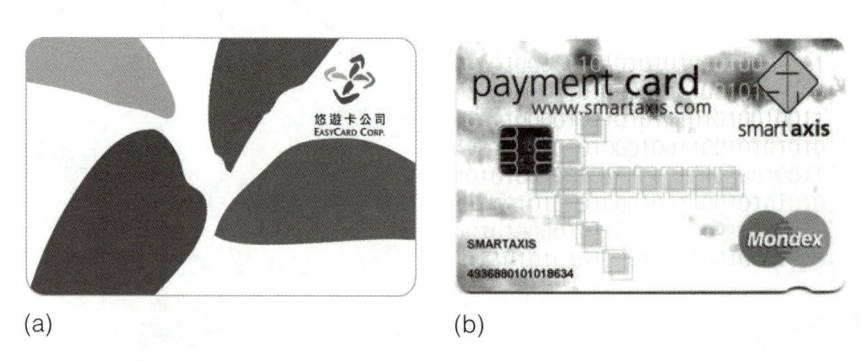

(a)　　　　　　　　　　　　(b)

圖 8-7　(a) 悠遊卡；(b) Mondex

---

[4] 資料來源：http://zh.wikipedia.org/wiki/%E6%82%A0%E9%81%8A%E5%8D%A1.

密碼，當 Mondex 卡遺失時，拾獲者可以使用該卡消費，所以用戶最好設定自己的密碼。即使卡片遺失，別人也不能使用，而用戶可以重新申請一張 Mondex 卡，把原有的餘額轉入新卡內。目前 Mondex 卡的上限為 500 英鎊。[5]

目前電子現金的交易付款方式主要存在兩個問題：首先，電子貨幣沒有一套國際兼容的標準，接受電子現金的商家和提供電子現金開戶服務的銀行都太少，不利於電子現金的流通；其次，應用電子現金對客戶、銀行和商家都有較高的軟、硬體要求，目前成本較高。但儘管如此，電子現金的使用在國外仍呈現增長趨勢。

8.2.4 電子錢包

電子錢包是一個可以讓消費者用來進行安全電子交易付款和儲存交易紀錄的系統軟體，就像隨身攜帶的錢包一樣，但它是個「虛擬錢包」。電子錢包軟體本身並不能用於付款交易，而是可以讓使用者選擇存放在電子錢包裡的各種電子貨幣(如存摺、金融卡、信用卡) 等金融資訊進行交易付款。在電子錢包中可以存放使用者的銀行卡帳號、存摺帳戶、信用卡資訊，以及使用者的個人訊息等。現在很多消費者都認為，每一次的網路購物都需要輸入很多次的付款訊息，尤其是在不同購物網站上輸入存摺帳戶、信用卡付款資訊等。除了重複輸入訊息以外，最重要的問題就是資訊安全，例如：送貨地址、信用卡號與存摺帳戶等，如果只需在網頁上使用個人的「電子錢包」，就能把這些重複付款資訊都安全發送給商家網站，加快購物的付款流程，這對消費者和商家來說都是不錯的選擇。

電子錢包以兩種形式存在，一種是網頁軟體形式，另一種是硬體產品。以網頁軟體使用電子錢包時，多用於網路交易付款、使用者帳戶管理；以硬體產品存在時，多用於小額付款服務。目前電子錢包也會以智慧卡作為硬體載具，用來儲存電子現金。實際上，硬體載具形式的電子錢包也能用於網路交易付款，使用方式基本上與網頁軟體形式的電子錢包一樣，但是需要安裝讀卡器。本節主要介紹網頁軟體形式的電子錢包。

---

[5] 資料來源：http://en.wikipedia.org/wiki/Mondex.

網際網路平台上的電子錢包，通常以網頁軟體的方式進行網路交易付款，需要參與各方安裝相對應的電子錢包服務軟體，中間需要第三方憑證驗證機制與套件的安裝，使得電子錢包可以達到流程上的安全。用戶可以透過使用網頁查看和管理儲存在電子錢包系統上的帳號資訊、交易歷史紀錄。可以進行多帳戶管理、歷史交易紀錄管理及交易付款的服務，並將結果以安全的傳輸方式發送到電子錢包使用者系統端。

電子錢包的功能如下：

1. 使用者資料管理。用戶可透過使用者端軟體在電子錢包服務系統中儲存個人資料，還可以對其增加、修改或刪除。
2. 網路交易付款。用戶在網際網路商店挑選好商品後，可利用電子錢包進行付款。用戶只需要打開電子錢包，選擇用於付款使用的金融存摺、信用卡或電子現金系統，確認付款即可。整個付款流程仍是根據 SET 協定所進行，也保障使用者網路付款的流程安全。
3. 付款明細的保存及查詢。電子錢包可保存每一筆交易紀錄，使用者可透過網頁軟體來查詢這些明細與操作紀錄，同時也可以查詢電子錢包中綁定的金融卡或存摺的餘額資訊。

電子錢包使用現況如下：

1. PayPal：PayPal 是在 1998 年 12 月由 Ken Howery、Max Levchin、Elon Musk、Luke Nosek，以及 Peter Thiel 建立。其後，PayPal 於 2000 年起陸續擴充業務，包括在其他國家推出業務及加入美元以外的貨幣單位，計有英鎊、加幣、歐元、澳幣、日圓、新台幣及港幣等。2002 年 10 月，全球最大拍賣網站 eBay 以 15 億美元收購 PayPal，PayPal 便成為 eBay 的主要付款途徑之一。現在 PayPal 已經支援超過 193 個地區，註冊用戶數量超過 2.5 億 (2012 年)。PayPal 是目前全球最大的線上支付提供商。PayPal 會嚴格稽核用戶的個人資料，目的是禁止洗黑錢或資金流向恐怖分子，像北韓、伊朗等國家。如帳戶中涉及企業、組織等會被要求上傳稅單、位址等證明，一旦不如期提供即會被凍結帳號。越高階的帳號越多審查，因此個人帳戶一般很少審查。PayPal

會經常檢測用戶登入帳號時的 IP，如常變換 IP 則會被限制 (甚至凍結)。這樣雖然可以有效防止帳號被盜用，但是如果經常用手機上網，或用周圍的 Wi-Fi 上網，就有被限制的風險，也相當不便。[6]

2. Google Wallet：**Google 電子錢包** (Google Wallet) 是 Google 所開發的一項使用手機，以近場通訊技術進行信用卡支付系統。Google 電子錢包允許消費者使用信用卡、優惠券、禮品卡等形式消費，商家同時可以利用其進行促銷活動。Google 於 2011 年 5 月 26 日的媒體見面會上首次公開展示 Google 電子錢包的應用程式，並在 9 月 19 日發佈。這款應用程式首先在 Sprint Nexus S 4G 手機上使用，且繼續擴展到其他型號的手機上。而 Google 電子錢包服務已經涵蓋 30 萬個萬事達卡的購物點。

　　Google 電子錢包可讓你將付款資訊安全儲存在 Google 帳戶中，因此你每次線上購物時就不需要輸入帳單和運送詳細資料。登入之後，當你在接受 Google 電子錢包的線上商家，和 Android 應用程式中結帳時，就能快速付款。此外，你也可以在網路上或透過 Gmail，安全地向任何擁有電子錢包帳戶的美國使用者匯款及收款。[7]

有很多的商家涉足電子錢包行業，例如：微軟、Yahoo! 奇摩、Google 等，但現在大部分都把注意力轉移到手機電子錢包上。

(a)　　　　　　　　　(b)

圖 8-8　(a) PayPal；(b) Google Wallet

6　資料來源：http://zh.wikipedia.org/wiki/PayPal.
7　資料來源：https://support.google.com/wallet/answer/105653?hl=zh-Hant.

8.2.5 小額付費系統

小額付費系統 (Micropayment) 是指在網際網路上進行的一些小額的費用付款,並整合認證 (Authentication)、授權 (Authorization) 及計費 (Accounting) 三種技術成為一個標準平台 (如圖 8-9 所示),特別是數位音樂、遊戲等數位產品。例如,Web 網站為使用者提供付費的搜索服務,下載一段音樂、下載一個影片、下載試用軟體等,所涉及的付款費用很小,通常屬於 MOD 影片購買服務、手機 APP 軟體購買服務,往往只要幾十塊或是幾百塊。這種付款機制有著特殊的系統要求,在滿足一定安全性的前提下,要求有盡量少的付款資訊傳輸、較低的管理和儲存需求,即速度和效率要求比較高,這種付款形式就稱為小額付費系統。小額付費系統適用於 B2C、C2C 最常見的商品交易,特點在於交易額度小,讓人不假思索地購買,同時自身的交易量大,頗有薄利多銷的意味。

在滿足安全性的前提下,小額付費系統還應滿足以下需求:

1. 在滿足一定的安全性條件下,系統應具有盡量少的資訊傳輸量、較低

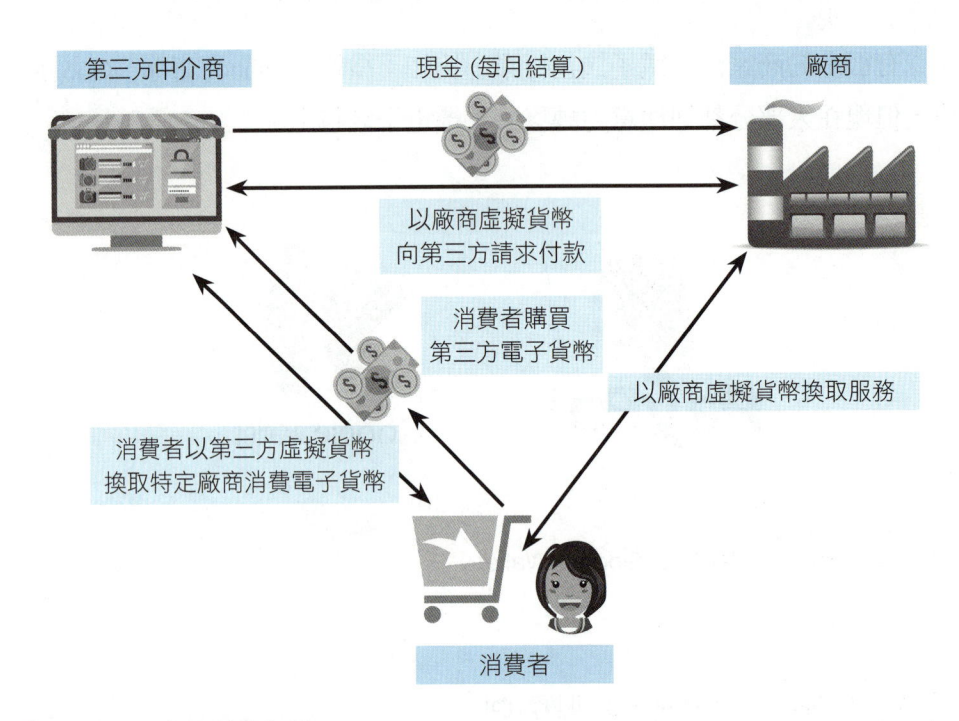

圖 8-9　小額付費架構

的管理和儲存流程。

2. 由於交易金額小，所以系統的交易過程盡量簡單，並且完成每一筆交易所需的費用也應較低。
3. 付款的過程需要具有較高的及時性、較高的處理速度和效率，可以在網路環境下實現電子交易的實質付款。
4. 應用範圍特殊。小額付費一般不適用於實物交易中的電子支付 (不適合 SSL 和 SET 協定)。可用在資訊產品、數位產品的支付 (例如：影片、音樂、資訊查詢和檢索，以及廣告點擊付費等)、網路傳輸計費和認證，以及分佈在特殊網路環境下的認證等。

8.3 網路銀行與第三方支付

8.3.1 網路銀行

電子商務的發展既要求銀行為之提供相互配套的網路交易付款系統，也要求銀行端提供網路銀行等金融服務。網路交易行為一般都由兩個程序完成，一是交易程序，二是付款程序。前者在客戶與銷售商之間完成，後者需要透過銀行端的網路銀行服務來完成。顯然沒有銀行端所提供的服務，會使得電子商務的網路交易沒有安全、穩定性、高效能的網路交易付款系統，就無法實現真正意義上的電子商務。金融行業競爭的需要，是網路銀行發展的最根本原因。網際網路讓傳統銀行透過網路與資訊科技提供創新的服務方式。網路銀行就是將銀行的交易與業務提供到電子商務的一種方式，透過對商業活動的金融服務，提高商流與金流的相互合作。

網路銀行是指銀行在網際網路上建立服務機制，透過網路向用戶提供資訊查詢、對帳、付款、資金轉帳、信貸、投資理財等金融服務。簡單來說，就是銀行在網際網路平台上建立的虛擬銀行櫃檯。網路銀行又稱為「3A」銀行，即在任何時間 (Anytime)、任何地點 (Anywhere)，以任何方式 (Anyhow) 享受銀行提供的金融服務。

網路銀行發展至今有如下特點：

1. 使交易流程更方便快速，全面實現無紙化交易。網路銀行打破地域和

時間限制，使交易和付款變得更方便、高效率與可靠。
2. 降低銀行經營成本。根據 BoozAllen & Hamilton 公司公佈的調查報告，網路銀行經營的成本只相當於經營收入的 15%～20%，而普通銀行的經營成本占收入的 60%。
3. 簡單安全易用。使用網路銀行的服務不需要特別的軟體，僅需要透過網頁系統來使用，也不需要專門的培訓。網路銀行服務也採用多種先進技術來提高交易的安全。

8.3.2　第三方支付

電子商務環境下，除了網路銀行、信用卡、金融卡等支付方式以外，還有一種方式也可以相對降低網路交易付款的風險，就是正在迅速發展利用第三方機構的付費模式及付費流程。根據中國艾瑞諮詢的統計數據顯示，2011 年中國支付行業互聯網支付業務交易規模達到 22,038 億元，同比增長 118.1%，其中第三方互聯網支付交易規模呈現高速增長。

所謂第三方支付就是具備一定實力和信譽保障的獨立機構，採用與各大銀行簽約的方式，提供與銀行支付結算系統結合的交易平台的網路付費模式。該模式透過與銀行的商業合作，以銀行的付費功能為基礎，向政府、企業、事業單位提供中立的、公正的、面向用戶的個性化支付結算與增值服務。

目前常見的第三方支付產品主，中國主要有支付寶 (阿里巴巴旗下)、財付通 (騰訊公司、騰訊拍拍) 等；國際常用的有 PayPal；台灣第三方付費相關條文仍在審議制定中。

1. 第三方付費的平台：在平台帳戶模式 (也稱 PayPal 模式) 下，買家可以透過網路進行付費帳號的使用直接進行交易。第三方付費平台充當信用中介，在與銀行相連完成支付功能的同時，為用戶提供帳號，進行交易資金代管，尤其完成用戶與商家的付費後，定期統一與銀行結算。目前這種方式為大多數店家首選，因為它不僅包含數位驗證安全機制，並提供多種配套服務，符合消費者的習慣。
2. 第三方付費的交易付款流程：在第三方付費模式中，付款者必須在第

三方付費平台建立帳戶 (如 PayPal、Google 電子錢包)，向第三方付費系統提供帳戶資訊、金融存摺資訊或是信用卡訊息，第三方平台付費流程可分為以下幾個步驟：

(1) 消費者上網瀏覽商家網頁，選擇其所需購買的商品，並向商家發送購買和付費的功能。

(2) 消費者可以選擇兩種支付方式：一種是選擇第三方平台付款，或是透過支付平台將帳戶綁定的金融存摺的匯款金額劃撥到商家帳戶，之後由第三方平台將付費資訊發送給銀行端，將存摺款項匯入到店家的銀行帳戶中。第二種方式是選擇信用卡支付，直接將自己綁定的信用卡進行刷卡動作，將款項付款到商家的帳戶。

(3) 由相關銀行檢查網路銀行消費者的付款額度，實行凍結或是扣帳動作，並將結果訊息傳到第三方付費平台進行相關措施。

(4) 第三方付費平台通知商家消費者已經付款。

(5) 商家對消費者的購買和付費確認後，進行商品的配送流程，由配送單位將貨物送到消費者手中。

(6) 各銀行透過第三方付費平台完成扣款流程。

為了保障消費者的交易安全，有些第三方付費平台會有擔保服務，如支付寶。擔保業務是付款人將要付款的金額暫時存放於支付平台的帳戶中，等到付款人確認已經得到貨物(或服務)，或在某段時間內沒有提出拒絕付款的要求，支付平台才將款項轉到收款人帳戶中。由此可見，第三方平台全面介入整個付費流程，並對其進行監管。買賣雙方任何一方出現不滿意，都可以透過第三方支付平台進行調解，直到滿意。這樣會減少交易的風險和成本，促進電子商務的發展。

8.3.3 行動付款概念

所謂**行動付款** (Mobile Payment) 是指交易雙方透過行動載具(如圖 8-10 所示)，採用無線方式所進行的銀行轉帳、繳費和購物等商業交易活動。通常行動付款所使用的行動載具是智慧型手機、平板電腦及筆記型電腦。本書涉及的行動付款在交易活動中用手機作為付費行為，也稱「手機付

圖 8-10　行動付款

款」。作為嶄新的電子付款方式，行動付款具有方便、快捷、安全等諸多特點，消費者只要擁有一支智慧型手機，就可以完成多種網路電子商務交易。

延伸閱讀：行動商務將是電子商務的未來

想像一下，假如你正在一個商場裡逛街，發現很喜歡一件 G-star 牛仔褲，不過價錢貴得離譜，你會怎麼做？一般人可能會忍痛放棄，但此時如果你拿出 iPhone，打開亞馬遜的 Price Check，掃描該牛仔褲的條碼，結果發現亞馬遜的價格便宜很多，也許你就會在狂喜中按下購買鍵。使得實體商場在不知情中成了亞馬遜免費的商品陳列和體驗室。

不難想像的是，假以時日這家商場會一點一點地被智慧型手機 APP 應用程式的時代所取代，傳統的產品經營版圖，甚至是電子商務店家版圖將徹底被顛覆。根據調查，在實體店面用智慧型手機查詢商品資訊的用戶中，有 29% 會透過手機來購買商品。如果你的經營策略和行銷沒有透過網頁關鍵字，或是手機廣告的形式有力地呈現出來，那麼你會被這股行動商務 (M-Commerce) 的潮流遺忘，甚至是被摧毀。

來自前瞻產業研究院的數據顯示,在 2015 年,全球範圍內的行動商務總收入有望突破 1,630 億美元,達到全球電子商務收入的 12%。那些擁有成熟商務策略的企業將得到最大的回饋,而那些缺乏行動商務策略的企業將不可避免地走向衰落。

例如,星巴克推出客戶忠誠度獎勵計畫,顧客到店裡消費時可以用 Foursquare APP 簽到爭積分換取獎品。這個機制不但可以提高顧客忠誠率,還可以使星巴克在社交平台上和實體店內同時與顧客互動。另外,星巴克可以利用 Foursquare 的數據分析顧客的消費習慣,進而調整產品和服務。

行動商務的大展鴻圖無庸置疑,但在短期內依然有不少難以逾越的障礙,而解決這些障礙的本身也就是商機。根據 e-tailing 的調查研究,阻礙用戶在智慧型行動終端上購物的原因是:購物體驗差強人意 (49%)、擔憂洩漏信用卡資訊 (36%)、連接速度慢 (31%)、產品圖樣品質太差 (26%)、產品資訊不易查閱 (23%)、耗時太長 (20%)、產品資訊不夠全面 (18%)、產品選擇不全 (13%)、缺乏 GPS 定位的服務 (9%)。

行動商務已經融入人們的日常生活中,為了滿足被智慧型手機、智慧家電充斥的現今社會,企業必須在網路與行動裝置服務上有所創新,社交網絡平台和 APP 平台為用戶精準地提供更多的消費者效益和更好的消費體驗。行動商務將會是電子商務的未來。

資料來源:《現代物流報》,A09 版電子商務專區,2012 年 7 月 2 日。

本章摘要

本章先簡單概述傳統交易付費程序、電子交易付費的發展,以及網路付款的實現;接著對電子商務環境下出現的常見付款方式做具體介紹,例如:電子現金、電子錢包、信用卡類,以及小額付款等;也對網路付款平台 —— 網路銀行和第三方付費做重點概述;最後,介紹當前新興的付款模式 —— 行動付費。

問題與討論

1. 試說明電子商務交易付款在商務中存在的意義。

2. 什麼是電子現金？試簡述其優缺點。
3. 試簡述網路銀行的含義及特點。
4. 電子商務為什麼要引入小額付費系統？
5. 試討論第三方付費平台的發展趨勢。

案例 8-1
Apple Pay 大戰 Google 電子錢包：他們是如何運作的？

蘋果公司及 Google 各自擁有一群狂熱的粉絲，粉絲特別喜歡把兩家公司的產品像比較蘋果與橘子一樣研究。在比較了 Apple Pay 及 Google 電子錢包兩種產品的差別之後，一開始認為它們幾乎是兩個相同的產品。差別在於，Apple Pay 看起來更容易使用，而 Google 電子錢包則有較多功能。深入研究才發現，兩個產品的差別，就像是一顆蘋果與一個綠色機器人。

基本部分

1. Apple Pay 及 Google 電子錢包都是行動支付系統。
2. Google 電子錢包在 2011 年 9 月上市，是在蘋果公司的產品上市之後，它的使用率跟接受度也隨之上升，這個增幅有可能是空前絕後的。
3. 兩個系統都可以使用 NFC (近距離無線通訊技術) 進行非接觸式的付款，但是實作方式稍有不同。由於可以完全制定硬體規格，蘋果只對 iPhone 6 及 iPhone 6 Plus 開放 Apple Pay (還有幾款 iPad 及 Apple Watch)，並且使用指紋辨識技術做身份認證。
4. Google 選擇傳統的密碼驗證系統。此差別讓蘋果公司的付款方式更容易使用，而且看起來更酷！不過，Google 的方案可以在許多舊型的手機上運作，甚至不能使用自家支付系統的 iPhone 5 也可以使用 Google 電子錢包。
5. 兩種支付方式都可以直接在 APP 應用程式或是網站進行線上購物，經由事先輸入的資訊可以自動完成整個結帳流程，消費者需要輸入密碼或是進行指紋驗證以完成交易。
6. 從產業的觀點來看，這兩種行動支付方式最明顯的是安全性的突破，而蘋果公司及 Google 在這方面都做得不錯。

安全性

1. 信用卡詐欺已經成為美國的一個主要犯罪問題。隨著銀行和商店升級其支付平台，像蘋果公司或是 Google 這樣的行動支付系統可能讓美國成為支付安

全的領導者。

2. 兩個系統看起來同樣可靠，兩家公司採用不同的方式設計產品功能及侷限性。對消費者來說，最顯著的不同是指紋辨識跟輸入密碼。雖然在技術層面有更多複雜的細節，但最重要的是，兩家公司的系統都不會將客戶的信用卡資料 (卡號、持卡人姓名、有效日期、檢查碼) 傳送給商店。

3. 兩個系統的使用者都只需要在初始設定中送出一次信用卡資料。Google 扮演一個中間人的角色，並且把使用者的信用卡資料存在其伺服器中。收到並儲存使用者的信用卡資料之後，Google 會提供使用者一組行動設備，名為 Google Wallet Virtual Card 的虛擬信用卡。使用者的設備只會傳送虛擬信用卡來進行交易，因此商店絕不會看到真正的信用卡資料，而這些資料被安全地保存在 Google 的主機裡。當商店對虛擬信用卡的消費請款時，Google 才會對消費者設定的那張卡片請款。換句話說，Google 是整個交易過程中唯一能看到消費者真正信用卡資料的角色。

4. 蘋果公司則採用另一種名為 Tokenization 的資安方式。當使用者在行動裝置上設定好卡片資料後，這個機制會直接與發卡銀行聯絡，確認信用卡資料的正確性。待卡片確認後，一組綁定裝置和信用卡，名為 DAN (Device Account Number) 的專屬令牌會被儲存在裝置上的一塊安全晶片裡。而 DAN 有結構地重組消費者的信用卡卡號，在之後的所有付款中，實際被發送給商家的卡號就是這組重組的卡號，銀行可用傳統的方式來管理這組卡號。

差異性

1. 上述的些微差別造就兩種完全不同的付款方式。由於 Google 儲存了使用者的卡片資訊，在交易中擔任中間人的角色，因此不需要與銀行打交道。實際上，任何種類的卡片都可以設定在 Google 電子錢包上。而且你也可以把商店發行的現金回饋卡、儲值卡或禮券卡設定到 Google 電子錢包裡，所有的金錢都可以在不需要銀行的情況下存入或支出。

2. Google 電子錢包試圖在虛擬世界取代傳統的錢包。因此，Google 會追蹤你的交易，儲存你的購買紀錄。如果你有把發票全都塞進皮夾裡的習慣，你的皮夾裡也會塞滿你購物的足跡。Google 會像其他蒐集來的資料一樣，提供所有和你有關的廣告，這就是 Google 的商業模式。為了扮演好中間人的角色，Google 在他們的詐騙防護政策中，保證百分之百的安全措施。

3. 相反地，蘋果公司明確表明絕不追蹤客戶的交易。事實上，蘋果公司不會在其主機或使用者的裝置上儲存信用卡資料。蘋果公司所做的只是傳送你的卡號到銀行，確認卡號後，將從銀行端接收到的 DAN 存到裝置的安全晶片上。

4. 蘋果公司不是一個支付中間人，Apple Pay 如其名，就是一種支付方式。基本上，一支啟用 Apple Pay 的手機就像是一張漂亮昂貴、沒電就不能用的信用卡。雖然指紋辨識和遙控支付的技術提供一定程度的保護，但這也代表如果有人用了你的 Apple Pay，你得親自跟銀行協商。

5. 這個做法也代表蘋果公司必須個別跟銀行談合作的事宜，也就是說，限制可搭配 Apple Pay 使用的卡片種類。不追蹤交易內容也代表蘋果公司無法將使用者的行為轉換成收入，而蘋果公司還必須向合作銀行收取交易次數計費的費用，這個費用的計算方式到目前為止似乎還是個謎。

然而，儘管蘋果公司有「喊水會結凍」的本事，他們在行動支付這個領域仍待開拓。Merchant Customer Exchange (MCX) 是一個包含沃爾瑪、美國 7-11、溫蒂漢堡等知名商店的商店聯盟，宣佈不會使用 Apple Pay 或是 Google 電子錢包。相反地，他們推出自己的行動支付方案──CurrentC 的產品。這項方案將為他們省下大量的交易處理費用。蘋果公司或 Google 並未提供太多好處來獎勵商店使用他們的系統，CurrentC 還是使用老式的掃描 QR Code 來進行付款，這樣的使用方式看起來很難成功。而 Apple Pay 宣稱可以完全取代消費者錢包的產品，雖然 Google 電子錢包似乎更有資格這樣說。不過，Google 也自稱 Google 電子錢包是「一種更簡便的支付方式」。同樣地，Apple Pay 似乎更適合這個稱號。對消費者來說，兩個系統都著重在提升更多安全性，便利性上只有小小的進步。對整個產業來說，如何衡量這兩個系統的好壞則仍在未定之天。

資料來源：摘錄自 Apple Pay vs. Google Wallet: How They Work，Astral Web 歐斯瑞編譯；http://www.inside.com.tw/2015/01/27/apple-pay-vs-google-wallet-how-they-work.

討論

1. 根據案例分析，目前行動付款的發展存在哪些問題？
2. 案例提到 Google 與蘋果公司之前的電子錢包策略與目標異同，試蒐集相關資訊，分析電子錢包在全球的發展情況，並分析其原因。

參考文獻

1. 馬剛、李洪心 (2009)，電子商務支付與結算。大連：東北財經大學出版社。
2. 柯新生 (2010)，網路支付與結算，第二版。北京：電子工業出版社。
3. 曾子明 (2008)，電子商務安全與支付。北京：科學出版社。
4. 劉英卓 (2010)，電子商務安全與網上支付。北京：電子工業出版社。

5. 楊雪雁 (2010)，電子商務概論。北京：北京大學出版社。
6. Gary P. Schneider 著，成棟譯 (2010)，電子商務。北京：機械工業出版社。
7. 陸振光、常晉義 (2008)，電子商務，第二版。北京：中國電力出版社。
8. 白東蕊、岳雲康 (2010)，電子商務概論。北京：人民郵電出版社。
9. 楊風召 (2011)，電子商務概論。北京：電子工業出版社。
10. 戴建中 (2012)，電子商務概論，第二版。北京：清華大學出版社。
11. 艾瑞諮詢 (2011)，2011 年中國第三方支付行業六大盤點。
12. 黎孝先 (2008)，國際貿易實務，第四版。北京：對外經濟貿易大學出版社。
13. 中央社，電子紅包引爆激戰，阿里巴巴槓騰訊。http://www.cna.com.tw/news/acn/201502180233-1.aspx。
14. Visa 金融卡，http://www.visa.com.tw/personal/cards/visadebit.shtml。
15. Visa payWave 卡，http://www.visa.com.tw/personal/features/visapaywave.shtml。
16. 悠遊卡，https://zh.wikipedia.org/wiki/ 悠遊卡。
17. Mondex，http://en.wikipedia.org/wiki/Mondex.
18. PayPal，https://www.paypal.com/tw/webapps/mpp/home.
19. Google Payments，https://support.google.com/payments/?hl=zh-Hant&rd=2&source=APAC_forms_rd_nonGGorNCLB#topic=6209953.
20. 移動商務將是電子商務的未來 (2012.7.2)，現代物流報，A09 版電子商務專區。
21. Astral Web 歐斯瑞編譯 (2015.1)，Apple Pay 大戰 Google Wallet (電子錢包)：他們是如何運作的？http://www.inside.com.tw/2015/01/27/apple-pay-vs-google-wallet-how-they-work。

9 電子商務網站開發

電子商務自動化的必要工具：API

　　電子商務的發展不斷演進，相關業者的營運型態已從傳統「備貨接單」的高度人工作業流程模式，逐漸發展成「接單出貨」的高度自動化模式。然而從接單到自動轉單出貨的流程，往往涉及許多資料交換與系統串接，如何縮短流程成為迎接行動商務的挑戰。

　　目前人力成本相對較高的西歐國家開始大量使用 API (Application Programming Interface) 來建立自動化流程，電子商務生態體系的運作效率因此提升，直接促進電子商務市場的蓬勃發展。

　　有些電子商務業者甚至需要安裝多個 API 來與多個供應商做資料交換，如英國的 Stock In The Channel，並可透過產品料號對應到整合型產品資料庫，整合完整產品資料到網頁後台系統，同步更新網頁前台產品資訊。

　　因此，市場逐漸發展出專業的 API 整合服務公司。目前在西歐已經有越來越多經營者專注提供 API 整合應用服務，例如：德國的 COP、法國的 CompuBase、荷蘭的 ICESHOP 等。這些公司透過 API 快速串接第三方電子商務公司，建立完整的網路商務生態系統，也加速網路商務的快速發展。

　　對電子商務廠商來說，API 可以用來連結上下游供應商與第三方服務系統商的資料系統。例如，透過 API 來跟經銷商或品牌廠商倉庫的倉庫管理系統 (Warehouse Management System, WMS) 做連結，以取得產品料號、庫存數量、價格，以及可出貨時間等。又如，透過 API 與品牌廠商的產品資訊管理 (Products Information Management, PIM) 做資料連結，取得品牌原廠的產品規

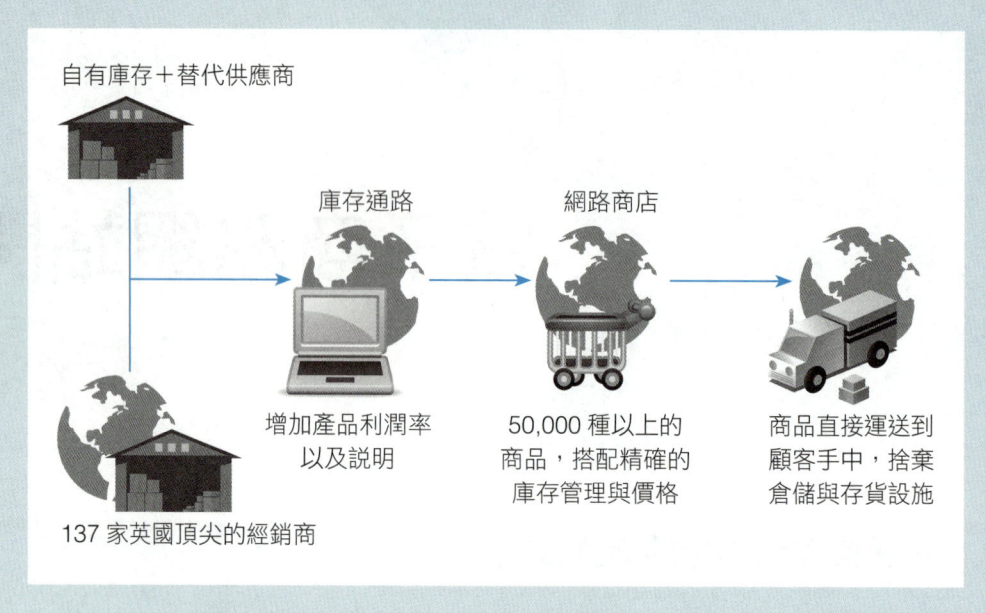

```
自有庫存＋替代供應商
   │
   ▼         庫存通路        網路商店
            增加產品利潤率    50,000 種以上的    商品直接運送到
            以及說明         商品，搭配精確的   顧客手中，捨棄
                           庫存管理與價格    倉儲與存貨設施
   ▲
137 家英國頂尖的經銷商
```

📶 圖 9-1　電子商務業者可直接連線取得經銷商資料，並完成自動轉單出貨流程的資料連結

格照片、行銷資訊及影音說明等，以降低資料重複人工鍵入的成本與可能的資料重製錯誤。

不過，礙於資源限制，可能只有少數品牌大廠會提供 API 給通路做資料串聯，而且通常是提供客製 API 給大型電子商務平台或垂直電子商務使用，無法開放給其他通路使用。

因此，市場上開始出現整合型的多品牌產品資料庫公司，例如：歐洲的 ICECAT、ETIM，或是美國的 CNET 與 GS1 等。透過單一 API 模組的安裝，使用共通電子資料交換 (Electronic Data Interchange, EDI) 格式，例如：XML 或 CSV 等，經過產品料號與資料庫做比對，整合到網頁後台產品資料庫，電子商務便可迅速在網頁上呈現出完整與豐富的產品說明資訊。

台灣網路商務經過多年的發展，也慢慢發展出自己的上下游供應鏈體系與第三方服務，相信未來對於 API 應用的需求也會越來越高。

資料來源：http://www.bnext.com.tw/article/view/id/34288.

9.1 電子商務網站特點及基本功能

電子商務是透過網際網路實現產品和服務的交換活動,而在網際網路上建立商務網站是電子商務目前主要的實現方式和載體。電子商務網站是企業在網際網路上建立的一個商業系統,一般基於瀏覽器/伺服器(B/S)應用方式,由眾多網頁(包括主頁和普通頁面)、後台資料庫等構成,實現消費者的線上購物、商戶之間的線上交易、在線電子付款,以及各種商務活動、交易活動、電子金融活動、相關的綜合服務活動。電子商務網站由伺服器、工作站和各種網站設備作為技術支撐。

9.1.1 電子商務網站的設計思想

電子商務網站的設計思想應以客戶為中心,樹立企業品牌形象,提升企業核心競爭力。在此基礎上應遵守如下的設計原則:

1. 明確建站的目的和目標群體,總體設計方案主題鮮明。
2. 網站的版式設計表達出和諧與美,合理運用色彩,網頁形式與內容相統一,利用多媒體功能。
3. 注意網站的層次性和一致性,內容經常更新,溝通管道暢通。
4. 努力提高網站的性能,合理運用新技術。

9.1.2 電子商務網站的特點

電子商務網站除了一般網站所共有的特點外,還有下列特點:

1. 商務性:電子商務網站最基本的特點為商務性,即提供買賣交易的服務、手段和機會。
2. 服務性:在電子商務環境下,電子商務提供的客戶服務應該更方便。這不僅對客戶來說如此,對企業而言,同業也能受益。
3. 集成性:電子商務網站使用到大量新技術,能規範事務處理的工作流程,將人工操作和電子資訊集成一個不可分割的整體。這樣不僅提高人力和物力的利用,也提高系統運行的嚴密性。

4. 可擴展性：要使電子商務正常運作，必須確保其可擴展性。可擴展的系統才是穩定的系統。如果出現高峰狀況時能及時擴展，就可使得系統阻塞的可能性大為下降。
5. 安全性：在電子商務中，安全性是必須考慮的核心問題。欺騙、竊聽、病毒和非法入侵都在威脅電子商務，因此要求網路能提供一種端到端的安全解決方案，包括加密機制、簽名機制、分佈式安全管理、存取控制、防火牆、SET (安全電子交易) 和 SSL (網路傳輸安全協定) 等協定標準，使企業能建立一種安全的電子商務營運環境。
6. 協調性：電子商務活動是一種協調過程，它需要生產方、供貨方，以及商務夥伴間電子商務系統的協調。

9.1.3 電子商務網站具備的基本能力與工作流程

電子商務網站可提供線上交易和管理等全過程的服務，因此電子商務網站也形成其獨有的服務功能如下：

1. 訊息發佈功能：在電子商務中，商業訊息發佈的即時性和方便性是傳統媒體所無法比擬的。訊息查詢技術的發展及多媒體的廣泛使用都使得這些資訊比過去更精彩、更吸引人。
2. 線上訂購功能：線上訂購在技術上是透過線上互動進行的，廠商或零售商在網頁上提供有關商品的詳細訊息，並且附有訂購訊息處理方法，讓用戶與廠商直接進行互動。用戶提交完訂購單後，系統會回覆確認訊息，以保證訂購資訊的確認。
3. 線上付款功能：付款過程在商務活動中占有重要地位，線上付款必須解決安全問題。
4. 諮詢洽談功能：電子商務可借助非即時的電子郵件和即時的討論組來瞭解市場和商品訊息，洽談交易事務。如有進一步的需求，還可用線上的白板會議來交流即時的圖形訊息。線上諮詢和洽談能超越人們面對面洽談的限制，提供多種方便的異地交談形式。
5. 交易管理功能：交易管理是電子商務中重要的一環，整個交易的管理將涉及人、財、物多個方面，及企業和企業、企業和客戶，以及企業

內部等各方面的協調和管理。因此,交易管理是涉及商務活動全過程的管理。

6. **物流管理功能**:對於已付款的客戶,商家應將其訂購的貨物盡快地傳遞到他們手中。客戶可追蹤物流訊息。

網站建構的一般流程如表 9-1 所示。

表 9-1 電子商務網站建構工作流程

步驟	內容	具體細節
1	網站策劃	市場調查、網站服務領域、網站服務對象、網站提供哪些服務
2	網站設計	網站內容結構 (如欄位名稱、內容)、網站功能需求 (如互動機制)、網站表現形式 (如色彩搭配、字型選擇)、版面內容編輯 (如文字圖形)
3	網站開發	程式開發、資料庫設計
4	測試和評價	連結有效性、網頁可讀性、網站下載速度、網頁語言正確性、網站可用性、網站互動性等
5	網站宣傳	網站網域名稱申請、建立搜索連結、網站推廣宣傳
6	網站維護和管理	日常內容維護、表現形式維護、網站功能升級
7	用戶回饋	網站訪問統計、交流論壇

9.2 電子商務網站設計

9.2.1 網站系統的系統架構

對於一般的網路應用系統,主要有兩種系統架構模式:

1. C/S 架構

C/S 架構 (Client/Server Architecture),即客戶端伺服器端架構,是一種典型的兩層架構,客戶端包含一個或多個在用戶電腦上運行的程式 (如圖 9-2 所示)。而伺服器端有兩種:一種是資料庫伺服器端,客戶端透過資料庫連接訪問伺服器端的資料;另一種是 Socket 伺服器端,伺服器端的程式透過 Socket 與客戶端的程式通訊。

C/S 架構也可以視為客戶端架構。因為客戶端需要實現絕大多數的業

▶ 圖 9-2　C/S 架構模式

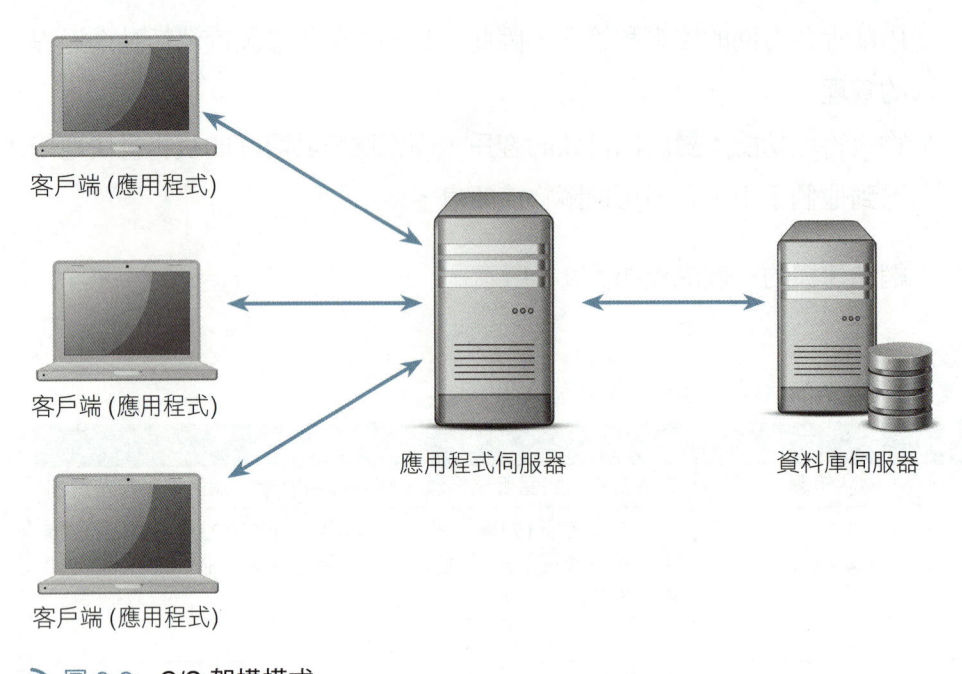

務邏輯和介面展示。這種架構中，作為客戶端的部分需要承受很大的壓力，因為顯示邏輯和事務處理都包含在內，透過與資料庫的互動 (通常是 SQL 或儲存過程的實現) 來達到持久化資料，以此滿足實際項目的需要。

C/S 架構的優缺點：

(1) 優點

　　A. C/S 架構的介面和操作可以很豐富。

　　B. 安全性能可以很容易保證，實現多層認證也不難。

　　C. 由於只有一層交換，因此反應速度較快。

(2) 缺點

　　A. 適用面窄，通常用於區域網中。

　　B. 用戶群固定。由於程式需要安裝才可使用，因此不適合面向一些不可知的用戶。

　　C. 維護成本高，發生一次升級則所有客戶端的程式都需要改變。

2. B/S 架構

B/S 架構 (Browser/Server Architecture)，即瀏覽器 / 伺服器架構。Browser 指的是 Web 瀏覽器，極少數事務邏輯在前端實現，主要事務邏輯在伺服器端實現 (如圖 9-3 所示)。Browser 客戶端、Web App 伺服器端及 DB 端構成所謂的三層架構。B/S 架構的系統無需特別安裝，只要有 Web 瀏覽器即可。

B/S 架構中，顯示邏輯交給 Web 瀏覽器，事務處理邏輯放在 Web App 上，這樣就避免龐大的客戶端，減少客戶端的壓力。因為客戶端包含的邏輯很少，因此也稱為瘦客戶端 (Thin Client)。

B/S 架構的優缺點：

(1) 優點

　　A. 客戶端無需安裝，有 Web 瀏覽器即可。

　　B. B/S 架構可以直接放在廣域網路上，透過一定的權限控制實現多客戶訪問的目的，互動性較強。

　　C. B/S 架構無需升級多個客戶端，升級伺服器即可。

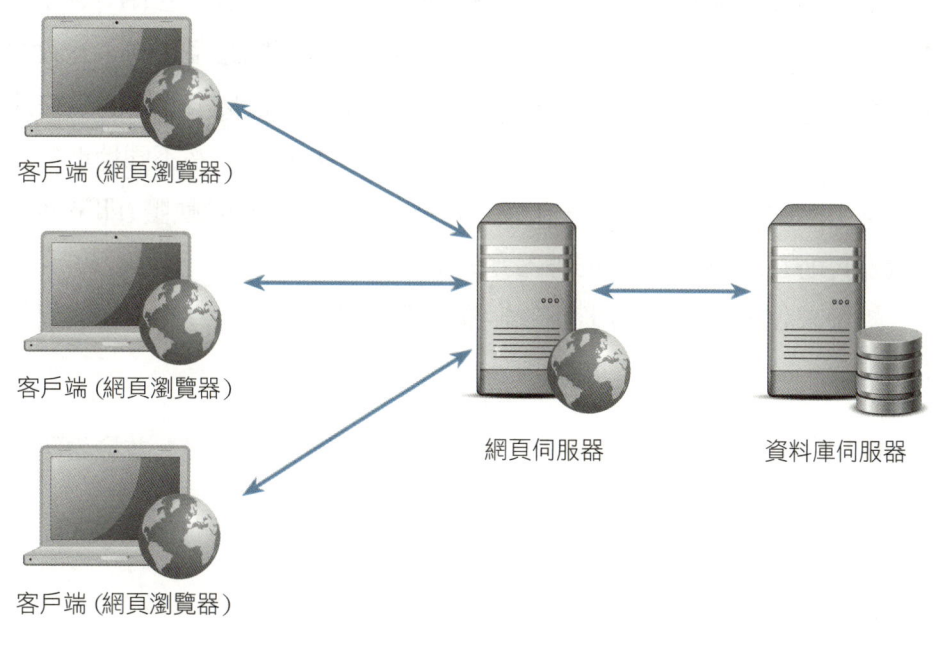

◎ 圖 9-3　B/S 架構模式

(2) 缺點

　　A. 在跨瀏覽器上，B/S 架構不盡如人意。

　　B. 表現要達到 C/S 架構的程度需要耗費不少精力。

　　C. 在速度和安全性上需要花費巨大的設計成本。

　　D. 客戶端與伺服器端的互動是請求—回應模式，通常需要刷新頁面，這並不是客戶樂意看到的 (在 Ajax 風行後，此問題得到一定程度的緩解)。

電子商務系統基本上採用 B/S 架構。

9.2.2　開發技術基礎

1. 全球資訊網

　　WWW (World Wide Web) 簡稱 3W，有時也叫 Web，又稱萬維網、環球訊息網等。WWW 由歐洲核物理研究中心 (CERN) 研製，其目的是為全球範圍的科學家利用網際網路進行方便的通訊、訊息交流和訊息查詢。

　　WWW 是建立在客戶端 / 伺服器模型之上的。WWW 以超文件標示語言 (Hyper Text Markup Language, HTML) 與超文字傳輸協定 (Hyper Text Transfer Protocol, HTTP) 為基礎，能夠提供面向網際網路服務的、一致的用戶介面的訊息瀏覽系統。其中 WWW 伺服器採用超文字傳輸協定來連接訊息頁，這些訊息頁既可放置在同一主機上，也可放置在不同地理位置的主機上。由統一資源定位符 (URL) 維持，WWW 客戶端軟體 (即 WWW 瀏覽器) 負責訊息顯示與向伺服器發送請求。

　　總體來說，WWW 採用客戶端 / 伺服器的工作模式，具體工作流程如下：

(1) 用戶使用瀏覽器或其他程式建立客戶端與伺服器連接，並發送瀏覽請求。

(2) Web 伺服器接受到請求後，返回訊息到客戶端。

(3) 通訊完成，關閉連接。

2. HTML 語言 (DHTML/XHTML)

HTML 是用於描述網頁文件檔案的一種標記語言，一個網頁對應於一個 HTML 文件。HTML 文件以 .htm 或 .html 為副檔名。可以使用任何能夠生成 TXT 類型源文件的文本編輯來產生 HTML 文件。

標準的 HTML 文件都具有一個基本的整體結構，即 HTML 文件的開頭與結尾標誌，及 HTML 的頭部與實體兩大部分。下列三個雙標記符號用於頁面整體結構的確認：

(1) 標記符號 <HTML>、</HTML>：說明該文件是用 HTML 來描述的。<HTML> 是文件的開頭，而 </HTML> 則表示該文件的結尾。它們是 HTML 文件的起始標記和結尾標記。

(2) <head>、</head>：這兩個標記符號分別表示頭部訊息的開始和結尾。頭部中包含的標記是頁面的標題、序言、說明等內容，它本身不作為內容來顯示，但影響網頁顯示的效果。頭部中最常用的標記符號是標題標記符號和 META 標記符號，其中標題標記符號用於定義網頁的標託。

(3) <body>、</body>：網頁中顯示的實際內容均包含在這兩個正文標記符號之間。每種 HTML 標記符號在使用中可帶有不同的屬性項，用於描述該標記符號說明內容顯示的不同效果。

延伸閱讀 XHTML

可延伸超文件標示語言 (Extensible Hyper Text Markup Language, **XHTML**) 是一種標記式語言，表現方式與超文件標示語言 (HTML) 類似，不過語法上更加嚴格。從繼承關係上來說，HTML 是一種基於標準通用標記式語言 (Standard Generalized Markup Language, SGML) 的應用，是一種非常靈活的標記式語言，而 XHTML 則基於可延伸標示語言 (XML)，XML 是 SGML 的一個子集。XHTML1.0 在 2000 年 1 月 26 日成為 W3C 的推薦標準。

XHTML 相比於 HTML：

1. 所有的標記都必須要有一個相應的結束標記。

2. 所有標籤的元素和屬性的名字都必須使用小寫。
3. 所有的 XML 標記都必須合理嵌套。
4. 所有的屬性必須用引號 " " 括起來。
5. 把所有＜和＆特殊符號用編碼表示。
6. 給所有屬性賦予一個值。
7. 不要在注釋內容中使用 "--"。
8. 圖片必須有說明文字。

延伸閱讀　DHTML

動態 HTML (Dynamic HTML, DHTML)，是相對於傳統靜態的 HTML 而言的一種製作網頁的概念。所謂動態 HTML 其實並不是一門新的語言，而只是 HTML、CSS 和客戶端腳本的一種集成。即一個頁面中包括 html ＋ css ＋ javascript (或其他客戶端腳本)，其中 CSS 和客戶端腳本直接在頁面上寫，而不是連結上相關文件。DHTML 不是一種技術、標準或規範，只是一種將目前已有的網頁技術、語言標準整合運用，製作出在下載後仍能即時變換頁面元素效果的網頁設計概念。

透過 DHTML，Web 開發者可控制如何在瀏覽器窗口顯示和定位 HTML 元素。其中引入一個文件檔案對象模型 (DOM) 定義針對 HTML 的一套標準的對象，以及訪問和處理 HTML 對象的標準方法。允許程式和腳本動態地訪問和更新文件檔案的內容、結構，以及樣式。

3. 層疊樣式表單 (CSS)

層疊樣式表單、級聯樣式表單 (Cascading Style Sheet, CSS)，通常又稱為風格樣式表單 (Style Sheet)，是用來進行設計網頁風格的。例如，若想讓連結字未點擊時是藍色的，當滑鼠移上去後字變成紅色且有底線，這就是一種風格。透過建立樣式表，可以統一地控制 HTML 中各標誌的顯示屬性。層疊樣式表單可以讓使用者能更有效地控制網頁外觀。使用層疊樣式表單，可以擴充精確指定網頁元素位置、外觀，以及創建特殊效果的能力。

有三種方式可以在網站網頁上使用樣式表單：

(1) 將網頁連結到外部樣式表。

(2) 在網頁上創建嵌入的樣式表。

(3) 應用內嵌樣式到各個網頁元素。

4. JavaScript 編程

　　JavaScript 是一種能讓網頁更加生動活潑的程式語言，是客戶端腳本語言，也是目前網頁設計中最容易學又方便的語言。可以利用 JavaScript 輕易做出親切的歡迎訊息、漂亮的數字鐘、有廣告效果的跑馬燈，還可以顯示瀏覽器停留的時間，讓這些特殊效果提高網頁的可看性。

> **延伸閱讀　JSP 與 JavaScript 的區別**
>
> 1. JavaScript 是一種動態、弱類型、基於原型的語言，透過瀏覽器可以直接執行；JSP (Java Server Pages) 語言是為了輔助 Java 網頁程式方面的設計模組，而 Java 是面向對象的程式語言，必須先進行編譯和連接等動作才可執行。
> 2. JavaScript 編寫在 HTML 文件中，直接查看網頁的原始碼就可以看到 JavaScript 程式，所以沒有保護，任何人都可以透過 HTML 文件複製程式；而 JSP 應用在網頁的程式稱為 Java Applet (Applet 是「小程式」的意思)，是和 HTML 文件分開的。
> 3. JavaScript 的結構較為自由、鬆散，而 JSP 和正統的程式語言一樣，結構較為嚴謹。
> 4. JavaScript 不具有讀寫檔案和網路控制等功能，Java 則提供了這些功能，但是 JavaScript 在網頁內容的控制和互動性方面比較方便快捷。
> 5. JavaScript 多運行於客戶端，而 JSP 多運行於伺服器端。

5. XML 標準

　　可延伸標示語言 (Extensible Markup Language, XML) 是用於標記電子文件，使其具有結構性的標記語言。可以用來標記資料、定義資料類型，

是一種允許用戶對自己的標記語言進行定義的原始語言。XML 是標準通用標示語言 (SGML) 的子集，非常適合 Web 傳輸。XML 提供統一的方法來描述和交換獨立於應用程式，或供應商的結構化資料。

XML 與 Access、Oracle 和 SQL Server 等資料庫不同，資料庫提供了更強而有力的資料儲存和分析能力，如資料索引、排序、查找、相關一致性等，XML 僅僅是儲存資料。事實上，XML 與其他資料表現形式最大的不同是：極其簡單。這是一個看上去微小的優點，但正是這點使 XML 與眾不同。

XML 與 HTML 的設計區別是：XML 的核心是資料，重點是資料的內容。而 HTML 被設計用來顯示資料，重點是資料的顯示。

XML 和 HTML 語法區別是：HTML 的標記不是所有都需要成對出現，XML 則要求所有的標記必須成對出現；HTML 標記不區分大小寫，XML 則大小敏感，即區分大小寫。

6. 伺服器腳本技術 (ASP/JSP/PHP/ASP.NET)

(1) ASP：是 Active Server Page 的縮寫，意為「動態伺服器頁面」。ASP 是微軟公司開發的一種應用技術，可以與資料庫和其他程式進行互動，是一種簡單、方便的編程工具。ASP 是一種伺服器端腳本編寫環境，可以用來創建和運行動態網頁或 Web 應用程式。ASP 網頁可以包含 HTML 標記、普通文本、腳本命令，以及 COM 組件等。利用 ASP 可以向網頁中添加互動式內容 (如在線表單)，也可以創建使用 HTML 網頁作為用戶介面的 Web 應用程式。

(2) JSP：是由 Sun Microsystems 公司倡導、許多公司參與一起建立的一種動態網頁技術標準。JSP 技術有點類似 ASP 技術，是在傳統的網頁 HTML 文件 (*.htm，*.html) 中插入 Java 程式段 (Scriptlet) 和 (JSP) 標記 (Tag)，進而形成 JSP 文件 (*.jsp)。用 JSP 開發的 Web 應用是跨平台的，既能在 Linux 下運行，也能在其他操作系統上運行。JSP 技術使用 Java 程式語言編寫類 XML 的 tags 和 scriptlets 來封裝產生動態網頁的處理邏輯。網頁還能透過 tags 和 scriptlets 訪問存在於服務端資源的應用邏輯。JSP 將網頁邏輯與網頁設計和

顯示分離，支援可重用的基於組件的設計，使基於 Web 應用程式的開發變得迅速和容易。Web 伺服器在遇到訪問 JSP 網頁的請求時，首先執行其中的程式段，然後將執行結果，連同 JSP 文件中的 HTML 代碼一起返回給客戶。插入的 Java 程式段可以操作資料庫、重新定向網頁等，以實現建立動態網頁所需要的功能。

(3) PHP：是超文字前處理器 (Hypertext Preprocessor) 的縮寫。是一種在伺服器端執行的嵌入 HTML 文件檔案的腳本語言。PHP 獨特的語法混合了 C、Java、Perl，以及 PHP 自創的語法。用 PHP 做出的動態頁面與其他的程式語言相比，PHP 是將程式嵌入到 HTML 文件檔案中執行，執行效率比完全生成 HTML 標記的 CGI 要高許多；PHP 具有非常強大的功能，所有 CGI 的功能 PHP 都能實現，而且支援幾乎所有流行的資料庫及操作系統。最重要的是 PHP 可以用 C、C++ 進行程式的擴展。

(4) ASP.NET：是微軟公司推出的新一代建立動態 Web 應用程式的開發平台，是一種建立動態 Web 應用程式的新技術。它是 .NET 框架的一部分，任何與 .NET 兼容的語言 (如 Visual Basic.NET、C# 及 Jscript.NET) 都可編寫 ASP.NET 應用程式。ASP.NET 應用程式採用頁面脫離代碼技術，即前台頁面代碼保存到 ASP.NET 文件中，後台代碼保存到 CS 文件中，這樣當編譯程式將代碼編譯為 DLL 文件後，ASP.NET 在伺服器上運行時，可以直接運行編譯好的 DLL 文件，並且 ASP.NET 採用暫存機制，可以提高其運行性能。

7. 資料庫

資料庫 (Database) 是按照資料結構來組織、儲存及管理資料的倉庫。它產生於距今 50 年前，隨著訊息技術和市場的發展，特別是 20 世紀 90 年代以後，資料管理不再僅僅是儲存和管理資料，而轉變成用戶所需要的各種資料管理的方式。資料庫有很多種類型，從最簡單的儲存各種資料的表格，到能夠進行海量資料儲存的大型資料庫系列，在各方面都得到了廣泛的應用。現今 SQL 語言作為關係型資料庫操作語言，隨著應用的深入已成為市場的主流資料操作語言，現在比較流行的資料庫管理系統有

DB2、Oracle、Informix、SQL Server、mySQL、Access 等。

以上所述之電子商務網站開發技術總表，如表 9-2 所示。

表 9-2　網站技術總結表

網站內容架構	涉及技術	開發環境及涉及軟體
網域名稱註冊及空間申請	電腦網路技術及 FTP 技術	IIS/APACHE、虛擬空間、租用伺服器 Windows 系統或 Linux 系統
網頁設計	CSS+DIV、HTML	Dreamweaver
資料庫後台	SQL 語言、XML 語言	Access/mySQL/SQL Server 等
客戶端頁面設計	JavaScript VBScript	Dreamweaver
伺服器端頁面設計	ASP/JSP/PHP/ASP.NET	Visual Studio
網頁動畫設計	Flash/ActionScript	Flash
網頁圖形圖像設計	Photoshop/Firework	Photoshop、Firework
網頁編程技術	C#、Java	Visual Studio.NET/Eclipse

另外，還有一些新型網站應用技術，如 Ajax 等。合理選擇開發技術，對於網站開發的完成情況有著非常重要的影響。要開發一個電子商務網站，首先要選擇一個動態網頁開發技術。當前比較流行的動態網頁開發技術有 ASP、JSP、PHP、ASP.NET。它們的特性比較如表 9-3 所示。

這四種都是在傳統的 HTML 代碼中，利用 HTML 標籤的擴展構成頁面。各有各的特色，使用者可以根據自己的需求進行選擇，現在流行的技術組合方式有三種：

表 9-3　ASP、JSP、PHP、ASP.NET 比較

技術名稱	ASP	JSP	PHP	ASP.NET
資料庫的支援	好	好	好	好
開發難易度	容易	容易	較難	容易
使用平台	Windows 9X/NT	Windows/UNIX	UNIX	Windows 9X/NT
安全性	不好	好	不好	好
對組件的支援	支援	支援	不支援	支援
執行方式	解釋執行	編譯之後執行	解釋執行	解釋執行
跨平台	不好	好	好	不好

(1) Tomcat + JSP + SQL Server + Windows/Linux

(開發工具：Eclipse7.5 + JDK)

(2) Windows/Linux + Apache + MySQL + Perl/PHP/Python

(開發工具：Dreamweaver)

(3) Windows + SQL Server + IIS + ASP.NET

(開發工具：Visual Studil.NET)

> **延伸閱讀：Ajax 技術的應用**
>
> Ajax 是一種互動式網頁應用的網頁開發技術，這個術語源自於描述從 Web 的應用到資料的應用間的轉換。在基於資料的應用中，用戶需求的資料可以從獨立於實際網頁的服務端取得，並且可以被動態地寫入網頁中，為緩慢的 Web 應用加速。Ajax 是一種獨立於 Web 伺服器軟體的瀏覽器技術。透過這個對象，JavaScript 可在不重載頁面與 Web 伺服器交換資料。Ajax 在瀏覽器與 Web 伺服器之間使用非同步資料傳輸 (HTTP 請求)，這樣就可使網頁從伺服器請求少量的訊息，而不是整個頁面。故 Ajax 可使網際網路應用程式更小、更快、更友好。該技術在 1998 年前後執行。Outlook Web Access 是第一個成功應用 Ajax 技術的商業應用程式。2005 年初，Google 也在它著名的互動應用程式中使用了非同步通訊，如 Google 討論組、Google 地圖、Google 探索、Gmail 等。

9.2.3 電子商務網站模組設計

在實際建站過程中，不同的用戶處在不同的階段。(1) 初級階段：建立靜態網站，搭建網站架構，規劃網站的內容；(2) 互動階段：添加多媒體訊息，建立資料庫，編寫腳本，實現訊息的互動；(3) 高級互動與個性化階段：動態處理客戶提問，在用程式自動完成一些工作的基礎上安排專人負責，客戶可在網站上獲得個性化的服務。電子商務網站主要的模組分析如下：

1. 前端線上商店模組

(1) 產品目錄：以合理、靈活的方式展示商品，顧客可以方便、愉快地

瀏覽各種產品。包括產品類別顯示、產品顯示、產品包顯示、產品自定義屬性顯示或選擇、產品系列、按生產商/品牌組織產品、產品評分、產品評論、產品比較等。

(2) 購物車：包括加入產品、產品包到購物車、自動儲存顧客購物車、保存產品。

(3) 結帳流程：簡化結帳流程，方便易用，支援多種促銷/折扣規則，系統自動計算結算價格，支援多種付款方式、多種付款界面，根據不同物流多種運輸計費方式的付款。

(4) 多種產品推薦規則：指定某目錄的特色產品推薦、熱銷產品推薦、新到產品推薦、相關產品推薦、買本產品的顧客同時也買 (Also Buy) 推薦、自定義產品推薦類型推薦。

(5) 會員服務：包括註冊、登入、修改資料、修改密碼等基本服務，客戶訂單管理、客戶地址管理，消息訂閱、投訴建議、積分系統、產品收藏夾。

(6) 其他：包括頁面廣告、最近瀏覽的產品和類別、頁面暫存、產品搜索、全文探索、網站地圖、網站整體 SEO 優化、在線客服 (自主開發、QQ、MSN、第三方開源產品)、在線遊戲 (自主開發、購買第三方產品)、團購功能 (支援大客戶批發和團隊購買，可以透過前台針對某種商品進行多數量的預定和發送訂單)。

流程如圖 9-4 所示。

2. 後端商店管理系統

(1) 後台主頁：包括統計分析工具；快速智能地生成報表；支援自定義查找，並支援結果導出；查詢 (各種業務資料的查詢，如產品、訂單、顧客、全文等)。

(2) 產品管理：包括產品類別管理、產品基本訊息管理、產品自定義屬性管理、產品複製、產品變種管理、產品包管理、產品圖片管理、生產商管理、產品比較、產品可以同時屬於多個產品類別、產品或類別移動、產品系列、產品評價管理、產品評分管理。

(3) 銷售管理：包括訂單處理、折扣管理、優惠券、積分管理、推薦產

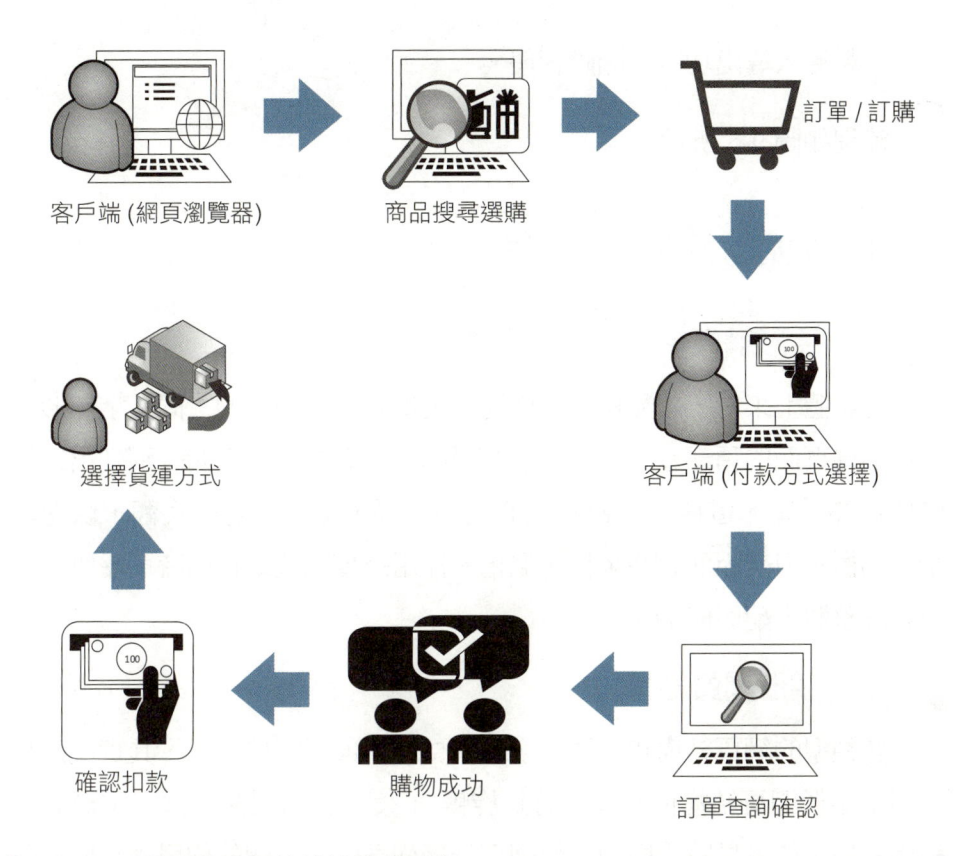

圖 9-4　電子商務網站前端購物流程

品管理；基於規則，支援多種推薦類型，如熱銷產品、特色產品、新到產品、Also Buy、根據用戶興趣自動推薦等；促銷規則管理，支援買贈促銷、打包促銷、限量限時促銷等常見促銷方式。

(4) 內容管理：包括媒體管理(如產品圖庫、文件檔案等)、媒體映射及自動映射、頁面廣告管理、產品全文搜索、搜索關鍵字管理、菜單管理。

(5) 客戶管理：包括消息列表管理和顧客訂閱消息列表、會員制度和會員級別、我的帳戶、投訴回饋管理。

(6) 系統管理：包括管理員和權限管理、系統配置、審計日誌、付款方式管理、付款淘寶、銀聯付款、運輸方式管理、搜索引擎優化(SEO)、區域管理。

(7) 其他功能：包括大量資料支援批量更新、系統整體穩定、安全性高，初期可以支援 100 個用戶同時連線；相關網站連結管理，及資

料導入導出功能、團購管理。

流程如圖 9-5 所示。

9.2.4 網站的頁面佈局選擇

1.「同」字形網頁結構

　　從整體上來看，該類網頁的佈局，其格式像一個大的「同」字字形。該類佈局頁面的頂部為主導航條 (主菜單)，頁面的左右兩側分別列出二級欄位或熱點區。這種是比較常見的頁面佈局，優點就是較直觀，條理清楚、均衡，但是版面有些呆板、僵化。採用這種版式的頁面時，需要注意色彩的整體搭配與協調。

2.「匡」字形網頁結構

　　該類型的網頁結構和「同」字形網頁結構佈局有些相似，其實就是將「同」字形網頁結構佈局按逆時針旋轉 90 度，便可得到「匡」字形網頁結構佈局，或者是將「同」字形網頁結構佈局中，右側的佈局內容取消所得到的一種結構佈局。這種佈局結構克服了「同」字形網頁結構佈局中，色彩難搭配的缺陷。所列的訊息量基本上相同。

3.「回」字形網頁結構

　　所謂「回」字形網頁結構佈局，就是以「同」或「匡」字形網頁結構佈局為基礎，在其頁面的底部或右半部添加一個內容區塊 (如廣告或連結等)，使之形成一個較封閉的區間。這樣設計的目的是能充分利用有限的頁面空間，更大幅增加主頁面中的訊息量。

4.「川」字形網頁結構

　　這種頁面的結構佈局比較特殊。將整個頁面大致分成三列，主要的內容分佈在這三列中。可以大幅增加網站內容在首頁的顯示程度，訊息量大，給人暢快的感覺。但其中不足的是當頁面太長時，色彩不易協調。

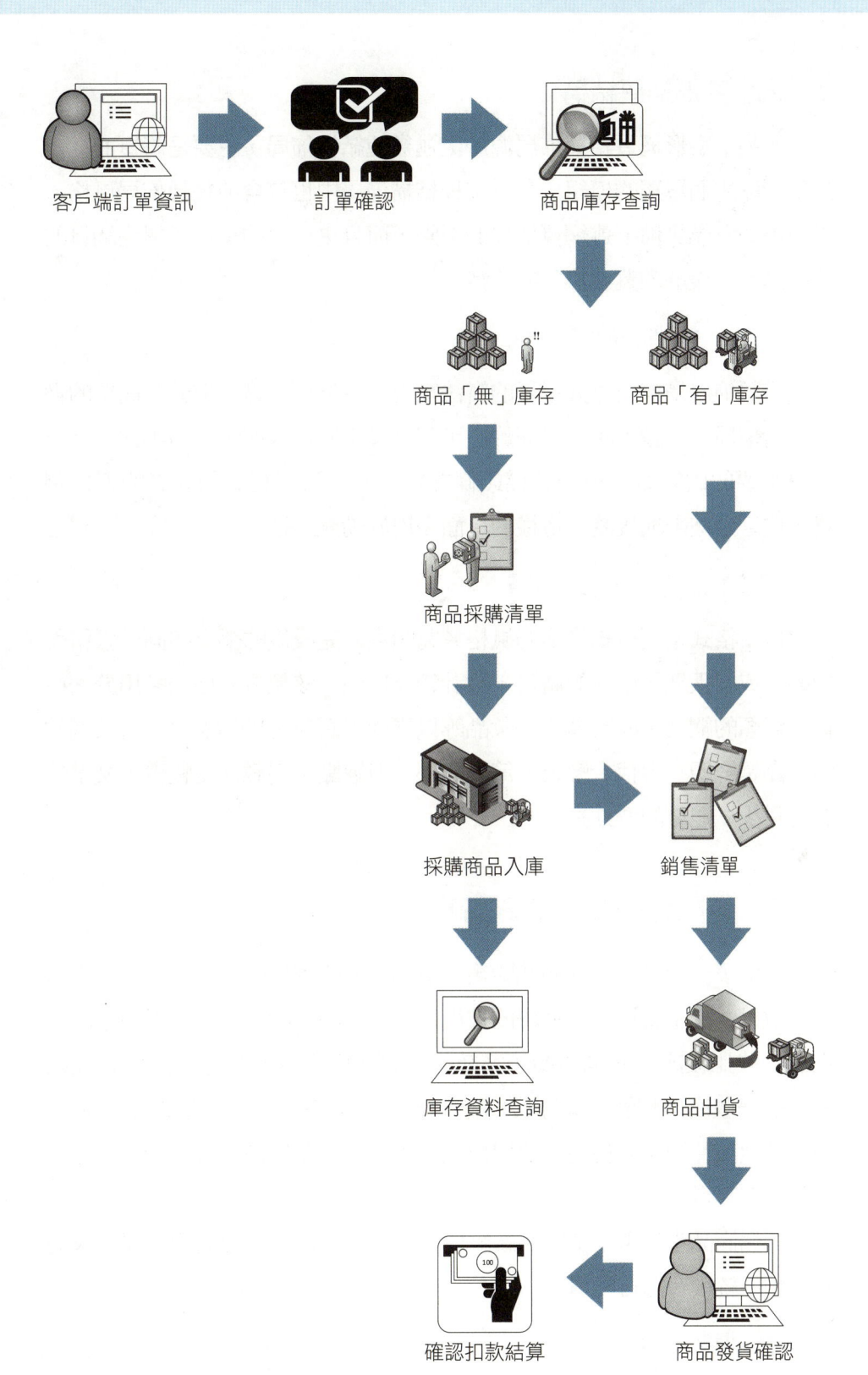

客戶端訂單資訊 → 訂單確認 → 商品庫存查詢

商品「無」庫存　　商品「有」庫存

商品採購清單

採購商品入庫　　銷售清單

庫存資料查詢　　商品出貨

確認扣款結算 ← 商品發貨確認

圖 9-5　電子商務網站後台發貨處理流程

5.「呂」字形網頁結構

「呂」字形網頁結構佈局源於上述幾種結構佈局。主要是將頁面從上到下分成幾個單獨的模組。其實這種結構佈局中也包含前幾種佈局風格。這種佈局不僅具備上述網頁佈局的優點,而且更重要的是可以提高網頁的下載速度,緩解瀏覽者焦急的等待。

6.「左右」對稱型網頁結構

這類佈局是採用等分螢幕的辦法實現網頁佈局,是一種較為簡單的網頁結構佈局。一般來說,頁面的左半部多設定欄位導航,而右半部則列出多篇重要的內容概要或一整篇頭條詳細內容。這有利於訪問者的直接瀏覽,儘管是被動地接受。這樣的頁面多用於動態連結。

7.「自由格式」型網頁結構

自由格式型網頁結構佈局風格較為隨意,完成後的網頁如同一張精美的圖片或一張極具創意的廣告,設計較為自由。該類頁面佈局多用於一些較時尚類的網站,如時裝、化妝品等以崇尚美感為主體的網站。這類網站的優點是鮮明、現代、輕鬆,節奏明快;但缺點是下載速度較慢,文字的訊息量少,連結的週期長。

9.2.5 商品化的電子商務管理系統

儲備了一些建設網站的知識後,選擇合適的製作軟體可以達到事半功倍的效果。除了選擇以上列舉的技術組合從零開始設計之外,現在市面上也有一些比較成熟的網路商店系統。網路商店系統又稱線上商城管理系統,是一些商店軟體企業開發的線上商店的 Web 程式。一般的購物系統多具備傻瓜性操作的特性,使用戶能夠順利並輕鬆地搭建自己獨立的線上電子商務平台。

一個商品化的電子購物系統組成部分很多,用戶使用過程需要對系統前台和系統後台進行配置。

1. 前台功能

(1) 模板風格自定義:即透過系統內置的模板引擎,方便地透過後台可

視化編輯，設計出符合自身需求的風格介面。

(2) 商品多圖展示：隨著電子商務的發展，商品圖片成為吸引消費者的第一要素，多圖展示即提供前台多張圖片的展示，進而提升消費者的購物欲望。

(3) 自定義廣告模組：內置在系統中的廣告模組，網站管理員能夠順利地透過操作，就可以在前端介面中添加各種廣告圖片。

(4) 商品展示：透過前端介面，以標準或其他個性化的方式向用戶展示商品各類訊息，完成購物系統內訊息流的傳遞。

2. 後台功能

(1) 商品管理：包括後台商品庫存管理、上貨、出貨、編輯管理和商品分類管理、商品品牌管理等。

(2) 訂單管理：在線訂單程式，使消費者能夠順利地透過 Web 在線的方式直接生產購買訂單。

(3) 商品促銷：一般的購物系統多有商品促銷功能，透過商品促銷功能，能夠迅速地促進商城的積極消費。

(4) 付款方式：即透過線上錢包、電子付款卡進行線上資金流轉換的業務。

(5) 配送方式。

(6) 會員模組。

3. 中國電子商城購物系統軟體行業現狀

目前中國主流購物系統中採用 ASP、PHP、JSP、Java 語言開發的占 80%，在模式上隨著近年中國電子商務情勢大好，各購物系統開發商如雨後春筍般興起。隨著國家政策的支援和電子商務行業的高速發展，日後購物系統的發展路線必然走向標準化、國際化、多元化、行業細分化的市場道路。

(1) 基於 ASP ＋ MS SQL 技術框架的產品

A. Shopxp：綠色源碼，完全開源。是一個經過完善設計的經典 ASP 商城購物管理系統，適用於各種伺服器環境的高效線上購

物網站建設解決方案。Shopxp 具有豐富的 Web 應用程式設計經驗，尤其在購物系統產品及相關領域，經過長期創新性開發，掌握一整套從算法、資料結構到產品安全性方面的領先技術，使得 Shopxp 無論在穩定性、負載能力、安全保障等方面都居於同類產品領先地位。

B. IESHOP：是第一門戶電子雜誌製作軟體 iebook 超級精靈的又一力作，且是基於 Web 應用擁有產權自主開發的 B/S 架構之 B2C 網店系統。它集成 CRM 客戶關係系統、CSS 客戶中心系統、CMS 內容管理系統、QAM 在線問答系統、iebook 電子目錄系統、ietogo 行銷推廣系統，為客戶提供全套的電子商務解決方案。IESHOP 無論在穩定性、代碼優化、運行效率、負載能力、安全等級、功能可操控性，以及權限嚴密性等方面都居國內外同類產品領先地位。

C. PowerOMS：是上海昊極網路科技有限公司開發的一款企業級 B2C 電子商務系統，採用基於 jQuery + jQuery UI 框架的 Ajax UI 技術，用戶體驗很不錯。其功能除了常規的商品展示、用戶管理、訂單管理之外，還具有強大的市場行銷工具，並且支援多伺服器群集的平台系統。

(2) 基於 PHP + MySQL 技術框架的產品

A. ShopEx：上海商派網路科技有限公司開發的購物系統，是目前中國使用人數最多的購物系統，市占率達 75%，應該是市場上最主流、最成熟的購物系統。授權方式：免費不開源的購物系統。在 ShopEx 基礎系統的基礎上，官方可以提供功能更強的版本和增值服務。目前中國電子商務年營業額超過億元的大企業，絕大部分都選用 ShopEx 的定制加強版本。

B. ECShop：原北京康盛創想旗下免費開源購物系統，緊隨 ShopEx 之後，市占率也非常大，深受眾多中小站長和技術開發者的喜愛，後被上海商派 (ShopEx) 收購，仍然作為開源產品。

C. Logicommerce 網店系統：TLG (北京蒂爾基網路科技有限公司) 開發一套源自於西班牙的電子商務系統，主要針對網路商店的

開發。軟體非常成熟，技術相當先進。現已經在南美洲、歐洲得到大量客戶的認可。TLG 公司的這套電子商務軟體已經歷過 7 個版本，最早開發的第一版本在 1999 年上市，如今已經開發到第 8 版，對軟體的不斷更新和創新是公司一大特色。公司在英國、墨西哥和中國都有分公司，已經步入全球化狀態。

(3) 基於 Java 技術框架的產品

　A. SHOP++：基於 Java 技術的開源電子商務系統，主要應用於電子商務領域內的線上購物、線上交易、交易訊息發佈等系統的建構，致力於為事業單位提供一個安全、高效率、強大的電子商務解決方案，為推進開源技術和電子商務技術發展而不斷努力。

　B. SHOP++ 定位於行銷型、互動型、營利型、安全、穩定的企業級線上商城系統。提供電子商務標準化、網路付款多樣化、售後服務一體化等整套解決方案，將電子商務與傳統商業模式緊緊結合，幫助大、中、小企業以最小的資金技術投入啟動或擴展其電子商務平台。企業可以快速方便地建構、部署、管理專業的線上商店，突破傳統銷售模式的地域、成本、時間等因素的限制，在線上銷售產品並拓展新的銷售管道，增加線上電子商務品牌的商業價值，分享線上電子商務時代的無盡商機和豐厚的利潤。

　C. 博商：博商電子商務解決方案，投入成本低，部署週期短，功能完善，性能優越，是中小企業開展電子商務的最佳選擇。採用 Java 技術的線上商務系統、網店系統廣泛應用於服裝服飾、化妝品、母親與嬰幼兒、居家與家具、皮包等零售流通領域。無論外貿或內銷、批發或零售，專業 B2C 線上商店系統將協助企業線上開店，輕鬆拓展線上生意。

　D. JavaShop：是一套使用強大的、安全的 Java 語言開發，基於企業級 J2EE 架構設計的商城系統。整個商城邏輯業務搭建在自主研發的 TurboPortal 平台上，保證商城具備優秀的負載性能、極快的回應速度、穩定的產品質量、牢固的安全特性、流暢的

Web 流程控制、良好的跨平台特性，以及後續開發的可擴展性。

9.2.6　網站的評價指標

1. 網站設計指標：主頁下載時間 (在不同速率數據機情況下)、有無無效連結、拼寫錯誤的數量、不同瀏覽器的適應性、對搜索引擎的友好程度等。
2. 網站推廣指標：登記搜索引擎的數量和排名、在其他網站連結的數量、註冊用戶數量、網站的實際社會知名度。
3. 網站流量指標：獨立訪問者數量、頁面瀏覽數、每個訪問者的頁面瀏覽數、用戶在網站的停留時間、每個用戶在網站的停留時間、用戶在每個頁面的平均時間。

延伸閱讀　B2C 電子商務網站建設的錯誤認知和建議

1. 很多人可能會認為，B2C 電子商務網站建設是件簡單的事情，因為到處都有這方面的免費程式可下載。當然如果沒有資金投入或純粹個人興趣嘗試是可以的，但若準備把其作為企業的一個發展項目，或者個人的一個創業計畫來實施，那肯定無法滿足要求。畢竟每個網站面對的用戶群並不一樣，這樣千篇一律的模板程式無法滿足用戶的個性需求。
2. 很多企業通常設定複雜的會員權限和繁瑣的購物流程來體現網站功能的強大性，其實簡單化流程比複雜化流程更難。透過人性化的設計，開發工作可能更複雜。但是透過複雜的設計、開發工作來簡化用戶的操作，這樣才能讓消費者真正感覺到線上購物的方便快捷。其實，很多用戶在線上購買商品時都是衝動型消費者，所以購物流程簡化和在線付款的方便性在此時的作用也就非常大。
3. 產品展示要達到行銷的效果。產品的展示是電子商務網站訊息流中一個重要的環節。產品的展示和描述是一門藝術，合理的產品展示模式和準確地描述，更容易讓消費者相信產品的品質，獲得消費者的信賴。
4. B2C 電子商務購物網站沒有流量是不行的，因為沒有流量意味著沒有更多的用戶瞭解公司和商品。但是極度地去追求流量的作法也是不可取的，應該花大量的精力去改善和完善網站及產品服務，在完善之前即使花大量的成本去

提高流量也是無效的，而且也不符合成本運算規則。
5. 千萬不能忽略老客戶的感受。在 B2C 網站中，老客戶的口碑傳播速度是最快的，而且在網站的訪問群集成交訂單中，有相當程度是老客戶所貢獻的。應該從產品、服務、網站人性化設定，及功能體驗上對老客戶進行強化綁定，進而提高老客戶的忠誠度。
6. B2C 購物網站更需要特色和規模化。很多 B2C 網站因為缺乏長期的戰略規劃進而導致無法實現規模化，規模化經營在抗風險能力和防止被仿冒的能力上都要強很多。透過網際網路其面對的是全國甚至全球的市場，規模化經營的實現會更加容易，但這需要戰略規劃的手段來按步驟實現。

9.3 電子商務網站的安全

電子商務的基礎平台是網際網路，電子商務發展的核心和關鍵問題就是交易的安全性。網際網路本身的開放性使線上交易面臨種種危機，也由此提出相應的安全控制要求。

9.3.1 系統安全

電子商務系統安全採用的技術和方法有冗餘技術、網路隔離技術、訪問控制數、身份鑑別技術、加密技術、監控審計技術、安全評估技術等。

1. 網路系統安全

網路系統安全是網路的開放性、無邊界性、自由性造成的，安全問題解決的關鍵是把被保護的網路從開放、無邊界、自由的環境中獨立出來，使網路成為可控制、管理的內部系統。由於網路系統是應用系統的基礎，網路安全便成為首要問題。解決網路安全的主要方式有：

(1) 網路冗餘：它是解決網路系統單點故障的重要措施。對關鍵性的網路線路、設備，通常採用雙備份或多備份的方式。網路運行時雙方對營運狀態相互即時監控並自行調整，當網路的一段或一點發生故障，或網路訊息流量突變時，能在有效時間內進行切換分配，保證網路正常運行。

(2) 系統隔離：分為物理隔離和邏輯隔離，主要從網路安全等級考慮劃分合理的網路安全邊界，使不同安全級別的網路或訊息媒介不能相互訪問，進而達到安全目的。對業務網路或辦公網路採用 VLAN 技術和通訊協定，實行邏輯隔離劃分不同的應用子網。

(3) 訪問控制：對於網路不同信任網域實現雙向控制或有限訪問原則，使受控的子網或主機訪問權限和訊息流向能得到有效控制。對網路對象而言，需要解決網路邊界和網路內部的控制。對於網路資源來說，保持有限訪問的原則，訊息流向則可根據安全需求實現單向或雙向控制。訪問控制最重要的設備就是防火牆，一般它安置在不同安全網域出入口處，對進出網路的 IP 訊息包進行過濾，並按企業安全政策進行訊息流控制，同時實現網路地址轉換、即時訊息審計警告等功能，高級防火牆還可實現基於用戶細密度的訪問控制。

(4) 身份鑑別：是對網路訪問者權限的識別。一般透過三種方式驗證主體身份，一是主體瞭解的秘密，如戶名、口令、密鑰；二是主體攜帶的物品，如磁卡、IC 卡等；三是主體特徵或能力，如指紋、聲音、視網膜、簽名等。加密是為了防止網路上的竊聽、洩漏、篡改及破壞，保證訊息傳輸安全，對線上資料使用加密手段是最為有效的方式。

目前加密可以在三個層次來實現，即線路加密、網路加密及應用加密。線路加密側重通訊線路而不考慮資料來源，對網路高層主體是透明的；網路加密採用 IPSEC 核心協議，具有加密、認證雙重功能，是在 IP 層實現的安全標準。透過網路加密可以建構企業內部的虛擬專網 (VPN)，使企業在較少投資下得到安全較大的回報，並保證用戶的應用安全。

(5) 安全監測：採取訊息監聽的方式，尋找未授權的網路訪問嘗試和違規行動，包括網路系統的掃描、預警、阻斷、紀錄、追蹤等，進而發現系統遭受的攻擊傷害。網路掃描監測系統作為對付電腦駭客最有效的技術方法，具有即時、自適應、主動識別及回應等特徵，廣泛用於各行各業。

網路掃描是針對網路設備的安全漏洞進行檢測和分析，包括網路通

訊服務、路由器、防火牆、郵件、Web 伺服器等，進而識別能被入侵者利用非法進入的網路漏洞。網路掃描系統對檢測到的漏洞訊息形成詳細報告，包括位置、詳細描述及建議的改進方案，使網路管理能檢測和管理安全風險訊息。

2. 操作系統安全

操作系統是管理電腦資源的核心系統，負責訊息發送，管理設備儲存空間及各種系統資源的調度。它作為應用系統的軟體平台具有通用性和易用性，操作系統安全性直接關係到應用系統的安全。操作系統安全分為應用安全和安全漏洞掃描。

(1) 應用安全：面向應用選擇可靠的操作細項，可以杜絕使用來歷不明的軟體。用戶可安裝操作系統保護與恢復軟體，並作相應的備份。

(2) 系統掃描：基於主機的安全評估系統是對系統的安全風險級別進行劃分，並提供完整的安全漏洞檢查列表。透過不同版本的操作系統進行掃描分析，對掃描漏洞自動修補後的結果產生報告，保護應用程式、資料免受盜用、破壞。

9.3.2 資料安全

資料安全牽涉到資料庫的安全和資料本身安全，針對兩者應有相應的安全措施。

1. **資料庫安全**：大中型企業一般採用具有一定安全級別的 Sybase 或 Oracle 大型分佈式資料庫。基於資料庫的重要性，應在此基礎上開發一些安全措施，增加相對應元件，對資料庫分級管理並提供可靠的故障恢復機制，實現資料庫的訪問、存取、加密控制。具體實現方法有安全資料庫系統、資料庫保密系統、資料庫掃描系統等。

2. **資料安全**：只儲存在資料庫資料本身的安全，相應的保護措施有安裝反病毒軟體，建立可靠的資料備份與恢復系統，某些重要資料甚至可以採取加密保護。

9.3.3 網路交易平台的安全

線上交易安全位於系統安全風險之上，在資料安全風險之下。只有提供一定的安全保證，在線交易的網民才會具有安全感，電子商務網站才會具有發展的空間。

1. 交易安全標準：目前在電子商務中主要的安全標準有兩種：應用層的 SET (安全電子交易) 和會話層 SSL (網路傳輸安全協定) 協議。前者由信用卡機構 VISA 及 MasterCard 提出，是針對電子錢包、商場、認證中心的安全標準，主要用於銀行等金融機構；後者由網景公司提出，是針對資料的機密性、完整性、身份確認、開放性的安全協議，事實上已成為 WWW 應用安全標準。

2. 交易安全基礎體系：交易安全基礎是現代密碼技術，依賴於加密方法和強度。加密分為單密鑰的對稱加密體系和雙密鑰的非對稱加密體系。兩者各有所長，對稱密鑰具有加密效率高，但存在密鑰分發困難、管理不便的弱點；非對稱密鑰加密速度慢，但便於密鑰分發管理。通常把兩者結合使用，以達到高效安全的目的。

3. 交易安全的實現：交易安全的實現主要有交易雙方身份確認、交易指令及資料加密傳輸、資料的完整性、防止雙方對交易結果的抵賴等。具體實現的途徑是交易各方具有相關身份證明，同時在 SSL 協定體系下，完成交易過程中電子證書驗證、數位簽名、指令資料的加密傳輸、交易結果確認審計等。

隨著電子商務的發展，線上交易越來越頻繁，調用每項服務時需要用戶證明身份，也需要這些服務向客戶證明自己的身份。而保障身份安全最有效的技術就是 PKI 技術。

PKI 的應用在中國還處於發展階段，目前中國大多數企業只是在應用它的 CA 認證技術。**CA** (Certification Authority) 是一個確保信任度的權威實體，主要職責是頒發證書，驗證用戶身份的真實性。由 CA 簽發的網路用戶電子身份證明——證書，任何相信該 CA 的人，按照第三方信任原則，都應當相信持有證明的該用戶。CA 也要採取一系列相應的措施來防

止電子證書被偽造或篡改。建構一個具有較強安全性的 CA 是至關重要的，這不僅與密碼學有關係，而且與整個 PKI 系統的架構和模型有關。此外，靈活也是 CA 能否得到市場認同的一個關鍵，它不需支援各種通用的國際標準，並能和其他廠家的 CA 產品兼容。在不久的將來，PKI 技術會在電子商務和網路安全中得到更廣泛的應用，進而真正保障用戶和商家的身份安全。

延伸閱讀：TCP/IP 協定

TCP/IP 是 Transmission Control Protocol/Internet Protocol 的簡寫，稱為傳輸控制協定/網際網路互聯協定，又名網路通訊協定，是網際網路最基本的協定、國際網際網路的基礎。它由網路層的 IP 協定和傳輸層的 TCP 協定組成。TCP/IP 定義電子設備如何連入網際網路，以及資料如何在它們之間傳輸的標準。

1. IP 位址

所謂 IP 位址，就是給每個連接在網際網路上的主機分配的一個 32 bit 地址。按照 TCP/IP 協定規定，IP 位址用二進制來表示，每個 IP 位址長 32 bit，比特換算成字節，就是 4 個字節。例如，一個採用二進制形式的 IP 位址是「00001010000000000000000000000001」，這麼長的地址，人們處理起來太費勁了。為了方便使用，IP 位址經常被寫成十進制的形式，中間使用符號「．」分開不同的字節。於是上面的 IP 位址可以表示為「10.0.0.1」。IP 位址的這種表示法叫做「點分十進制表示法」，這顯然比 1 和 0 容易記憶。

(1) 公有 IP 和私有 IP：公用地址 (Public Address) 由網際網路資訊中心 (Internet Network Information Center, InterNIC) 負責。透過它直接訪問網際網路。私有地址 (Private Address) 屬於非註冊地址，專門為組織機構內部使用。以下列出留用的內部私有地址：

- A 類：10.0.0.0 ~ 10.255.255.255。
- B 類：172.16.0.0 ~ 172.31.255.255。
- C 類：192.168.0.0 ~ 192.168.255.255。

(2) 區域網路中的可用 IP：在一個區域網路中，有兩個 IP 位址比較特殊，一個是網路號，一個是廣播地址。網路號是用於三層尋址的地址，代表整個網路本身；另一個是廣播地址，代表網路全部的主機。網路號是網段中的

第一個地址，廣播地址是網段中的最後一個地址，這兩個地址是不能配置在電腦主機上的。例如，在 192.168.0.0、255.255.255.0 這樣的網段中，網路號是 192.168.0.0，廣播地址是 192.168.0.255。因此，在一個區域網路中，配置在電腦中的地址比網段內的地址要少兩個(網路號、廣播地址)，這些地址稱為主機地址。在上面的例子中，主機地址就只有 192.168.0.1 至 192.168.0.254 可以配置在電腦上。

(3) 分配 IP 的機構：所有的 IP 位址都由國際組織 NIC (Network Information Center) 負責統一分配，目前全世界共有三個這樣的網路訊息中心。

- Internet NIC：負責美國及其他地區。
- ENIC：負責歐洲地區。
- APNIC：負責亞太地區。

中國申請 IP 位址要透過 APNIC，APNIC 的總部設在澳洲布里斯本。申請時要考慮申請哪一類的 IP 位址，然後向國內的代理機構提出。[1]

2. 網域名稱

網域名稱 (Domain Name)，是由一串用點分隔名字組成的網際網路上某一台電腦或電腦組的名稱，用於在資料傳輸時標識電腦的電子方位。

網路是基於 TCP/IP 協定進行通訊和連接的，每一台主機都有一個唯一標識固定的 IP 位址，以區別在網路上成千上萬個用戶和電腦。為了保證網路上每台電腦 IP 位址的唯一性，用戶必須向特定機構申請註冊，該機構根據用戶單位的網路規模和近期發展計畫分配 IP 位址。

網路中的地址方案分為兩套：IP 位址系統和網域名稱地址系統。由於 IP 位址是數字標識，使用時難以記憶和書寫，因此在 IP 位址的基礎上又發展出一種符號化的地址方案，來代替數字型的 IP 位址。每一個符號化的地址都與特定的 IP 位址對應，這樣網路上的資源訪問起來就容易得多。這個與網路上的數字型 IP 位址相對應的字符型地址，就被稱為網域名稱。

DNS 規定，網域名稱中的標號都由英文字母和數字組成，每一個標號不超過 63 個字符，也不區分大小寫字母。標號中除連字符號 (—) 外不能使用其他的點符號。級別最低的網域名稱寫在最左邊，而級別最高的網域名稱寫在最右邊。由多個標號組成的完整網域名稱總共不超過 255 個字符。網域名稱可分為不同級別，包括頂級網域名稱、二級網域名稱、三級網域名稱等。

中國的網域名稱體系遵照國際慣例，包括類別網域名稱和行政區網域名稱。類別網域名稱是指前面的六個網域名稱，分別依照申請機構的性質依次為：

---

1 資料來源：百度百科，http://baike.baidu.com/view/3930.htm。

(1) ac：科研機構。

(2) com：commercial organization，工、商、金融等企業。

(3) edu：educational institutions，教育機構。

(4) gov：governmental entities，政府部門。

(5) mil：military，軍事機構。

(6) arpa：come from ARPANet，由 ARPANET (美國國防部高級研究計畫局建立的電腦網) 沿留的名稱，被用於網際網路內部功能。

(7) net：network operations and service centers，網際網路、接入網路的訊息中心 (NIC) 及運行中心 (NOC)。

(8) org：other organizations，各種非盈利性的組織。

(9) biz：Web business guide 網路商務嚮導，適用於商業公司 (註：biz 是 business 的習慣縮寫用法)。

(10) info：information，提供訊息服務的企業。

(11) pro：professional，適用於醫生、律師、會計師等專業人員的通用頂級網域名稱。

(12) name：適用於個人註冊的通用頂級網域名稱。

(13) coop：cooperation，適用於商業合作社的專用頂級網域名稱。

(14) aero：適用於航空運輸業的專用頂級網域名稱。

(15) museum：適用於博物館的專用頂級網域名稱。

(16) mobi：適用於手機網路的網域名稱。

(17) asia：適用於亞洲地區的網域名稱。

(18) tel：適用於電話方面的網域名稱。

(19) int：International organizations，國際組織。

資料來源：百度百科，http://baike.baidu.com/view/43.htm。

本章摘要

　　本章主要講述電子商務網站的種類及功能，並分析現今最主流的一些電子商務技術，說明電子商務網站建設的完整流程，指導讀者對各個環節的掌握。閱讀本章可以使讀者對電子商務網站的建設有所瞭解。

問題與討論

1. 電子商務的網站與其他網站相比有什麼特點？
2. 電子商務網站有什麼功能？建設一個電子商務網站有哪幾個步驟？
3. 網站建設時的題材選擇應遵循哪些原則？
4. 目前製作電子商務網站在技術上有哪些選擇？
5. 在日常的營運中，電子商務網站安全性要注意哪些問題？

案例 9-1
某網路書店電子商務網站設計開發

概述

1. 設計內容：主要是設計一個基於 B2C 的網路銷售書店，能夠實現會員註冊、查詢選購、商品管理、用戶管理和訂單管理、多種付款方式等功能。
2. 設計目的：使用 ASP.NET 完成一個電子商務網站的開發，深刻理解電子商務的實質與含義，並逐步掌握電子商務類網站的後台資料庫開發與系統功能的實現，尤其是對動態頁面的開發和網路資料庫編程技術的應用，掌握 ASP.NET 與資料庫連接、讀取、寫入、刪改等操作的實現方法，熟練製作基礎動態頁面，實現網站的互動功能。

設計過程中使用的開發工具

1. Photoshop、Fireworks 等圖形處理軟體。
2. Dreamweaver、Visual Studio .NET 可視化編輯工具。
3. SQL Server 或其他資料庫。

系統設計

1. 業務流程分析

    (1) 用戶透過註冊取得會員資格。

    (2) 用戶透過登入系統登入網站，並且可以查看和搜索所需商品。

    (3) 用戶可以對自己所選的商品進行購買，並將其添加到自己的購物車當中。

    (4) 透過購物車對自己所選商品進行添加或者刪除。

    (5) 確認所選商品後到結帳頁面提交訂單。

    (6) 選擇郵寄方式和付款方式。

    (7) 確認訂單，完成購物。

2. 資料庫設計

表功能介紹，本資料庫涉及的表有兩種：用戶訊息資料表 (user 表)；其他資料表。

3. 網站框架設計

4. 主要介面 (default.aspx)

5. 後台管理頁面

6. 網站模組的實現

(1) 用戶模組

　　A. 用戶模組設計的頁面：default.aspx、login.aspx、UserRoles.aspx、userReg.aspx。

　　B. 模組涉及的資料庫及表：UserRoles。

　　C. 頁面的流程圖。

　　D. 相關頁面的介面圖。

(2) 購物模組

　　A. 涉及的頁面：default.aspx、bookinfo.aspx、shoppoingCart.aspx、shoppingorder.aspx、shoppingComplete.aspx、orderInfo.aspx。

　　B. 設計表：bookinfo、shoppingCar、UserRoles.aspx。

　　C. 頁面流程圖。

表 9-4　用戶訊息資料表

名稱	資料類型	長度	允許空值	作用
Username	Nvchar	20	否	用戶名
Password	Nvchar	10	否	用戶密碼
Password	Nvchar	10	否	確認密碼
Question	Nvchar	50	否	提示問題
Answer	Nvchar	50	否	問題答案
Email	Nvchar	30	否	用戶郵箱
Address	Nvchar	50	是	用戶地址
Province	Nvchar	50	是	用戶所在城市
City	Nvchar	15	是	用戶所在地區
QQ	Nvchar	15	是	QQ
Address	Nvchar	50	是	用戶地址
Postcode	Nvchar	10	是	用戶郵編
Tel	Nvchar	30	是	用戶電話

D. 相關頁面的介面圖。
(3) 管理模組
　　A. 圖書管理模組
　　　・涉及頁面：bookinfo.aspx。
　　　・涉及表：bookinfo。
　　　・具體操作：添加、刪除、修改、分類、更新。
　　　・介面。
　　B. 訂單管理模組
　　　・涉及頁面：OrderModify.aspx。
　　　・涉及資料表：OrderModify。
　　　・具體操作：審核、編輯、刪除、更新、取消。
　　　・介面。
　　C. 會員管理模組
　　　・涉及頁面：userReg.aspx。
　　　・涉及資料庫：userReg。
　　　・具體操作：登入、添加、編輯、刪除、更新。
　　　・相關介面。
　　D. 網站設定模組
　　E. 訊息管理模組

主機建設

採用租用虛擬主機。

安全性措施

1. 網站安全性措施

身份認證：整個線上電子商務是在商家(用戶)和用戶(商家)互不見面的情況下，透過網際網路和網路技術完成的，需要確認彼此的真實身份，保證交易全過程的安全進行。

2. 主要解決問題

(1) 網站身份的驗證：保證用戶訪問的是一個安全、真實的商家網站，防止非法用戶冒充真的網站騙取錢款。

(2) 交易資料加密：防止洩漏重要財物訊息，尤其是有些數位商品，本身就是數位形式，一旦被別人竊聽，將造成直接損失。

(3) 交易資料驗證：防止交易資料在傳輸過程中被人篡改。

(4) 交易資料的不可抵賴性：保證交易的全部過程，能夠被記錄並作為審計

依據。

網站維護

1. 維護內容
   (1) 系統維護：Web 伺服器、郵件伺服器、系統程式及安全性維護。
   (2) 資料維護：資料庫後台資料輸入(圖片＋文字表格)、資料庫後台維護管理、資料導入導出。
2. 維護方案
   (1) 有新產品或者打折時，便更新頁面。
   (2) 每三個月對伺服器進行維護。
   (3) 在維護期間內，對於系統運行過程中出現的問題盡快解決，尤其是對伺服器及相關軟硬體的維護。

故障等級分類如下：

(1) 一級，因故障造成的整個系統癱瘓。
(2) 二級，因故障嚴重影響系統運行。
(3) 三級，因故障影響系統的效率，但系統仍然可以運行。
(4) 四級，因軟體升級，系統上一些功能未實現。

回應時間如下：

(1) 一級故障，2 小時回應，24 小時內解決。
(2) 二級故障，2 小時回應，48 小時內解決。
(3) 三級故障，2 小時回應，一週內解決。
(4) 四級故障，一個月內解決。

網站測試

1. 網站功能測試
2. 性能測試
3. 安全性測試
4. 穩定性測試
5. 瀏覽器兼容性測試
6. 連結測試
7. 代碼合法性測試
8. 程式代碼合法性檢查
9. 顯示代碼合法性檢查
10. 測試工具

(1) OpenSTA：主要做性能測試的負荷及壓力測試。
(2) SAINT：網站安全性測試。
(3) CSE HTML Validator：對 HTML 代碼進行合法性檢查。
(4) Ab (Apache Bench)：Apache 自帶的性能測試工具。
(5) Crash-me：Mysql 自帶的測試資料庫性能的工具。

討論

1. 試為該網站設計一個網域名稱。
2. 若購買網店系統來實現這個網站的功能，你會選擇什麼樣的網站系統？

案例 9-2
SoftLayer 為電子商務安全樹立典範

IBM 為全球最大的雲端服務供應商之一，每天為全球無數企業建置最佳的電子商務環境。在安全機制上，IBM SoftLayer 部署專業的安全團隊，並運用 IBM 最新、最頂尖的網路防禦系統，有效提升雲端安全防護等級，成為雲端電子商務的新資安典範。

電子商務早已是企業營運重要的一環，網路商店全年無休不打烊，24 小時不間斷地為企業帶來收益。但是日前引爆 OpenSSL 安全恐慌的 Heartbleed (心臟淌血) 漏洞，許多主機在不知情下外洩記憶體中的帳號、密碼，甚至是加密私鑰等機密資訊，造成網站業者和使用者恐慌，這些疏失都有可能觸及個人資料保護法的敏感地帶，讓企業蒙受損失。

但一般電子商務所使用的主機代管、雲端服務，僅能為企業把關效能、流量或是額外添購防火牆，IBM 全球資訊科技服務事業部經理莊士逸指出：「的確有超過 70% 的電子商務用戶對雲端運算的安全存有相當的疑慮，因此 IBM 在建置 SoftLayer 雲端服務時，便完全部署在全球 40 個 IBM 資料中心。除了運用 IBM 最新、最頂尖的網路防禦安全系統，有效提升雲端安全防護等級外，全球都有 IBM 專業的安全顧問團隊，不但可以達到最安全的水準，還可以為客戶量身訂做安全內容。」當企業的電子商務採用雲端運算之際，就可以降低企業將資訊放置於資料中心時，可能產生的安全問題。

對於量身訂做的安全，IBM 更累積過去為許多行業建置專屬安全防護的經驗，可以為企業的關鍵資訊提供更適切的保護。莊士逸以金融業為例，過去政府不允許金融業相關「出境」，尤其是網路商務的行為，以避免資料外流而涉及資訊安全的情況。但是當 IBM 協助客戶改善防護機制，證明越來越有能力進

行安全控管後，主管單位也準備逐漸放寬內容，預計以金融業在進行雲端資料的運算時，必須做好相關的安全內容規範，不再限制資料完全不能出境的做法，以更有效的管理機制來作為標準，而這也是 IBM 的強項之一。

資料來源：http://www.ithome.com.tw/promotion/87413.

討論

1. 試討論雲端資訊安全對於電子商務架構的重要性。
2. 如果消費者今天要選擇適合的電子商務平台，你覺得在電子商務網站系統上需要特別注意哪些資訊安全架構的重點？

參考文獻

1. Gary P. Schneider 著，成棟譯 (2010)，電子商務。北京：機械工業出版社。
2. 陳月波 (2006)，電子商務盈利模式研究。杭州：浙江大學出版社。
3. 邵兵家 (2003)，電子商務概論。北京：高等教育出版社。
4. 百度百科，http://baike.baidu.com/view/2812103.htm。
5. 百度文章，http://wenku.baidu.com/view/3f52891f650e52ea55189816.html。
6. 艾瑞網，http://ec.iresearch.cn/17/20120816.shtml。
7. 電子商務自動化的必要工具：API，數位時代。http://www.bnext.com.tw/article/view/id/34288。
8. 安全疑慮已逐漸解開，SoftLayer 為電子商務安全豎典範，IThome。http://www.ithome.com.tw/promotion/87413。

10 電子商務資訊安全

網路購物的安全性

　　淘寶網以第三方支付取得廣大消費者的信任，2013 年交易額高達新台幣 4 兆 8 千萬元，已成為全球電子商務龍頭。2013 年 7 月進軍台灣，與全家超商合作跨海寄送取貨，在台灣會員人數突破 80 萬。新北市一名沈姓男子在淘寶網精挑細選找到一家網友評價極高的北京賣家「更偉數碼旗艦店」，以約新台幣 12,700 元買下一支小米手機 3 及配件。透過快遞運送手機到廣東的集運公司，抵台灣後由黑貓宅急便送到家，從出貨到收貨經過四手。沈姓男子歡喜開箱只見四片碎磁磚，著急地向賣家反映，賣家卻發誓「出假貨就死全家！」拒絕退款，兩家貨運公司也堅稱不可能掉包，氣得他向警方提告詐欺，並向淘寶網申請介入維護權益。淘寶網香港辦公室查驗後發現，沈姓男子並非選擇淘寶的官方國際轉運平台，還須查明是哪個環節出問題，為保障消費者權益，此案應優先處理。

資料來源：淘寶網官網；黃仲瑜、林志青，《蘋果日報》，2013 年 11 月 7 日。

10.1 電子商務安全嗎？

電子商務是新興的商業模式,透過電腦與網際網路來交換資訊、商品及付款,具備消費的便捷性、全球可及性、內容互動性及媒體豐富性等特性,達到減少人力成本、加速產品與服務的運送及付款便捷等優點,因此電子交易逐漸替代傳統交易體系,有越來越多的廠商將營運流程數位化,爭取更高的作業效率。電子交易與傳統交易的差別在於,利用低交易成本和容易搜尋買家、賣家等優勢,改變交易的方式,表 10-1 針對傳統付款與電子付款做比較。

表 10-1 傳統付款與電子付款的比較

交易特性	電子交易	傳統交易
市場規模	全球性 (規模大)	區域性 (規模小)
商店位置	線上虛擬商店	實體店面
營業時間	全年無休	有限制的時間
商品安全性	商品的照片與實體可能會有所誤差	可供現場觀看商品
交易過程	透明度高	透明度低
交易速度	快	慢
差異化服務	容易	困難
流程標準化	高	低
開店成本	低	高

資料來源:陳亮都、陳佳延、魏俊卿,2011 年。

隨著電子交易市集的廣泛應用,電子商務安全議題成為發展新興交易模式的重要關鍵。電子商務是否安全?本章從目前的資訊安全事件談起,使讀者能夠瞭解電子商務環境的安全威脅,及如何確保電子交易安全的做法,讓安全又便捷的電子交易環境成為推動電子商務的磐石。

> **延伸閱讀　電子商務核彈級漏洞**
>
> SSL 是一種安全協定，常看到某網站的網址用「https://」開頭就是採用 SSL 安全協定。而 OpenSSL 是一套開放原始碼的軟體函式庫套件，實作 SSL 與 TLS 協定。OpenSSL 為網路通信提供安全及數據完整性的一種安全協定，含括主要的密碼算法、常用的密鑰和證書封裝管理功能，以及 SSL 協定，並提供豐富的應用程式以供測試或其他目的使用。
>
> OpenSSL 用來更改密鑰規格的 ChangeCiperSpec (CCS) 處理上，出現一個漏洞，允許惡意中間節點攔截和解密已經加密的資料，也同時迫使 SSL 用戶端使用比較脆弱的金鑰，讓加密資料暴露在惡意的節點上。意即瀏覽網站的 Browser 之 cookie 及 form post 會傳送給 Server，並暫存在 Server Memory 中，只要 Memory 沒有被清除，那麼該資料就會一直存在。而駭客剛好就是可以倒出 Memory 的資料，有機會取得別人的 cookie、form post。
>
> 全球過半網站都淪陷，特別是涉及線上交易的購物網站，如 Yahoo! 奇摩購物網站、淘寶網、支付寶、eBay、亞馬遜網路書店、PayPal 等。Yahoo! 奇摩和淘寶網皆受到此超級漏洞的影響，Yahoo! 奇摩已經在全球發佈公告，對 Yahoo! 奇摩的主要屬性成功進行適當的修正。阿里巴巴則表示，淘寶網已經在第一時間處理和修復 OpenSSL 問題，目前已經處理完畢。支付寶則聲稱未受到影響。雖然 eBay 指出大部分服務未受影響，但是仍有少部分服務需要緊急修補。
>
> 資料來源：iThome 網路報導，http://www.ithome.com.tw/news/86750.

10.2 電子商務環境的安全威脅

電子商務的環境存在著一些安全上的威脅，其中較常見的危險包括：

1. 惡意程式 (Malware Code)：「電腦病毒」單純是指「Virus」，而「惡意程式」則泛指所有不懷好意的程式碼，包括電腦病毒、特洛伊木馬程式、電腦蠕蟲、後門程式。

2. 駭客入侵與網路破壞行為：駭客是企圖獲取未經許可使用網路系統的人，而怪客 (Crackers) 則是具有犯罪意圖的駭客。駭客藉由找出資訊

網路或電腦系統的安全落點，取得未獲授權的網路資源。有時他們只是為了好玩，只要破解網站的某些檔案就滿足。但有些駭客則是蓄意搗亂、汙損，甚至進行網路破壞行為。

3. 信用卡詐欺：被害人利用信用卡在電腦網路上購物消費，導致信用卡卡號遭到網路駭客入侵攔截，繼而被冒用盜刷。

4. 連線取巧 (欺騙)(Spoofing)：使用者 A 可以偽裝成使用者 B 的識別，如此使用者 A 可以截取使用者 B 的任何重要資料。也就是入侵者捏造資料封包上的來源位址。這樣的方式暴露出，依靠位址來定義授權的方式，或導致目標系統上，是否可被進入的特權破壞。

5. 竊聽：竊聽程式的基本功能便是蒐集、分析封包，而進階的竊聽程式還提供產生假封包、解碼等功能，甚至可鎖定某些來源，或某目標主機的某些服務埠 (Porter) 的封包。而這些功能將提供有心人士監聽他人的連線、盜取他人的機密，以獲得不當的利益。

6. 阻斷服務攻擊 (Denial of Service Attack, DoS)：駭客會以大量無用的連線流量壅塞網站，並癱瘓網路，造成網路系統一時無法使用，這對於一些時效上有嚴格要求的網路運用是有很大的威脅存在。如果利用分散式阻斷服務攻擊 (DDoS) 就可能造成網路主機無法正常服務使用者。

7. 內部破壞：根據調查，大部分的網路安全性威脅來自於內部，而不是外部。內部人士的有心挪用，才是網路安全性的最大威脅，其損害常大到無法估計，更有企業因此而造成生存危機。

8. 社交工程：是一種非「全面」技術性的資訊安全攻擊方式，攻擊者利用人際關係間的互動特性所發展出來的手法。以簡單的溝通和欺騙，取得當事人信任，並獲取他人帳號密碼或個人資訊，也可以利用系統本身的漏洞或惡意程式進行非法竊取資料之行為。

9. 網路釣魚 (Phishing)：誘騙手段是利用垃圾郵件、網路跳板或關鍵字廣告等方式，誘使使用者連結上偽裝成像是可靠來源的正式網站頁面，藉此被引導至詐騙網站，以致釣到使用者帳號、密碼或信用卡資料等機密資料來進行身份盜用，再利用這些資料獲取不當利益。

> **延伸閱讀**
>
> ### 社交工程：加入臉書團購社團，撿不成便宜反而被詐騙
>
> 　　如果不慎將不肖份子加入臉書好友，或有朋友被盜帳號，就可能陷入團購社團的詐騙陷阱中。不肖份子會預先設立團購社團，利用盜帳號或其他方式把受害者的好友群全數加入社團，提供各種便宜的生活用品或時下熱門商品，誘使網友產生購買興趣。一旦下單，不肖份子輕而易舉地取得被害者的姓名、手機號碼和地址三個重要資訊。
>
> 　　此類型的詐騙社團具備以下特色：(1) 購買價格和付款方式，皆用臉書訊息傳送詢問；(2) 以貨到付款、宅配方式降低戒心；(3) 不斷要求你提供個人資料。網友每次被主動加入社團時，只要謹記先退出社團，就能不受此類詐騙影響。

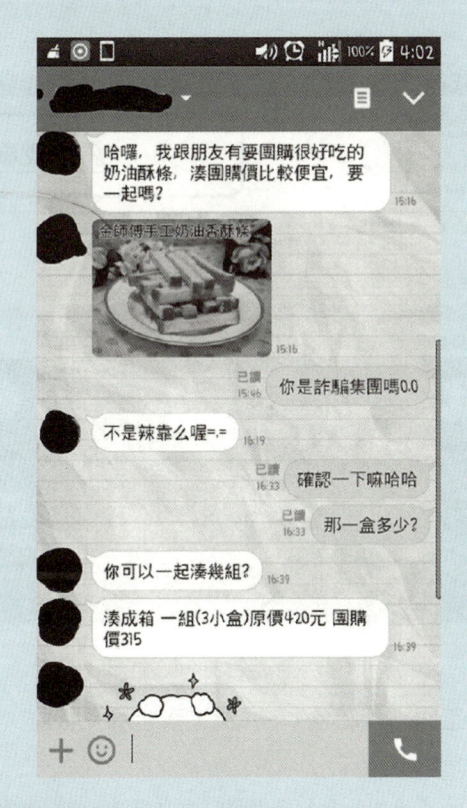

圖 10-1　詐騙團購社團 —— 奶油酥條示意圖

資料來源：經濟部電子商務網站身份識別機制推廣計畫 —— 防詐停看聽網路購物安全指南。

延伸閱讀　可疑的釣魚網站

　　許多釣魚信件中的寄件者，偽裝成合法的寄件來源，取得收件者的信賴。以下社交工程範例是結合時間，並利用假冒寄件者來引誘開啟郵件。

　　詳細觀察郵件會發現，其寄件者是假冒麥當勞寄送麥當勞折價券，該郵件是利用有期限的麥當勞折價券訊息夾帶惡意檔案，因為折價券訊息是真實的，也可以列印下來到商家消費，但打開郵件的同時電腦也自動下載並安裝後門程式，過程中使用者往往沒有任何感覺。一旦經由以電子郵件、網路連結或即時通訊的訊息連結到釣魚網頁就更要小心了，在網頁中的釣魚招數可稱得上技高一籌。

圖 10-2　社交工程郵件範例 —— 偽造麥當勞兌換券

資料來源：經濟部電子商務網站身份識別機制推廣計畫 —— 防詐停看聽網路購物安全指南。

10.3 如何確保電子商務的安全

電子商務的安全維護包括六大層面：

1. **隱私性** (Privacy)：任何人皆無法追蹤消費者及其消費行為的關聯性，可達到匿名交易之目的。此性質或稱為不可追蹤性 (Untraceability)。
2. **機密性** (Confidentiality)：代表確定資料或訊息只有獲得授權的人才可以觀看。
3. **身份辨識性** (Authenticity)：安全上的風險並非源自外界，企業內員工的蓄意破壞也已獲得證實。在各種電腦入侵事件中，約有 80% 來自於企業內部。為了防止這類威脅，企業即須利用身份驗證的方法，以辨識網路上資料的存取者。
4. **完整性** (Integrity)：主要是對於資料傳輸到接收者之後，對於發送者的資料可以做檢驗，以保證與發送者的資料相符，而發送者也希望所傳送的資料與接收者的資料相同，並沒有差異。換句話說，能夠確保在網站上顯示的或是收發的資訊，沒有被未獲許可的人士以任意方式更改。
5. **不可否認性** (Non-repudiation)：是指保證交易雙方不能否認彼此交易的承諾，亦即讓電子商務的參與者無法拒絕承認他們的線上行為。
6. **可取得性** (Accessibility)：代表網站能持續運作提供服務的能力。

10.4 電子商務安全機制

10.4.1 加密

加密 (Encryption) 是一種把純文字數據轉換成密碼文字數據的過程，除了傳送者與接收者外，沒有人可以閱讀。加密的目的在於確保資料或訊息「儲存」的安全性，以及確保資料或訊息「傳輸」的安全性。加密可以達到電子商務六大安全層面中的四者：

1. 訊息完整性：確定送出的訊息沒有被竊改。

2. 不可否認性：傳送者不可否認其曾傳送此一訊息。
3. 身份辨識性：可分辨出傳送者與接收者。
4. 機密性：只有傳送者與接收者看得到實際訊息，其他人無法看到。

10.4.2 傳輸加密機制 ── SSL 及 S-HTTP

最常見的傳輸加密機制就是 SSL，如果傳送者與接收者想要透過安全通訊管道溝通，以 Web 伺服器為例，此時你網址列的 URL 會從 http 轉成 https，利用 SSL 建立一個安全通訊管道。SSL 由網景公司所提出，安全超文件傳輸協定 (S-HTTP) 由 CommerceNet 公司提出，用於網際網路進行安全資料傳輸的兩個協定。SSL 和 S-HTTP 支援用戶端與伺服器間安全 WWW 對話。SSL 與 S-HTTP 有不同的目標，SSL 是支援兩台電腦間的安全連接，而 S-HTTP 則是為安全地在 HTTP 中傳輸資料。SSL 與 S-HTTP 都是自動完成發出資訊的加密和收到資料的解密工作。但 SSL 處於 TCP/IP 協定的傳輸層，而 S-HTTP 則是處於應用層。

由於 SSL 處於 TCP/IP 協定的傳輸層，除了 HTTP 外，SSL 還可對電

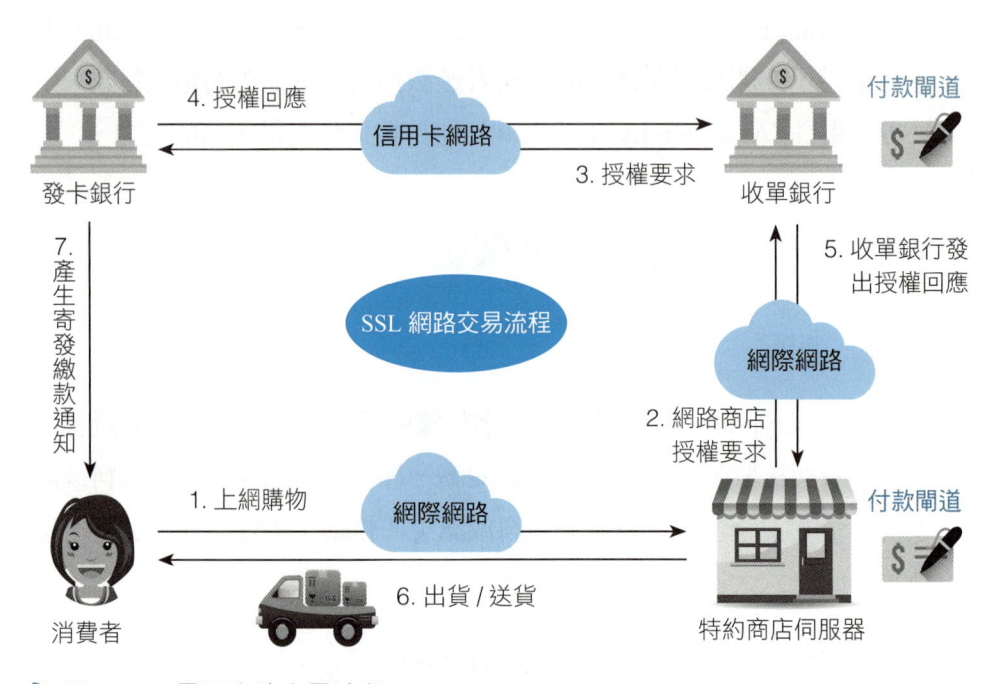

▶ 圖 10-3　電子商務交易流程

腦各種通訊都提供安全保護。例如，FTP、Telnet、HTTPS。目前最常見的數位安全通路是 HTTPS，而 HTTPS 就是 SSL 實現在 HTTP 上的安全版。SSL 有兩種安全等級：40 位元及 128 位元。

SSL 的安全協調程序中，從瀏覽器和伺服器的交握 (Handshake) 開始，瀏覽器為雙方生成私密金鑰，然後由瀏覽器用伺服器的公開金鑰對此私密金鑰進行加密，對私密金鑰加密後，瀏覽器將它發給伺服器。伺服器用其私密金鑰對它解密，得到雙方公用的私密金鑰。接著，SSL 用此雙方公用的私密金鑰對所有的安全通訊進行加密傳送。

S-HTTP 處於 TCP/IP 協定的最頂層──應用層。它提供用於安全通訊的對稱加密、用於用戶電腦與伺服器認證的公開金鑰加密 (RAS)，及用於實現資料完整性的資訊摘要。

10.4.3　傳輸加密機制 ── 極好隱私法 (PGP)

由於現今網路已經朝向商業上的應用，網路資訊的安全與維護是當前重要的課題，而極好隱私法 (Pretty Good Privacy, PGP) 是可以讓電子郵件或檔案具有保密功能的程式，提供強大的保護功能。即使是最先進的解碼分析技術也無法解讀，因此可以將檔案加密後再傳送給他人。加密後的訊息看起來是一堆無意義的亂碼，除了擁有解密鑰匙的人看得到以外，沒有其他人可以解讀。

PGP 是利用所謂的公開鑰匙密碼學為基礎，其原理是利用 PGP 產生一對鑰匙，一把是私人鑰匙，一把是公開鑰匙。當要傳送一封保密信或檔案給對方時，首先必須先取得對方的公開鑰匙，並將加入自己的公開鑰匙環中，接下來利用對方的公開鑰匙將信件加密後再傳給對方。當對方收到加密信件後，對方必須利用其相對的私人鑰匙來解密。PGP 也提供 PGP 專屬簽名，其目的通常是當要公開傳送訊息時，希望別人知道這訊息確實是由你所發出。一旦加上專屬簽名後，任何人只要更改訊息本身或簽名，PGP 都能偵測出此篇文章已被他人更動，並非原作者之成品。簡單來說，PGP 為公開金鑰加密系統，可用來對電子郵件或檔案加密，供商業使用並收取費用。

10.4.4 防火牆

防火牆 (Firewall) 為一軟體或硬體系統,可管制外部使用者對企業網路的連結及存取。防火牆的目的是用以保護區域網路 (LAN) 不受網路外的人所入侵。防火牆的工作原理是在公用網際網路與私用內部網路之間建立一個屏障,因此防火牆通常置於網路閘道點上。

防火牆為一組安裝在兩個網路之間的網路裝置,並具有下列特色:

1. 欲受保護的內部網路中所有的封包數據都經由防火牆進出。
2. 只有經過認可的封包,也就是符合安全政策的規範,才能通過防火牆而進出受保護的內部網路。
3. 防火牆本身必須對入侵破壞行為具有高度的免疫力。
4. 通常建置在私用網路與公用網路連結點。

由此可知網路防火牆必須執行一套安全政策,而這安全政策便是一組過濾規則,用來決定是否允許網路封包進出受保護的網路。

防火牆大致分為三大類功能:

1. 封包過濾器 (Packet Filter):封包過濾器會檢查資料封包,看看傳送目的地是否是被禁止的 IP 位置,或被禁止的通訊埠 (Port)、封包埠、目的地 IP 位置與通訊埠,以及封包類型。但其存在一個缺點,因為它不負責檢查身份辨識性,可能會受到惡意欺騙。
2. 連線閘道器 (Circuit Gateway):連線閘道器屬於連線層 (Circuit-Level) 的防衛機制,它本身先與提供服務的所有內容內部網路主機建立連線,並開放與這些服務相對應的 TCP 連線,不給外部網路真正要求服務的主機使用。其運作情況如圖 10-4 所示。由圖可知連線閘道器型防火牆只是用於 TCP 應用程式,它負責在符合安全規範的客戶端與提供服務的伺服器間建立連線。優點在於可以掌握每個服務連線的狀態,因此對同一主機上不同的連線均可以分別過濾,並且可提供較為複雜的過濾規則,及適用於不使用固定埠值來作通訊的協定。
3. 應用程式代理器 (Application Agency),又稱為代理伺服器 (Proxy Server):應用程式代理器屬於應用層 (Application Agency) 的防衛機

制,它負責提供符合安全政策規範的客戶端相對的應用服務,圖 10-5 為應用程式代理器的加密程序。當客戶端向代理服務端提出服務要求後,代理服務端會先檢查該要求是否符合安全政策的規範,若符合則由代理客戶端傳送服務要求給真正提供服務的主機,而該主機回應後,同樣再由代理服務端傳送回應給客戶端。應用程式代理器防火牆具有適用於過濾複雜的安全規則及 網路位置轉換 (Network Address Translating) 的功能,並可以隱藏內部網路所有主機的 IP 位址,以便於記錄事件及稽核的能力。

10.4.5 公開金鑰加密系統

公開金鑰加密系統又稱非對稱式加密法,每個使用者擁有一對金鑰── 公開金鑰和私密金鑰 (Public Key and a Private Key),如圖 10-5 所示。

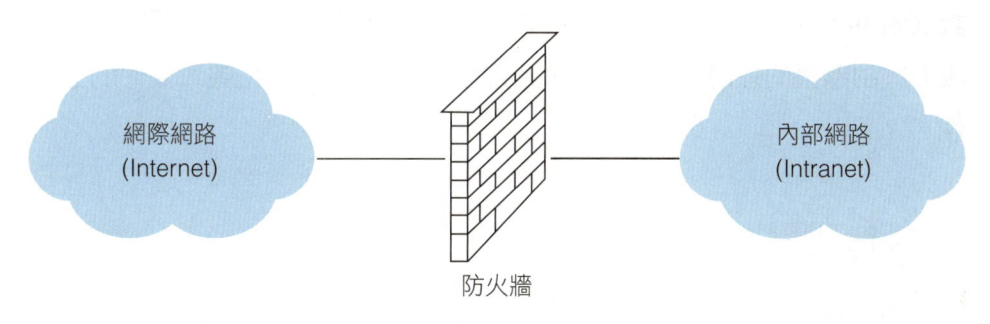

🔊 圖 10-4 防火牆

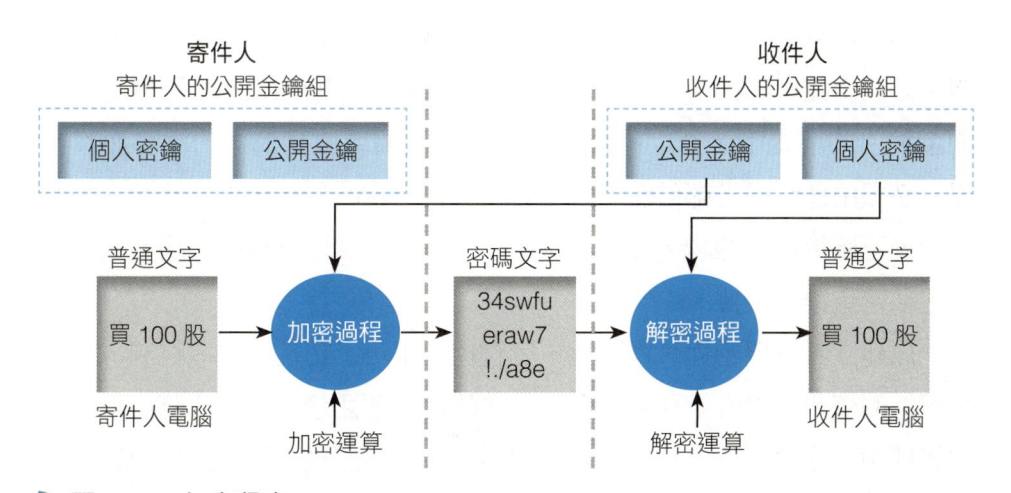

🔊 圖 10-5 加密程序

由其中一把金鑰加密後，必須由另一把金鑰予以解密，公開金鑰可以被廣泛地發佈，而私密金鑰必須隱密地加以保存。常用於加密長度較短的資料、數位簽章。優點為可以同時兼顧隱密性和自發性，只要知道對方的公開金鑰，就可以安全傳送訊息給另一個人。

10.5 電子商務安全認證

企業要真正實行電子商務，讓買主有安全感而上網購物以完成交易，必須要確認以下兩點：網上交易的安全性與網路商家的身份。

目前在網際網路上最廣泛應用的安全認證技術是 SSL。電子商務網站使用 SSL 必須要有 Web Certificate 電子認證。

在做數位簽章之前，簽署者必須把其公開金鑰拿去向一個公信的第三方──稱為 CA 的證中心登記，並由該中心簽發電子印鑑證明 [又稱為憑證 (Certificate)]，之後簽署者再將數位簽章文件連同憑證一起送給對方。收方經由憑證的佐證及數位簽章的驗證，即可確信該數位簽章文件的正確性。

10.5.1 憑證中心

由一個公信的第三者來公證 (Notarize) 使用者名稱與公開金鑰之間的對應關係。憑證管理中心 (Certification Authority, CA) 是具公信力第三者 (Trusted Third Party)，對個人及機關團體提供認證及憑證簽發管理等服務。公開金鑰密碼技術的運作是建立在「通訊雙方能夠正確地取得對方公開金鑰」的前提下，否則極有可能使訊息洩漏或收到偽造的訊息而沒察覺。必須由通訊雙方都信任的公正第三方經一定的程序，鑑別個體之身份與金鑰正確後簽發憑證，證明該個體確實擁有與其所宣稱的公開金鑰相對應之私密金鑰的根據。

以建立具有機密性、鑑別性、完整性、不可否認性、接取控制，以及可用性的資訊通信安全環境與機制。在建置營運憑證管理中心時，須依憑證管理中心之營運政策及策略，制定憑證政策與憑證實作準則，規範其運

作規定與做法，一方面讓用戶瞭解在使用上的作業規定，另一方面則藉此表明其在安全及公證性上的信賴度。

CA 架構可以分為：

1. **階層式架構** (Hierarchical Infrastructure)：階層式架構如同樹狀結構一般 (如圖 10-6 所示)，有一個最高層的 Root，由 Root CA 對第二層的 CA 簽發憑證，而再由第二層的 CA 對下一層的 CA 或使用者簽發憑證，以此類推。在階層式架構中，所有的使用者都知道 Root CA 的公開金鑰，驗證憑證的路徑則由最下層 CA 一直到 Root 為止。
2. **網頁式架構** (Web Infrastructure)：網頁式架構是由許多獨立的 CA 互相簽發憑證所形成的一種網頁式架構 (如圖 10-7 所示)。和階層式架構不同的是，網頁式架構中的使用者並不一定相信某個 CA (如 Root CA 的角色) 的公開金鑰，而是相信替自己簽發憑證的 CA。因此，若要驗證其他使用者的公開金鑰，必須自行尋找一條相對應的驗證路徑。

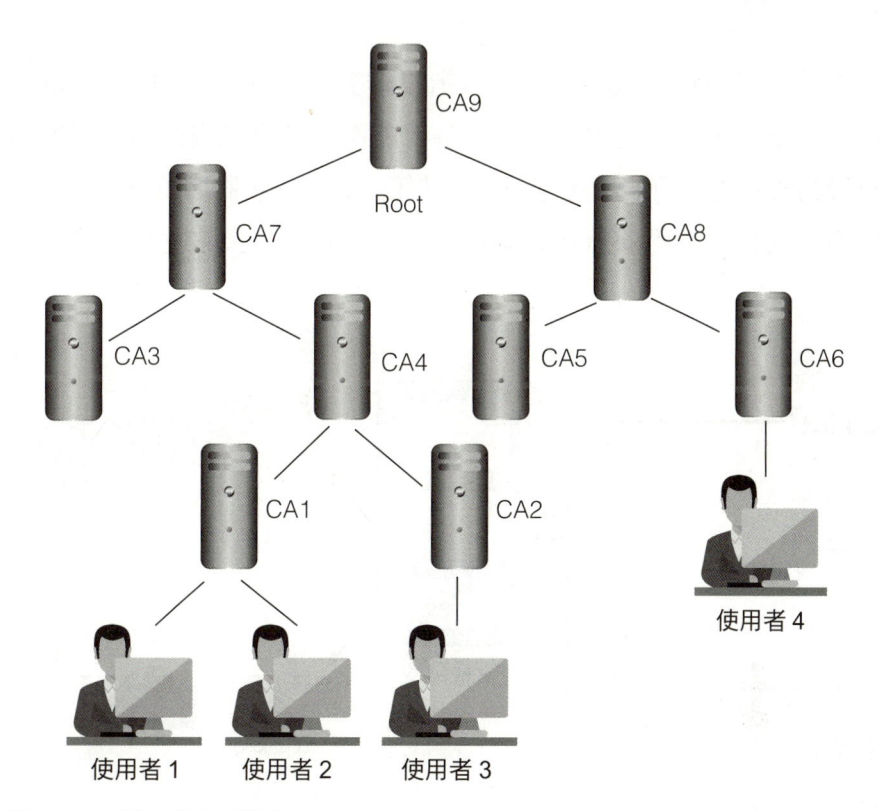

圖 10-6　階層信任模型

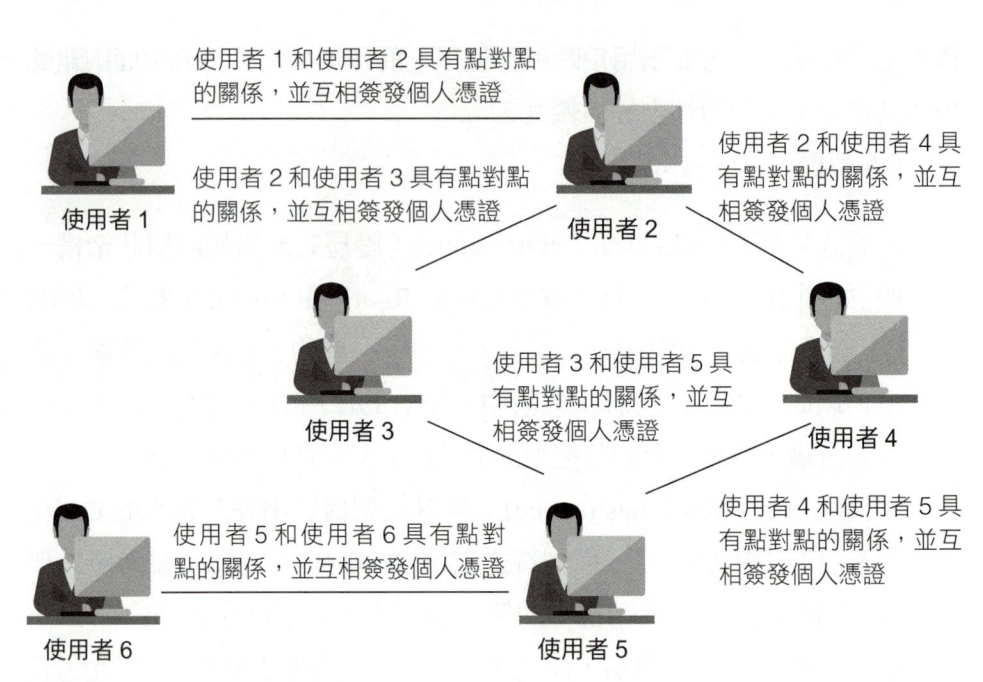

▶ 圖 10-7　CA 網路架構

10.5.2　數位簽章

數位簽章 (Digital Signature) 專指以**非對稱型密碼技術** (Asymmetric Cryptosystem) 所製作之電子簽章，為目前電子簽章應用技術中發展最快速且最為成熟的一種。我國電子簽章法第二條第三項將數位簽章定義為：「將電子文件以數學演算法或其他方式運算為一定長度之數位資料，以

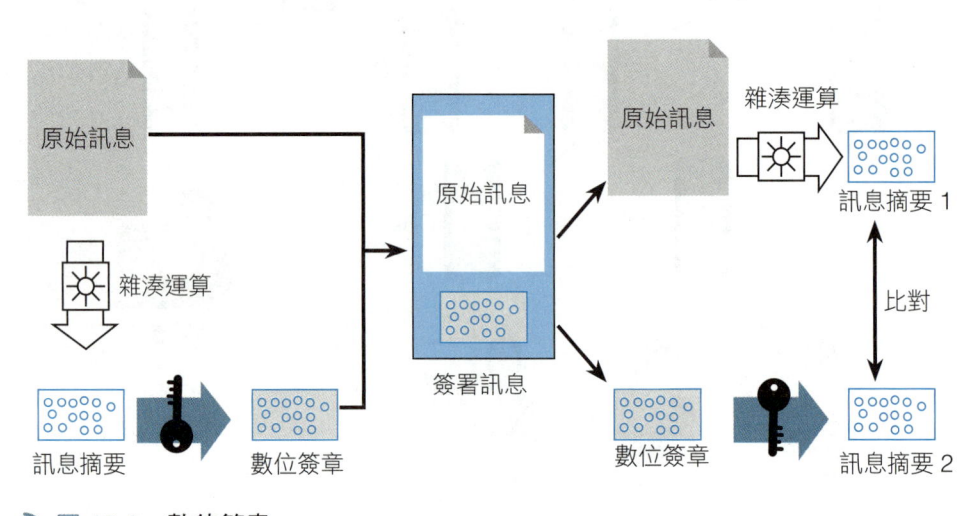

▶ 圖 10-8　數位簽章

簽署人之私密金鑰對其加密，形成電子簽章，並得以公開金鑰加以驗證者。」

本章摘要

　　電子付款增加了交易效率和便利性，但是網際網路可以由全球各地進入，這樣的特性使交易暴露在風險之中。不管是消費者或生產者，電子交易問題存在的最大障礙是安全。像是隱私問題、惡意入侵、系統設計不當等，這樣的隱憂會阻礙電子付款的發展，影響競爭力的提升，是採用電子交易時的最大顧忌，因此需要透過不斷改良及建立良好機制，做好管理，才是最佳的方式。

問題與討論

1. 理解概念：電子商務安全、社交工程、網路釣魚、傳輸加密、金鑰加密系統。
2. 試簡述電子商務環境的安全威脅。
3. 試簡述目前電子商務的安全機制。
4. 試簡述目前電子商務安全認證程序。

延伸閱讀　NFC 行動支付，正在改變你我花錢的方式！

　　沙漠中，一位男子牽著一匹駱駝，與一婦女交易，兩人從口袋裡拿出的不是一張張的鈔票，而是一支智慧型手機。兩人按了幾個鍵，交易完成！這是東非的金融服務商 Zaad Service，透過行動裝置所提供的金流交易服務。

　　「破壞式創新是指，現有零件在新的產品架構下運作，提供比舊方法更簡潔的方案。一開始，在成熟市場並不容易被採用，但在遙遠新興市場和非主流市場，破壞性創新提供了不同的貢獻。」

　　《創新的兩難》作者克里斯汀生 (Clayton M. Christensen) 的闡述，精準符合行動支付發展現況，你的手機和錢包不再需要同時攜帶，因為它們簡潔的二

合一了！而最常使用的消費者，不是先進的歐、美、日，而是一年只賺新台幣 1.5 萬元的非洲人。行動支付無疑是未來趨勢，非洲早一步領先全球成為最佳代言人。

NFC 支付最具潛力

但是 NFC 支付就是行動支付嗎？其實不然，達成使用手機付款的方法有很多種，工具可以是信用卡、金融卡、電子錢包等，傳輸媒介可以是網路、NFC、藍牙。可見得 NFC 只是行動支付的其中一種，但卻是發展潛力最好的一種，因為它建構在既有金融環境之中，只是消費者以往「刷卡」的動作，變成「刷手機」，因此備受關注。依據市調機構 Juniper Research 調查，2014 年全球每 5 支智慧型手機中，至少會有 1 支搭載 NFC 功能。

現階段行動支付有五種達成模式：第一種是行動裝置外接感應設備，如手機殼裝有悠遊卡晶片；第二種是使用電信商開設的金融平台；第三種採用 NFC 技術加 APP 軟體，串聯各種金融卡片、電子錢包；第四種是 APP 軟體利用 QR Code 連接網路刷卡系統、金融卡轉帳系統；第五種是 APP 軟體直接使用電子錢包。

資料來源：羅之盈，《數位時代》，http://www.bnext.tw/article/view/id/33441，2014 年 1 月 1 日。

延伸閱讀：Google Wallet 手機付款可享優惠，搶攻行動支付商機

為了對抗強大競爭對手 PayPal，Google 拚命整合所有資源，不論是瀏覽器 Chrome、作業系統 Android，或是電子信箱 Gmail 等服務，都可以看到 Google Wallet 的身影。如今更與熱門電子商務的行動平台進行合作，不但讓付費程序變得簡單，使用者還能享有部分折扣。

Google 在官方部落格宣佈，將與 Airbnb、Expedia、Fancy、newegg.com、priceline.com、Ruelala、Tabbedout、Uber 等熱門電子商務的 APP 平台合作，使用者在這些行動平台上購物，結帳時只要點選「Buy with Google」的按鈕，就可直接從 Google Wallet 扣款，省下不斷輸入信用卡號的繁複程序。此外，這些平台還提供 Google Wallet 使用者一些優惠。

挾帶 Android 系統的大量用戶，Google 利用化繁為簡的付費程序來推

Google Wallet，但目前可使用的商家數量還是太少。Google 在 2013 年 5 月時宣佈，將在 11 月 20 日時關閉 Google Checkout 的服務，這項舉動被認為是 Google 想整合一連串的線上支付服務，集中火力來對抗 PayPal。

　　Google Wallet 主打簡易的付費程序，對商家而言，可以減少消費者面對繁複程序，而放棄結帳的可能性。Google 在 I/O 大會上曾指出，使用行動裝置來進行線上購物時，有高達 97% 的機會發生放棄結帳的情況。顧客會很願意瀏覽商品頁面，也會把喜愛的商品放入購物車，是因為商家改善在手機上進行購物的合適性，但卻沒同步優化行動結帳程序。

　　媒體則認為，雖然 Google Wallet 提供一個更流暢的使用經驗，但 PayPal 的普及性恐怕還是難以撼動。根據市調公司 comScore 在 2013 年 2 月份的調查顯示，參與調查活動的使用者中，只有 8% 使用過 Google Wallet，卻有 48% 用過 PayPal。在兩者知名度的比較上，僅有 41% 知道 Google Wallet 這項服務，知道 PayPal 的則高達 72%。Google Wallet 找來商家合作或許可提升知名度，但能否與 PayPal 平起平坐，恐怕還得再下更多工夫。

資料來源：陳芷鈴編譯，《數位時代》，http://www.bnext.com.tw/article/view/id/28536，原文：TechCrunch，2013 年 7 月 10 日。

延伸閱讀　手機購物的九個安全秘訣

1. 不使用現金卡，使用信用卡或線上付款服務

   使用現金卡來購買禮物或許看起來比信用卡更好，因為不必擔心高額的循環利息。然而當卡片不小心落入歹徒手中時，信用卡公司卻可提供比銀行更多的保障。因為信用卡持有人只要在繳款期限之前付清帳單金額即可免除利息，這通常有 15~45 天的緩衝期限。採用線上付款服務是另一個選擇，例如：PayPal，但請務必使用業界先進技術來儲存及傳輸銀行資訊。

2. 養成習慣：擷取交易確認畫面

   一旦決定購買並按下「購買」按鈕之後，會看到一個交易確認畫面，上面可能會要求自行列印一份備查。別只靠賣場寄出的電子郵件收據，或者靠網站保存的交易紀錄。因為購物季節的流量很可能會讓廠商的系統超載，因此錯誤時有所聞。若無法儲存交易確認紀錄，可以擷取一下螢幕抓圖，然後將檔案寄給自己。

3. 千萬別在行動裝置上打開零售廣告郵件

在購物季節，收件匣很可能塞滿各種促銷電子郵件，推銷各種不可錯過的商品。但千萬別因為通車無聊就開啟這些訊息。它們很可能是網路釣魚 (Phishing) 詐騙。每到了送禮的季節，網路詐騙集團最愛的，莫過於透過各種精心設計的電子郵件來騙取個人資料。請等到回到家，坐在筆記型或桌上型電腦前面再打開郵件，並留意一下有沒有拼字或文法上的錯誤，還有一些狡猾的設計。

切記一件事，打開電子郵件就好，千萬別點選任何連結。可以將電子郵件中的連結複製下來，然後開啟新的瀏覽器再貼到網址列。這樣可以安全地測試該網址是否為真。

或者也可以試試這個技巧：將滑鼠游標移到電子郵件中的連結上方。此時就會顯示連結背後的網址，如果顯示的網址和郵件中所寫的不同，那麼這很有可能就是網路釣魚，請千萬不要點選任何連結。

4. 記得安裝一套行動安全防護

隨著行動惡意程式逐漸興起，千萬別只是亡羊補牢。在開始購物之前，請務必為手機和平板電腦安裝一套行動安全防護軟體。尋找一套可掃描應用程式病毒與間諜程式、攔截可疑網站、提供裝置遺失協尋，以及自動更新的產品，如趨勢科技「安全達人」免費行動防護 APP。

5. 別忘了更新瀏覽器

隨時使用最新版的行動裝置瀏覽器，例如：Chrome、Safari、Firefox 或 Opera。

隨時保持瀏覽器更新，使用最新的內建安全功能來防範惡意程式威脅。這就像隨時接收應用程式通知一樣容易。

6. 下載可信賴廠商所開發的專用 APP 程式來購物

從網路上的大型市集下載 APP 程式，如：Amazon、Google Play 和 iTunes。閱讀使用者的評論、評等，以及開發商的資訊來確認 APP 程式的真實性。掃描先前已安裝和新下載的 APP 程式是否含有病毒和間諜程式。

7. 不要使用公共的 Wi-Fi 網路

請不要使用公共的 Wi-Fi 網路，請用 3G/4G 行動網路。就算要使用公共熱點，也可以在手機或平板上安裝一套 VPN 來將傳輸的資料加密。若是透過家中的無線網路上網購物，那麼家中無線網路請務必使用 WPA2 加密方式連線。

8. 看看是否有安全標示

在使用電腦時，應該看看所連上的網站有沒有 SSL 或 TLS 連線的標示。

SSL 和 TSL 連線會出現類似鎖頭的小標示，或者網址是以「https」開頭。這表示網站在傳輸資料時有加密保護。由於手機螢幕很小，因此這些標示或許會看不見。要解決這樣的困擾，可以只上那些信賴的網路商店，或者直接在網址列輸入網址。

9. 小心旁人偷瞄

在所有行動安全秘訣當中，這一條是最不需要技術的。萬一身旁的是不肖人士，又靠很近，那麼光是偷瞄就可能帶來嚴重後果。請小心防範附近的人偷看私密資料，輸入登入資訊時千萬別讓人看見。此外，請使用線上付款服務來購物，這樣信用卡就沒有被盜刷的機會。

資料來源：網路安全趨勢，http://blog.trendmicro.com.tw/?p=8407，原文來源：9 Smart mobile security tips for safe online shopping.

參考文獻

1. 經濟部電子商務網站身份識別機制推廣計畫 —— 防詐停看聽網路購物安全指南。
2. 梁定澎總編、王紹蓉等著 (2014)，電子商務：數位時代商機，台北：前程文化。
3. Eric Maiwald (2012). Network Security A Beginner's Guide, Third Edition.
4. 羅之盈 (2014.1.1)，NFC 行動支付，正在改變你我花錢的方式！數位時代，http://www.bnext.tw/article/view/id/33441。
5. 陳芷鈴 (2013.7.10)，Google Wallet 手機付款可享優惠，搶攻行動支付商機，數位時代，TechCrunch，http://www.bnext.com.tw/article/view/id/28536。
6. 9 Smart mobile security tips for safe online shopping。手機購物的九個安全秘訣，http://blog.trendmicro.com.tw/?p=8407。

電子商務

11 電子化政府（政策、法規）

推動電子發票無紙化──談手機條碼及愛心碼之運用

　　台灣自 2010 年底開始推動 B2C 消費通路開立電子發票以來，至 2013 年 12 月底，已有超過 220 家的消費通路營業人導入電子發票，全台已逾 16,500 個開立據點。而隨著每年度開立電子發票數的急速增加，2013 年度已開立逾 39 億張以上的電子發票，約占台灣全年 80 億張開立發票數之 50%（如圖 11-1 所示）。揭示電子發票時代的來臨，所有發票資料皆已電子化儲存在雲端。

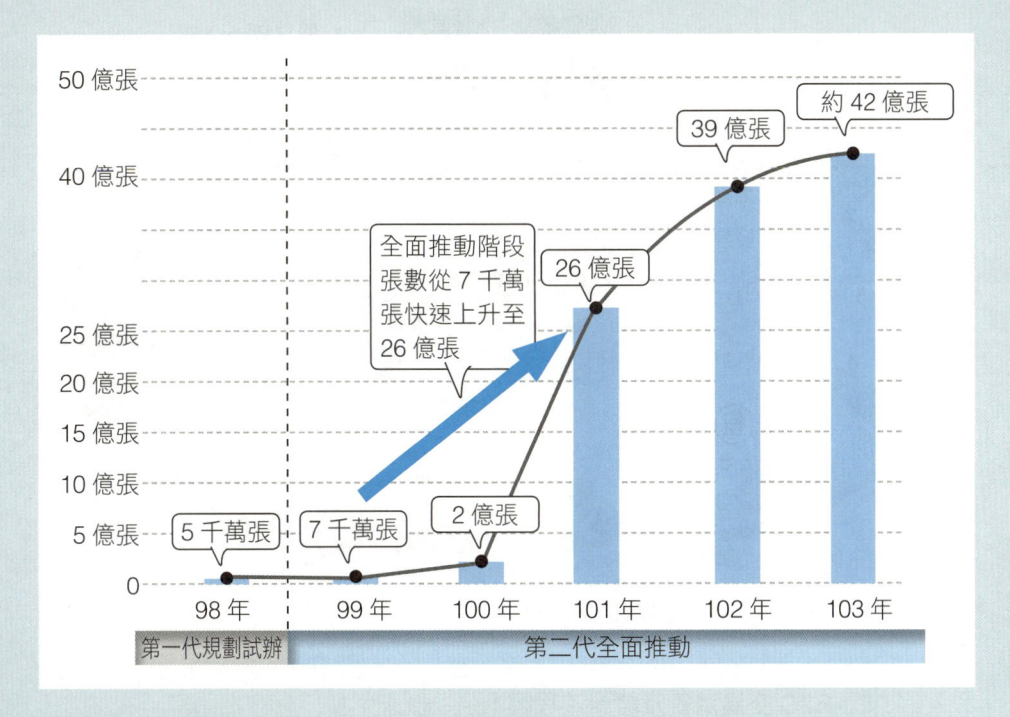

圖 11-1　電子發票歷年開立數統計圖

在政府長期推動索取統一發票的情況下，多年來民眾養成在消費後主動索取紙本發票的習慣，因此在推動 B2C 消費通路電子發票之初，要改變民眾習慣，而以無紙化的方式索取電子發票實屬不易。故在電子發票推動的過程中，為了滿足同族群對紙本發票的需求及考量城鄉資訊的數位落差，對於沒有載具的消費民眾仍給予電子發票證明聯。截至目前為止，大部分的消費者仍習慣索取電子發票證明聯，而以載具索取電子發票達到真正無紙化的比率仍偏低，以致讓很多消費大眾誤認為，電子發票就是從傳統二聯式收銀發票變成電子發票證明聯。進而對電子發票節能減紙的效益有所質疑。

　　針對消費者的疑問，可以從 B2C 整個交易消費及發票流程中 (如圖 11-2 所示) 來探討何謂電子發票？何謂載具？手機條碼及愛心碼在電子發票流程中又扮演什麼角色？我們從整個 B2C 交易消費及發票流程中可知，以往每筆交易的發票是一式兩張，一張為收執聯交予消費者保存對獎及報核用，另外一張稱為存根聯，由營業人作為帳冊保存對帳及報稅之用，其中營業人的帳冊需保存 5~7 年供國稅局查帳。而在整個流程中須特別注意是，捐贈社福團體這一流程，這是在發票流程中比較特殊的，其主因是在台灣有很多的社福團體，其經費來源是依賴消費者所捐贈發票的中獎獎金。

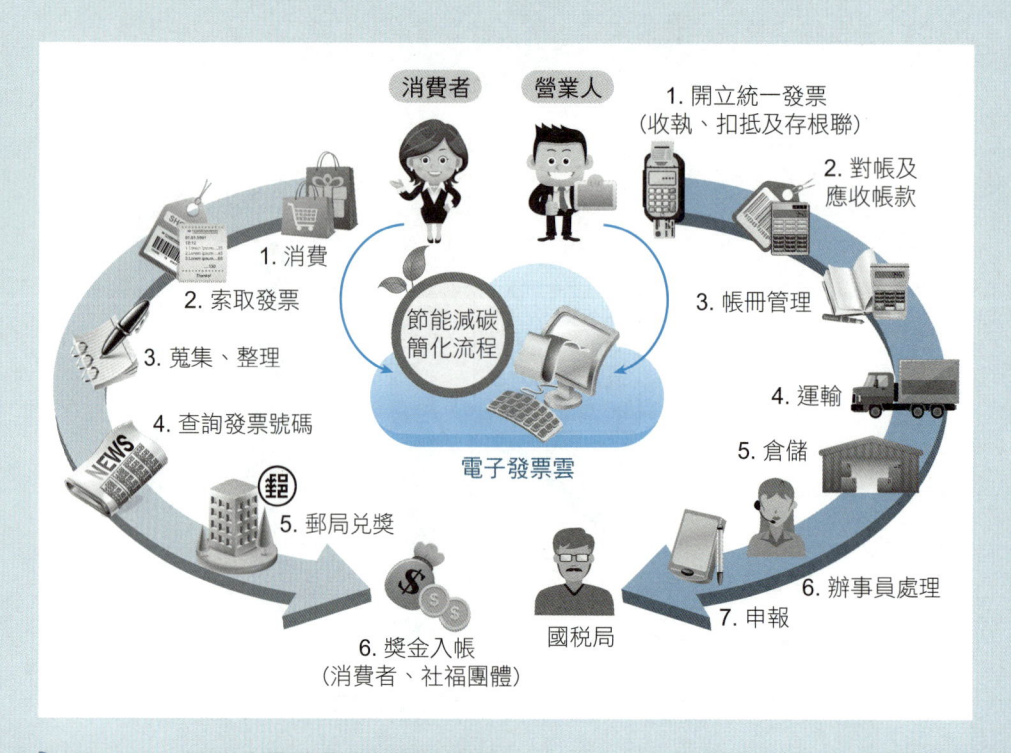

▲ 圖 11-2　B2C 交易消費及發票流程圖

當發票電子化儲存在雲端後,如何簡化這些流程,又不影響原流程中利害關係人之權益,便是推動電子發票最主要面對的問題。首先先從營業人來探討,在整個發票無紙化流程中,電子發票已將營業人所保存的發票存根聯直接載送至電子發票雲儲存,營業人於帳務處理及稅務處理時,可直接至電子發票雲下載其所屬的發票至其財務帳務管理系統(ERP)即可完成,在整個交易消費及發票流程中已節能減紙 50%,這是一般消費者不瞭解的部分。

另外,在消費者端要達到真正無紙化,所要面對的是發票電子化及無紙化下,如何分辨發票屬於哪一個消費者?其做法就是希望消費者能以載具來索取電子發票。而何謂載具?就是將發票載送至雲端的工具。簡單的說,載具就是消費者身上所擁有的某一特徵號碼(如手機號碼、自然憑證號碼、各種會員卡號、悠遊卡號等)。在消費時營業人將該消費的發票資訊,以此特徵號碼直接傳輸送至電子發票雲儲存,完成消費者索取發票程序,而消費者即可以此特徵號碼(載具)查詢發票、消費紀錄及對獎。

而在諸多載具中的手機條碼又稱共同性載具,是財政部為推動電子發票落實無紙化所推出的載具,稱為共同性載具是因為在推動 B2C 消費通路電子發票之初,為降低對營業流程及消費者的影響,所以大部分的營業人皆使用在營業流程中消費者會隨身攜帶作為紅利積點用之會員卡(例如:全聯福利中心採用全聯福利卡、中友百貨公司採用中友卡),作為該店索取電子發票的載具。雖然此措施降低營業人改開電子發票流程上的衝擊,但因會員卡並無共通性,以致消費者在不同地方消費索取電子發票時,皆因需使用不同的載具而感到不便。有鑑於此,政府於民國 101 年 3 月開始試辦,民國 101 年 7 月開始全面推動手機條碼作為共通性載具,亦即所有開立電子發票的店家都必須接受消費者以手機條碼來索取電子發票。

為簡化手機條碼申請,鼓勵機關團體能集體申辦手機條碼,以加速手機條碼之成長,讓大部分消費者都能使用載具索取電子發票,真正達到節能減紙的目標。發票無紙化是一條長遠的路,需政府及消費者共同努力。政府除積極推動各種載具之運用外,最主要的是需從教育環境著手,改變消費者索取紙本發票的觀念與習慣。相信只要全民能夠接受環保新觀念,電子發票不僅能為我們地球盡心,為環保盡力,亦將為國家及企業帶來競爭力。

資料來源:摘錄自《政府機關資訊通報》,第 321 期,2014 年 7 月,http://www.ndc.gov.tw/m1.aspx?sNo=0060889&ex=1&ic=0000015#.VFWjEBFxljo。

11.1 什麼是電子化政府

根據聯合國 2010 年全球電子化政府調查報告顯示,電子化政府的兩大重點在於「以民為本」及「電子化服務發展」。世界各國政府理解電子化政府對於企業、社會和民眾的重要性,莫不大力推動改善網路基礎建設、普及線上服務、以民眾為核心提供客戶導向服務。

鑑於近年來全球政經情勢快速變遷,各國政府業務運作透過資訊科技全面導入電子數位化治理機制,已為必然趨勢。政府電子化程度及層次差異,除了創造整體效益與提供全年無休解決民眾需求,並將機關形塑成具政策層次性的整合、創新並擴大授權、預算統籌編列運用、重塑公平民主監督價值,以及勇於處理整合工作困境的全觀型政府。而建立單一窗口式的整合服務機制,達成跨越組織層級及縮短部會功能分裂差距的全觀治理理念。

行政機關公部門係由基層官僚、系統文官、民意代表,以及一般民眾等具知識利害關係人、法律規範等人為因素所組成的社會網絡技術系統,擁有的資訊和知識是政府施政與接近民意的重要資本。對政府公部門而言,知識是強有力的改變代理者 (Radaelli, 1995),政策過程會影響在提供服務過程中直接與民眾互動、接觸,並具有特定行政自主裁量權的第一線基層官僚 (Lipsky, 1980),其對於公共政策與架構的認知觀點。然而研究發現,公部門不僅缺乏知識分享文化 (McNabb, 2007),對以公部門知識管理主題研究亦相對缺乏 (Willem & Buelens, 2007),因此政府部門為改善服務品質,應加速推動知識管理策略,以建構具決策品質、公民全面參與,及整體社會智慧資本之競爭式知識密集型組織 (Wiig, 2002)。

電子化政府 (E-government, E-gov) 是近年來全球許多國家積極推動的施政政策,唯涉及資訊、內外組織、民主參與互動、公共行政及使用機會等因素,伴隨著網際網路及電子商務等新觀念導入,在中國將電子化政府發展區分為廣義及狹義兩層面:廣義面指利用資訊與通訊技術,處理國家立法、行政機關、黨務及各類行政管理活動等事務;狹義面指利用資訊與通訊技術,政府如何有效管理及服務其業務職能,實現組織結構與工作流程重組化變革的管理手段,電子政府重點偏重於處理政府與公眾、政

府與企業間的電子政務業務，而電子政務則涉及政府部門內(外)及政府與公眾、企業與組織間較廣泛的政務與服務活動。因此對於目前尚缺乏較為整體及一致性架構 (Grant & Chau, 2005; Abdelbaset & Eddy, 2009)，本章採以基層官僚與公民諮詢互動參與、公部門內部民主化、便利性，以及公部門開放協調使用等具民主治理議題為電子化政府探討主軸 (Chadwick, 2003)。有關定義綜合整理如表 11-1 所示，其關係著導入民主政治與維繫

表 11-1 電子化政府定義

來源	定義	關鍵字
Campeau & Higgins (1995)	藉由網路，行動運算等資訊科技將政府作業提供給公民與組織更方便服務	行動運算、公民與組織
Baum & Maio (2000)	(1) 資訊提供：供民眾閱覽與查詢 (2) 互動：藉由簡單的服務以回應民眾的問題 (3) 交易：民眾不受時間限制，在線上完成所需申辦服務 (4) 轉換：政府服務傳遞透明化，具顧客關係管理，重塑民眾、企業、政府間的關係	民眾閱覽、電子郵件、互動性、跨部門、顧客關係管理
Gartner research (2000)	資訊提供、互動、交易、轉換	電子型錄、郵件互動及治理
UN (2001)	利用網站及網際網路傳遞政府資訊與服務給公民	公民、WWW
Silcock (2001)	用技術接近，傳送對市民、商業夥伴及員工有益的政府服務資訊	技術
Layne & Lee (2001)	分類、轉型、垂直整合、水平整合	垂直整合、水平整合
UN/ASPA (2001)	參與、強化、互動、交易、無縫銜接	跨行政區域
Forman (2002)	在政府與公民間利用職權建立資訊社群的戰術	戰術
Relyea (2002)	屬於一種應用資訊科技於聯邦政府責任之動態特徵	動態特徵
Wimmer (2002)	將傳統與公民、基層官僚及企業之 command-and-control 架構轉為互動協調方式，達成最佳效率效能目標	互動協調
Bekkers (2003)	將政府能力轉變為服務所屬之公民	公民
Gupta & Jana (2003)	為國家更好的必要行動治理目標，人們主要的任務是在使電子化政府成功	治理

表 11-1　電子化政府定義 (續)

來源	定義	關鍵字
OECD (2003a)	使用資訊通信科技，尤其是網路，使政府變得更好	資訊通信科技
Carter & Belanger (2005)	用資訊科技來提升政府提供給市民、雇員、商業界與機構的服務效率	資訊科技
Irani 等人 (2004)	提供全面的資訊散佈服務：與私部門的交易、對一般市民與商業的服務及民主式參與	民主式參與
Reddick (2004a)	第一個階段：活動服務資訊分類單向式放置在網路上，減輕基層官僚工作。第二個階段：公民藉系統官僚機制交換意見公文等	基層官僚、系統官僚
West (2004)	(1)資訊提供；(2)服務傳遞；(3)線上申辦服務；(4) 無縫整合與互動式民主階段	入口、線上申辦及互動式民主
Beynon-Davies (2005)	用資訊通訊科技來改變政府機構的結構和過程	政府機構結構
Torres (2005)	利用網路來傳遞政府資訊和服務給民眾	網路
Garson (2006)	藉電子化工具協助公民利害關係團體參與決策制定	公民利害關係

資料來源：本書整理。

政治體系穩定成長重要指標 (Krueger, 2005)，並兼具資訊科技影響民主治理真諦。經由歷年來電子化政府各階段的發展性瞭解，整理如表 11-2 所示，依據 Delcambre 和 Giuliano (2005) 提出電子化政府研究主要兩個重點，分別為解決政府實際問題的資訊科技技術及由社會觀點探討政府行政程序問題。因此，政府除了以服務管理為思維導向，應積極轉型朝向鼓勵公民參與治理，善用資訊科技提供實際的電子化參與、資訊交流、諮詢，以及決策制定等指標項目 (UN, 2006) 發展。配合完善的電子化環境建構，致力於全面性電子化民主推動，以達政府公部門重新塑造 (Reinvent) 目標。

　　基於近年來資訊通訊科技快速地發展，原來傳統之公民參與方式，亦受到強烈衝擊，引起參與直接民主提倡學者傾向於，國家整體發展治理形式應多與公民科技化參與機會 (Barber, 1984; Norris, 2001, Gunter, 2006)，而電子化參與 (E-participation) 亦於 2003 年列入聯合國電子化政府整備度評估項目之一。為衡量各國政府電子化參與度重要面向，是政府藉由資訊

表 11-2　電子化政府發展階段

來源	定義	關鍵字
Layne & Lee (2001)	分類、轉型、垂直與及水平整合	重新概念化
Silcock (2001)	資訊公佈、雙向交換、多功能入口、個人化入口、一連串服務及整合和企業化轉型	入口整合
West (2004)	告示、部分服務傳遞、入口及民眾民主互動階段	單一窗口、個人化
Koh 等人 (2005)	(1) 資訊化；(2) 互動化；(3) 轉換；(4) 整合；(5) 協調	知識管理、跨機關部門
Torres (2005)	(1) 資訊提供：網路宣傳或資訊提供； (2) 服務傳遞：網站上提供電子信箱並回覆民眾意見等； (3) 線上服務與交易：線上及交易整合服務； (4) 無縫整合：跨機關部門整合服務，如單一入口、垂直(機關間)、水平(機關內部)； (5) 互動的民主階段：電子化民主、電子化參與及電子化治理	電子信箱、線上服務、跨機關部門、公民電子化、電子化民主、電子化治理
UN (2008)	呈現、強化、互動、交易、連結整合	交易、連結整合

資料來源：本書整理。

通訊科技提供民眾參與諮詢政事之管道，其中電子化參與主要範圍分為參與者(含公民、政治家、制度等)、脈絡因素(含基磐建設、資訊可用性、政策法律等)、活動項目(含電子投票、線上決策、電子行動等)、效果與評估(含公民主動參與、審議、參與數量等) (Saebo 等人, 2008)。由傳統單向式網站資訊提供方式，逐步進展到以 Web 2.0 政府入口網民間與政府合作的創新破壞模式 (Gartner, 2007)，政府施政管理者藉由資訊科技架構，建立以資料分享為中心，強化法規制度資訊分享誘因，提供公民主動電子化參與能力。在加速內部流程效率時，亦需降低改善權責不清之官僚障礙因素，以達資訊公開透明化及公民權力的展現。

隨著全球化、國際化、分權化、市場化，以及數位公民興起等主客觀環境的變化，先進國家電子化政府的發展趨勢，已從早期「公共事務管理」推移到當前的「公共服務創新」，逐漸推向「公共價值創造」的發展目標。同時，電子化政府的影響層面，亦從政府行政逐步推及政治、社會及經濟發展等層面。台灣近年來已經順利完成第一階段的政府網路基礎建

設 (1998 至 2000 年度)、第二階段的政府網路應用推廣計畫 (2001 至 2007 年度)，以及第三階段的優質網路政府計畫 (2008 至 2011 年度)，繼續協助政府轉型成為 e 化治理之活力政府。目前亦已邁入第四階段電子化政府計畫規劃理念 (2012 至 2016 年度)，主要聚焦於全程服務，以對內提升運作效率、對外增進為民服務品質，並兼顧社會關懷與公平參與等三面向為核心，達成服務無疆界，全民好生活的願景。有關台灣推動電子政府計畫時程，如圖 11-3 所示。未來將依據第四階段電子化政府計畫規劃理念，聚焦於全程服務，以對內提升運作效率、對外增進為民服務品質，並兼顧社會關懷與公平參與等三面向為核心，達成服務無疆界，全民好生活的願景。

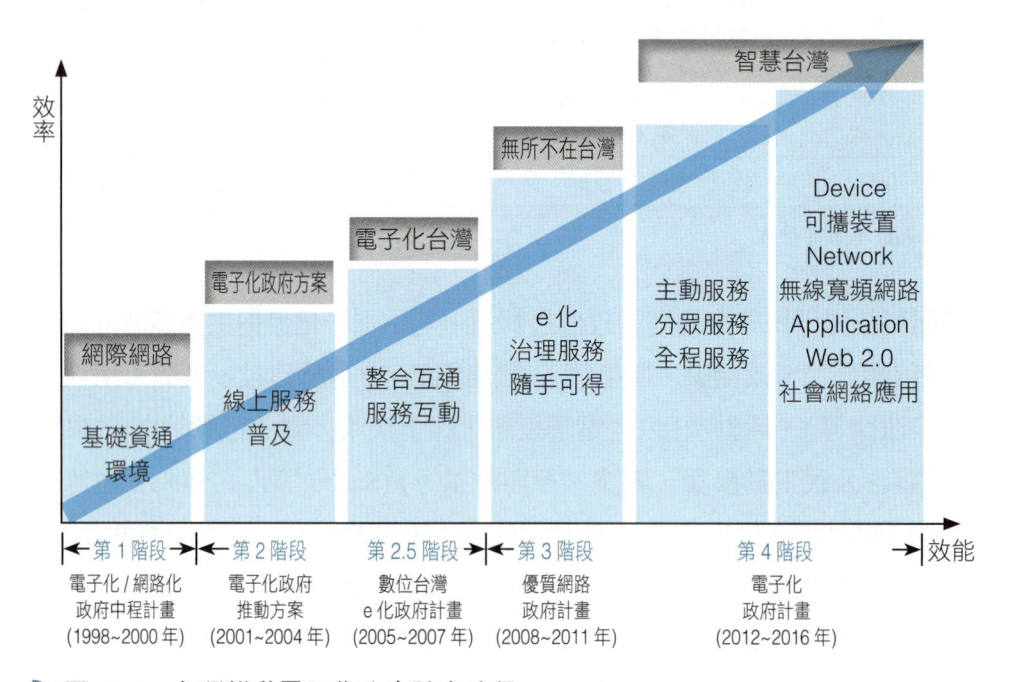

圖 11-3 台灣推動電子化政府計畫時程

11.2 各國政府電子商務發展政策制定

11.2.1 台灣電子商務發展政策制定

自 90 年代以來，電子商務在全球各地迅速發展，對人類社會的經濟

發展與進步產生劇烈影響，並將應用在經濟領域與思想的資訊技術擴展到電子化政府領域。企業與政府間業務往來，則是藉由電子商務與電子化政府間職能協同密切地關聯交流。為了加速電子商務的快速、持續發展，1997 年美國總統柯林頓就電子商務發表政策白皮書後，全球各國紛紛發表聲明，因應美國的電子商務發展策略。各國政府亟需制定出一系列適應國情的電子商務政策，在台灣 B2C 及 C2C 電子商務活動，近幾年每年以超過 20% 的速度成長，證明電子商務發展的強大潛力。至於發展的策略，則是由民間部門主導電子商務發展，政府部門則扮演積極協助建構良好發展環境的角色；並藉著所制定的「中華民國電子商務政策綱領」要意，就十個方向聲明台灣對於發展電子商務所持的立場，分別為：法律機制、市場秩序、技術標準、金融財稅、隱私保護、網路安全、電信建設、內容管理、教育推廣，以及中小企業，並配合逐步推動電子公文、電子採購、線上資料庫、網路報稅等措施，落實「電子化政府」實施，帶動全民的電子商務應用風氣。

另外，亦將積極參與國際合作，確保中小企業擁有公平參與電子商務的機會。在創新營運模式、特色商品、資通訊科技能力及具有中華文化內涵的台灣生活型態等方面，台灣均較其他競爭對手強。因此，台灣電子商務具有優勢可以拓展與中華民族同種同文的華文市場，行政院並將其列為十大重點服務業之一，並由經濟部規劃與推動。計畫主要將台灣商品、虛擬服務透過電子商務銷售到華文市場，推動跨部會協調機制，協調解決台灣電子商務產業進入華文市場所需要的金流、物流、商品交互認證等問題，培育電子商務國際人才，並將台灣發展成為電子商務實驗創新的園地。台灣電子商務產業之推動以行政院為最高政策指導單位，而相關政策、計畫之研擬與推動，則由主管商業管理業務之「經濟部」為中央目的事業主管機關 (如圖 11-4 所示)。目前經濟部商業司主管確認電子文件與電子簽章之法律效力之「電子簽章法」，並以「電子商務法制及基礎環境建構計畫」各項計畫來推動電子商務相關產業發展工作。至於與電子商務相關的其他事宜，則按各法規內容由各主管機關規範與管理之。從 1999 年 7 月開始，經濟部商業司及法務部負責推動「推動電子簽章法計畫」的法制相關工作及個人資料的保護，以加強對國際立法發展趨勢的研究及比

我國電子商務法制推動機構

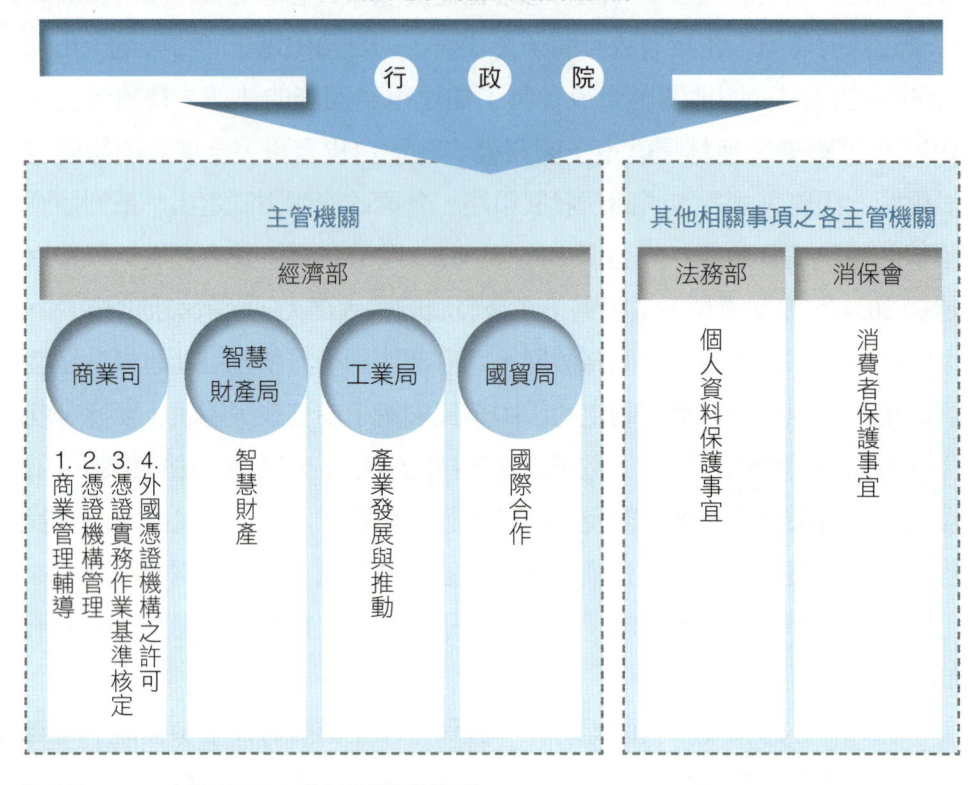

```
                          行    政    院
        ┌──────────────────────────┬──────────────────┐
        │      主管機關             │  其他相關事項之各主管機關 │
        │      經濟部              │  法務部   │  消保會  │
        │ 商業司 智慧   工業局 國貿局 │ 個人資料  │ 消費者   │
        │       財產局              │ 保護事宜  │ 保護事宜 │
        │ 1.商業管理輔導            │          │         │
        │ 2.憑證機構管理            │          │         │
        │ 3.憑證實務作業基準核定    │ 智慧財產 產業發展與推動 國際合作 │
        │ 4.外國憑證機構之許可      │          │         │
```

圖 11-4　台灣電子商務法制推動機構

較，期對電子商務的立法制定及其他各項相關規範方案的提出因應對策，促使完成台灣電子商務法制化的立法推動工作及智慧財產權的保護。另外，行政院消費者保護委員會則負責消費者保護事宜等皆與電子商務法制政策推動相關。總統府財經諮詢小組第 16 次會議訂定：「發展華文電子商務列為未來重點服務業發展項目」。2009 年 12 月電子商務策略論壇 (SRB) 結論：「積極推動台灣成為華文電子商務營運中心」，2009 年 12 月全國商業發展會議結論：將發展「華人電子商務亞太營運中心」列為商業發展三項願景之一，將電子商務列為國家重點產業，並制定具體推動政策與計畫。結合政府與業者觀點綜觀之，台灣未來在整體電子化政府發展過程中，政府應主動協助業者解決電子商務各項網路基礎、法規之障礙，將電子商務列為國家重點產業，並制定具體推動政策與計畫、成立跨部會推動協調小組，檢討電子商務法制，排除發展障礙、推動電子商務發展、建立與國際接軌 (網路、備援、網域等) 的基礎環境及推動跨國產品交互

認證、建立台灣產品履歷,維護台灣高品質、值得信賴的品牌形象、兩岸金流支付 (含信用卡與其他支付工具) 互通介接,提升國內金流之國際競爭力及推動電子商務交易安全,以達到解決台灣經濟發展轉型過程中之重要關鍵。主要具體發展推動策略方案為:

1. 推動中國先行之全球華文電子商務市場:建立市場行銷支援服務中心、輔導企業應用電子商務平台跨境行銷、培育電子商務國際化人才、推動網路店家商品信賴安全認證。
2. 建立國際接軌之基礎環境:推動多元化、智慧化跨境電子商務金流、推動跨境物流共倉、共乘、共配體系,成立跨部會協調機制,推動配套政策、法規與基礎建設、推動適合電子商務業者上市上櫃制度,並予輔導。
3. 發展實驗創新應用基地:產學研合作鼓勵創新、培育新創電子商務團隊、促成國際廠商來台設置經營中國市場之創新實驗室、發展社群創意引擎實證平台。
4. 研究推廣:華文電子商務市場商情研究資料庫建立、舉辦或合辦國際研討會、商談媒合會。

台灣在經濟發展的歷程中,因應國內外政經局勢之發展變化,強化國家競爭力,推動過不同程度的自由化政策。研究規劃「自由經濟示範區」,希望藉由主動開放與鬆綁,加速自由化的進程,以建立高度自由化的經濟體,使能及早融入區域經濟的整合,讓世界走進台灣,也讓台灣走向世界。為了降低國內對經濟全面自由化的疑慮,同時也讓國內產業或活動能夠有所調適及準備,乃以示範區先試先行 (如圖 11-5 所示),將成功的經驗逐步推展至全國,並選擇「智慧物流」、「國際健康」、「農業加值」、「金融服務」、「教育創新」等具發展潛力,且能創造多元效益的經濟活動,作為示範創新發展重點。

為了促成人流、物流、金流之快速流動,有賴善用資訊科技,除建置「資訊服務整合架構」,並於智慧物流中建置「共享雲平台」,整合運籌流通資訊與關務審驗平台,串接雲端資料庫與各項應用,以提高創新服務之效益。透過創新關務機制及雲平台等資訊服務 (如圖 11-6 所示),讓示

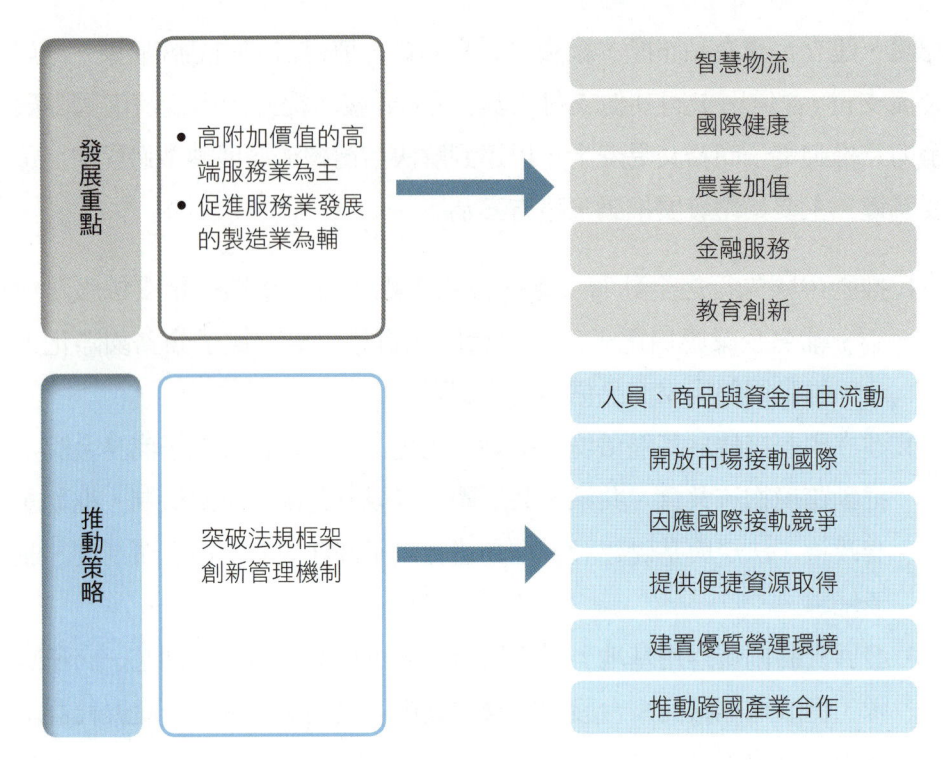

圖 11-5　台灣自由經濟示範區發展重點與推動策略

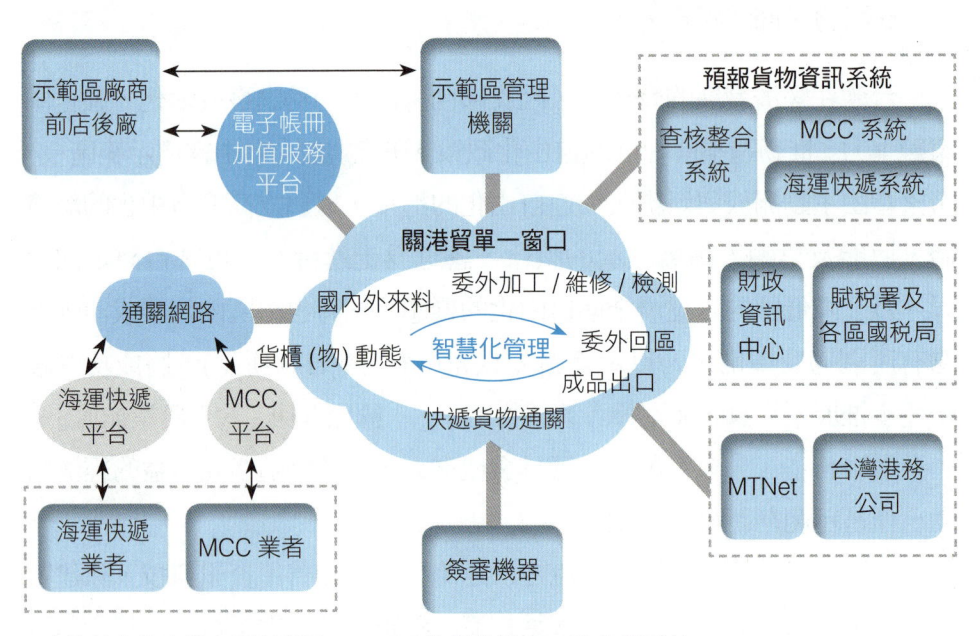

發展重點
- 高附加價值的高端服務業為主
- 促進服務業發展的製造業為輔

→ 智慧物流、國際健康、農業加值、金融服務、教育創新

推動策略
突破法規框架
創新管理機制

→ 人員、商品與資金自由流動、開放市場接軌國際、因應國際接軌競爭、提供便捷資源取得、建置優質營運環境、推動跨國產業合作

圖 11-6　自由經濟示範區智慧物流示意圖

示範區廠商前店後廠 ↔ 電子帳冊加值服務平台 ↔ 示範區管理機關

預報貨物資訊系統：查核整合系統、MCC 系統、海運快遞系統

關港貿單一窗口（智慧化管理）：委外加工/維修/檢測、委外回區、成品出口、快遞貨物通關、國內外來料、貨櫃(物)動態

通關網路 — 海運快遞平台、MCC 平台 — 海運快遞業者、MCC 業者

財政資訊中心、賦稅署及各區國稅局

MTNet、台灣港務公司

簽審機器

- 介接前店後廠業者電子帳冊、MCC、海運快遞 (B2G) 各項系統。
- 提供各機關多元之 G2G 查證、會辦及資料交換服務，形成進出口資訊匯流處理平台。

範區貨物移動之資訊流無縫隙串接，提升物流效率，增加商品流通的自由及其附加價值。並以「前店後廠」方式活絡跨區連結，延伸加強台灣電子商務推動基磐。其中主要關鍵的資訊流服務有：

1. 物流部分：運用無線射頻技術 RFID 之貨物電子封條，支援廠商原料貨品快速流通及智慧化管理。
2. 金流部分：利用電子帳冊及時性、準確性及無紙化等特性，使海關的遠端稽核貨物流向、分級管理及實地查核，並滿足示範區業者追蹤貨況，完善供應鏈需求管理。
3. 整合運籌流通資訊與關務審驗平台，建置共享雲平台，提供創新服務能量。

11.2.2　中國電子商務發展政策的制定

於 2009 年起，中國正式頒發 3G 發展執照，帶動了現代化服務業的成熟發展，並開拓中國移動電子商務發展新紀元。伴隨著多元化與個人化用戶需求，各類以用戶為主的電子商務產品、智慧城市、數字城市及服務設計理念，在人民日常生活中加速普及發展。自 2009 年 8 月，總理溫家寶提出建立「感知中國」中心，物聯網被正式列為中國五大新興戰略性產業之一，並納入「政府工作報告」。物聯網在中國受到全社會極大的關注，日常生活中任何物品都可以變得「有感覺、有思想」。物聯網藉由智慧智能感知技術 (例如：RFID 無線射頻技術、網絡傳輸互聯性等)，結合電子商務特有之庫存、物流及電子支付等重要應用環境因素，將大大降低營運成本，提高電子商務運作效率及客戶滿意度，使電子商務進入嶄新的發展階段。因此，現階段中國政府完善制定出以下一系列適應中國國情的電子商務政策。

1. 電子商務投資政策

在社會主義市場經濟環境下，投資主體應該由政府轉向廣大企業，尤其是中小企業。因為它們的靈活性、積極性往往高於大型企業。而對瞬息萬變的市場經濟而言，中小企業更能「適者生存」。政府的國家資金一般

應作為引導、啟動或配套資金進行注入，以表明政策支持哪些經濟、社會效益皆好，或社會必需的行業、產業。政府應集中有限的資金真正投向科學技術的研究和教育事業。

對於電子商務系統化大型工程，國家應做好宣傳、知識普及、制定投資政策等工作。對資訊資源網則視行業資訊情況酌情給予投入；對電子商務增值網則主要是給予法律、法規上的指導，幫助企業解決新問題，原則上不宜進行較大投資，這一部分應促進企業的市場行為，營造向這類項目投資的市場。

2. 電子商務稅收政策

稅收是國家為實現其職能，憑藉政治權力參與社會生產的再分配，強制無償獲取財政收入的一種手段。政府對一產業或行業的扶持所制定的稅收政策起了直接的作用，因此，電子商務稅收政策如何制定，是電子商務能否快速發展的重要影響因素。中國電子商務稅收政策的制定應該遵循國際公認的電子商務稅收最基本原則，即為促進新興的電子商務發展，網上交易的稅率至少應低於實體商品交易的稅率；網上稅收手續應簡便易行，便於稅務部門管理和徵收；網上稅收應當具有高度的透明性，有利於網際網路用戶的瞭解和查詢；對在網際網路上進行的電子商務的課稅應與國際稅收的基本原則一致，避免不一致的稅收管轄權和雙重徵稅。

另外，應根據國情制定電子商務稅收的一些優惠政策。包括具備高新技術產業特徵的電子商務系統的建設和使用，均應享受國家對高新技術產業的特殊優惠稅收政策，而且不僅限於高新技術產業區內的企業。應單獨制定特殊優惠稅收和特殊折舊政策。

3. 電子商務收費政策

由於電子商務初期的投資較大，因而從國家、行業到企業很容易形成一種急於收回投資的急躁情緒和心理，進而制定出較高的收費政策。尤其在發展電子商務活動的初期，使用電子商務的企業和個人不多，於是可能導致收費提高，即單位使用成本過高。

4. 電子商務人才培養政策

因為電子商務的發展是商務管理、商務活動、商務理論與現代電子工具的有機結合，無論是從事電子商務管理，或是從事電子商務活動者都必須是掌握商務理論與實踐及電子工具應用的複合型人才。因此，政府應該制定相應的政策，例如：制定電子商務人才培養總體規劃、大專院校設置電子商務專業及在職人員電子商務技能培訓，以推進電子商務人才培養工作的開展。

為因應 2015 年後，電子商務成為重要的社會商品和服務流通方式，規模以上的企業應用電子商務比例逾 80%；電子商務基礎法規和標準體系更進一步完善，應用促進的政策環境基本形成，協同、高效率的電子商務管理與服務體制基本建立；電子商務支撐服務環境滿足電子商務快速發展需求，電子商務服務業實現規模化、產業化、規範化發展等工作目標。中國政府商務部根據《關於促進信息消費擴大內需的若干意見》(國發 [2013] 32 號) 和《商務部「十二五」電子商務發展指導意見》(商電發 [2011] 375 號) 的有關要求，提出以下綜合性政策意見：

1. 引導網絡零售健康快速發展

引導網絡零售企業優化供應鏈管理、提升客戶消費體驗，支持網絡零售服務平台進一步拓展覆蓋範圍、創新服務模式；支持百貨商場、連鎖企業、超市等傳統流通企業依托線下資源優勢開發電子商務，實現線上線下資源互補和應用協同；組織網絡零售企業及傳統流通企業開發，以促進網絡消費為目的之各類網絡購物推介活動。

2. 加強農村和農產品電子商務應用體系建設

(1) 結合農村和農產品現代流通體系建設，在農村地區和農產品流通領域推廣電子商務應用；加強農村地區電子商務普及培訓；引導社會性資金和電子商務平台企業加大在農產品電子商務中的投入；支持農產品電子商務平台建設。

(2) 深化與全國黨員遠程教育系統合作，深入展開農村商務資訊服務。完善商務部新農村商網功能，建設「全國農產品商務信息公共服務

平台」，實現農產品購銷常態化對接。探索農產品網上交易，培育農產品電子商務龍頭企業。

融合涉農電子商務企業、農產品批發市場等線下資源，拓展農產品網上銷售管道。

鼓勵傳統農產品批發市場展開包括電子商務在內的多形式電子交易；探索和鼓勵發展農產品網絡拍賣；鼓勵電子商務企業與傳統農產品批發、零售企業對接，引導電子商務平台及時發佈農產品信息，促進產銷銜接；推動涉農電子商務企業展開農產品品牌化、標準化經營。

3. 支持城市社區電子商務應用體系建設

支持建設城市家政服務網絡公共服務平台，整合各類家政服務資源，面向社區居民提供供需對接服務；鼓勵和支持服務百姓日常生活的電子商務平台建設，功能涵蓋居家生活所需的各類服務，例如：購物、餐飲、家政、維修、中介、配送等；鼓勵大型餐飲企業、住宿企業和第三方服務機構建立網上訂餐、訂房服務系統，完善餐飲及住宿行業服務應用體系。

4. 推動跨境電子商務創新應用

各地積極推進跨境電子商務創新發展，努力提升跨境電子商務對外貿易規模和水平。對生產企業和外貿企業，特別是中小企業利用跨境電子商務開展對外貿易提供必要的政策和資金支持。鼓勵多種模式跨境電子商務發展，配合國家有關部門盡快落實《國務院辦公廳轉發商務部等部門關於實施支持跨境電子商務零售出口有關政策的意見》(國辦發 [2013] 89 號)，探索發展跨境電子商務企業對企業 (B2B) 進出口，和個人從境外企業零售進口 (B2C) 等模式，並加快跨境電子商務物流、支付、監管、誠信等配套體系建設。支持境內電子商務服務企業 (包括第三方電子商務平台，融資擔保、物流配送等各類服務企業)「走出去」，在境外設立服務機構，完善倉儲物流、客戶服務體系建設，與境外電子商務服務企業實現戰略合作等；支持境內電子商務企業建立海外營銷管道，壓縮管道成本，創立自有品牌。支持區域跨境 (邊貿) 電子商務發展。支持邊境地區選取重點貿易領域，建立面向周邊國家的電子商務貿易服務平台；引導和支持電子商務

平台企業在邊境地區設立專業平台,服務邊境貿易。

5. 加強中西部地區電子商務應用

中西部地區可因地制宜,透過加強與電子商務平台合作,整合政府公共服務和市場服務資源,創新電子商務應用與公共服務模式,引導企業電子商務應用。加強電子商務企業和人才引進,加強電子商務宣傳,開展電子商務人才培養;重點結合本地區特色產業發展需求,發展行業領域電子商務應用;吸引和支持優秀電子商務企業到中西部地區設立區域營運中心、物流基地、客服中心等分支機構;與電子商務平台企業對接銷售中西部特色商品。

6. 鼓勵中小企業電子商務應用

引導中小企業利用資訊技術提高管理、營銷和服務水平;鼓勵中小企業利用電子商務平台展開網絡營銷,開拓境內外市場;鼓勵中小企業在電子商務平台上開展聯合採購,降低流通成本;支持第三方電子商務平台發展,帶動中小企業電子商務應用;支持電子商務領域金融服務創新,拓寬中小企業融資管道;扶持面向中小企業的公共服務平台和服務機構,加強對小企業應用電子商務的技術支持和人才培訓服務。

7. 鼓勵特色領域和大宗商品現貨市場電子交易

鼓勵大宗商品現貨市場電子交易經營主體進一步完善相關資訊系統,研究制定商品價格指數、電子合同及電子倉單標準、供應鏈協同標準、營運模式規範,增強市場價格指導能力、供應鏈協同能力和現貨交易服務能力,促進我國大宗商品現貨市場電子交易的規範化發展。

8. 加強電子商務物流配送基礎設施建設

各地要按照國家加快流通產業發展的總體要求,規劃本地區電子商務物流,推進城市物流配送倉儲用地、配送車輛管理等方面的政策公佈,推動建構與電子商務發展相適應的物流配送體系。展開電子商務城市共同配送服務試點,逐步建立完善適應電子商務發展需求的城市物流配送體系。

9. 扶持電子商務支撐及衍生服務發展

鼓勵電子支付、倉儲物流、信用服務、安全認證等電子商務支撐服務企業開展技術和服務模式創新，建立和完善電子商務服務產業鏈條；發揮服務外包對電子商務的促進作用，發展業務流程外包服務和資訊技術外包服務，例如：設計服務、財務服務、營運服務、銷售服務、營銷服務、諮詢服務、網絡建站和資訊系統服務等。

10. 促進電子商務示範工作深入展開

國家電子商務示範城市要深入推進創建工作，落實各項工作任務，結合商務領域應用需求，大力推進項目試點，展開政策先行先試。國家電子商務示範基地要發揮電子商務產業集聚優勢，創新公共服務模式，建設和完善面向電子商務企業的公共服務平台，搭建完整的電子商務產業鏈條，提高區域經濟核心競爭力，要按照中央財政資金管理的相關規定，做好財政支持項目的組織實施。培育一批網絡購物平台、行業電子商務平台和電子商務應用骨幹企業，發揮其在模式創新、資源整合、帶動產業鍊等方面的引導作用，結合電子商務統計、監測、信用體系建設推進電子商務示範企業建設。各地應按照國家電子商務示範城市、示範基地、示範企業的有關要求，積極展開本地電子商務示範體系的建設。

延伸閱讀　地方政府發展電子商務產業的思考與建議

地方政府在發展電子商務產業過程中最需要考慮的是，根據當地的產業特色發展電子商務產業，而不只是關注服務性電子商務和零售電子商務。有以下幾點具體建議：

1. 基於當地現代服務業的總體發展來規劃當地電子商務產業的發展，電子商務的發展必須是現代服務業發展的一部分，這樣才有外延性和長遠性。
2. 依據當地的產業特色制定電子商務支持政策，給企業提供開放的空間和環境（例如：定期組織高質量的電子商務論壇），而不僅僅是稅收和土地的支持。支持政策應該針對零售電子商務、服務電子商務及產業電子商務給出不同的方案。

3. 支持少數當地實體企業，建設屬於當地的全國性單品電子商務交易平台，獲取平台經濟的紅利，這是各地發展電子商務產業的核心。每個地區在未來都應該有一批全國性的單品電子商務交易平台。
4. 全面支持或引進各類電子商務服務機構，共同服務當地實體企業開發電子商務。在引進這些機構時，不要擔心它現在的規模小，它們很可能 2 至 3 年就會成為行業巨擘。
5. 推動當地實體企業全面開發電子商務應用培訓，培訓內容必須走出網絡推廣和網上開店的侷限，更多開發供應鏈管理、大數據應用及網上批發分銷等。培訓的對象必須全面覆蓋各類規模的中小企業，有時候小企業在電子商務上可能有更大作為。另外，推動地方學校和電子商務服務機構合作，共同作為培訓機構主體也非常關鍵。

資料來源：摘錄自中國電子政務網，http://www.e-gov.org.cn/dianzishangwu/GeDiDianZiShangWu/201410/152943.html。

11.2.3　美國電子商務發展政策的制定

1997 年美國總統柯林頓提出「全球電子商務架構」政策報告，主要在於政府機關需檢討未來政府政策之實施能否符合該架構，對日後有關電子商務發展樹立標竿規範，下列為具指標性的發展原則：

1. 政府應避免對電子商務交易採取不當之限制。政府的職責是努力發展電子商務活動，營造良好適度之市場及制度環境，應避免對電子商業行為實施不必要規劃、稅收及程序等。
2. 引導企業部門發展電子商務，扮演著領導角色。政府必須鼓勵企業部門參與政府相關決策過程，藉由前拉式政策刺激企業採行發展電子商務，採行後推動政策懲罰推動不力之企業。
3. 努力推動電子商務全球化。支持建立國際統一的貿易規範與法律框架，建立國際貿易自由區。
4. 政府必須適度修改網際網路規範。政府需加強資訊基礎設施的建設和投入，必須審查修訂或廢除不符時宜之電子商務法規，以符合電子時代需求。
5. 政府必要時得建立具支援、可預測及一致性的電子商務法律環境。為

保障電子商務發展，如有必要時，政府必須是為保障競爭、智慧財產權、隱私權、防詐欺或促進紛爭解決，才進行干預行為。

11.2.4　韓國電子商務發展政策的制定

韓國《電子商務架構法》規定，電子商務的中央主管機關為韓國「商務產業資源部」(Ministry of Commerce, Industry and Energy, MOCIE)。MOCIE 下並成立「電子商務資源中心」(Electronic Commerce Resource Center, ECRC) 來專門負責韓國全國關於電子商務的教育、諮詢與技術協助、技術轉移與地區特別活動、公共關係與國際合作的工作。截至 2005 年止，韓國境內已按區域劃分並一共設立 26 個 ECRC 地區中心，以提供各項推動資訊科技與電子商務的服務給中小型公司企業。每一個 ECRC 的地方中心，皆由「韓國電子商務振興院」(Korean Institute for Electronic Commerce, KIEC) 負責監督。

韓國政府亦於 1999 年宣佈「Cyber Korea 21」計畫，倡導以知識經濟為發展基礎的國家政策，並於同年立法通過《電子商務架構法》(Framework Act on Electronic Commerce，或譯為 Basic Act on Electronic Transaction)，以基本法方式，讓行政機關的政令宣導及國內的電子商務基礎環境之建構有明確的法源依據。與《電子商務架構法》同為韓國電子商務核心法律者為《數位簽章法》(Digital Signature Act)，該法之立法目的是為完備電子商務安全與憑證服務之法制環境。由於數位簽章法將電子簽章的範圍限縮至《數位簽章技術》，無法與持續發展的各項電子簽章及憑證技術相銜接。韓國政府有鑑於此，於是將數位簽章的定義作擴張解釋，並基於全球化趨勢下國際交易日益頻繁，須對外國憑證在韓國之效力加以規範，於是韓國《數位簽章法》更名為《電子簽章法》(Electronic Signature Act)。[1]

11.2.5　日本電子商務發展政策的制定

日本政府的 IT 政策，起源於 1995 年出版的《推動高度資訊通訊社

1　資料來源：台日韓電子商務法制資訊網。

會的基本方針》。1997 年開始，日本內閣公佈「創造及改革經濟結構行動計畫」，除了提升國家資訊通訊外，更要求在 2001 年之前完成初步推行電子商務與架構建置的任務。所以日本國會在 2000 年通過《電子簽章及認證業務法》(Law Concerning Electronic Signatures and Certification Services, ESCSL) 及相關子法的立法，該法令於 2001 年 4 月 1 日正式生效實施。

日本國會於 2000 年通過制定《高度資訊通訊網路社會形成基本法》(Basic Law on the Formation of an Advanced Information and Telecommunications Network Society，簡稱 IT 基本法)，並於 2001 年 1 月正式生效實施。根據上開法律，在內閣中特別成立的「高度資訊通訊網路社會推動戰略本部」(IT Strategic Headquarters，簡稱 IT 戰略本部)。自 2001 年開始，IT 戰略本部的「e-Japan 戰略」中，逐年對內閣中央級的不同部會訂定重點年度資訊產業發展計畫，其中包括「創造適合電子商務發展的環境」。

在 2002 年的「e-Japan 重點計畫 2002」中，對於完備電子商務的法制環境之工作部分，IT 戰略本部分別對與電子商務相關之不同的法律議題進行修法推動，其中包括民法、消費者保護法、資訊安全、智慧財產權等相關法規。「e-Japan 政策 2005」(IT Policy Package-2005)，則為完全實現「2005 年將日本帶領至世界上最先進的 IT 國家」之目標，所以 IT 戰略本部與日本國內公私企業積極地發展通訊基本建設與電子商務市場。為促進日本國內生產業及跨產業交易所使用電子資料交換 (EDI) 及物流系統，日本政府開始建置電腦標準化基礎及相關法制建設，以擴展中小型企業的電子商務發展。[2]

11.3 電子商務相關法規環境

電子商務實質上是藉由先進的通訊傳播網路技術，以分享企業資訊、關係，並執行企業間交易服務，具全球化、虛擬化、快速回應、競爭性價格、個人化需求、安全交易及創新等特性，參與者及使用者角色包含各行

---

2 資料來源：台日韓電子商務法制資訊網。

各業，是國家經濟發展必然驅勢，電子商務的發展是脫離不了傳統與現代化的商業交易和完善的法律規範。電子商務是以不受國界限制之網際網路為運行平台，網路行為中若涉及法律效力、人身安危及消費權益，已超脫往昔所適用之傳統自律規範。電子商務的建制、立法、推廣與應用是一項繁雜的社會系統建設。因此，在推動電子商務的過程中，對各國政府的政策法規、網路基本政策、網路行為法律問題、國際規範、人才培養及電子化政府法制規範等方面的挑戰，遠大於在技術和資金方面投入的挑戰。歐美等國訂立網路發展基本原則，係以興利及概括性規範為主。隨著電子商務的蓬勃發展，確立線上交易之安全性、建立消費信賴環境、增加網路使用信心需求日益劇增，因而電子商務整體環境制度之整備漸趨完善，相關法制需求亦隨之產生。目前台灣對於電子商務法制之立法有關資訊技術性之特殊部分為採取專法規範之模式，如《電子簽章法》及《電子簽章法施行細則》、《憑證實務作業基準應載明事項準則》與《外國憑證機構許可辦法》等子法之制定為基本法，維繫著電子商務活動信賴環境，進而與國際接軌。有關立法模式如圖 11-7 所示，其他因應相關電子商務交易所產生的相關法律議題，如交易行為之法律關係、消費者保護、智慧財產權的

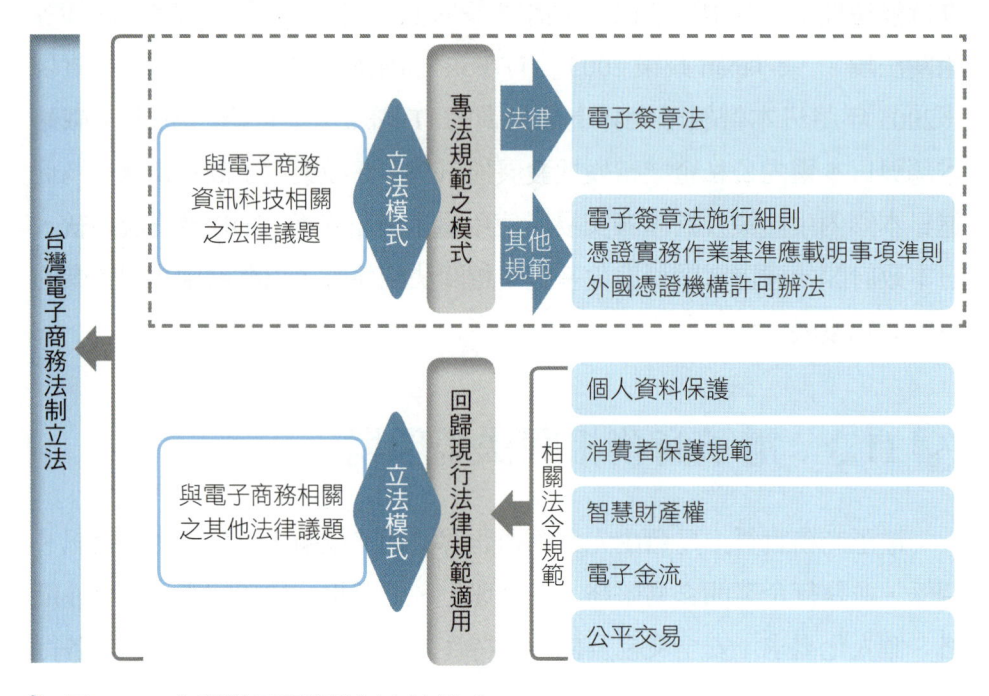

圖 11-7 台灣電子商務法制立法模式

保護等法規，則回歸現行法律為基礎規範，以調適傳統法律與科技新興法律所帶來的衝擊，並充實電子商務法制環境之發展方式。

另外，對於憑證機構之管理規範，目前僅要求對外提供簽發憑證服務的憑證機構，必須將「憑證實務作業基準」送主管機關核定並有揭露的義務，希望藉此促使憑證機構在相關重要事項方面，確實擬定公開明確的處理政策與作業程序，以利消費者判斷憑證機構服務的可信度，藉此減少消費糾紛、促進交易秩序，並完善產業發展。同時，憑證應用範圍亦已擴及電子化政府、電子金流及電子商務相關領域。

配合行政院國家資訊基礎建設 (NII) 計畫推動，於 1997 年度首次由經濟部委託資策會科技法律所進行數位簽章法之研究，並建議政府應儘速研擬數位簽章法。由於數位簽章法為一新興科技立法，行政院 NII 小組決議自 1998 年 1 月起，組成「數位簽章法」研擬小組，專門負責草案之研擬工作。為落實配合新法案立法相關協調任務，主管機關經濟部商業司於 2000 年 7 月籌辦「推動電子簽章法計畫」，規劃整體任務目標及推動工作，並委託資策會科技法律所執行，進行國際立法發展趨勢研究，期望建立立法制定因應機制，提出各項立法方案與因應對策，以完善立法推動工作。有關台灣電子商務法規推動過程，如表 11-3 所示。台灣電子法令相關規範，如表 11-4 所示。

營造全球性良好的電子商務法律環境，已成為各國政府的共識，電子商務立法的目的是建置一個有利於電子商務發展交易的內外環境。因此，電子商務法需要涵蓋電子商務環境下合約、支付、交易雙方、商品配送及運作規則，並涉及大量交易的安全問題，以及現有民法、商法尚未涉及的特定領域。電子商務的發展帶來了許多新的法律問題，而衍生國際經貿往來新的問題。因此，電子商務國際立法的重點在於對過去制定的國際經貿法規加以補充、修改，使之適用於新的貿易方式。電子商務遇到的法律問題在網路交易發展過程中陸續出現，電子商務交易對象涉及有 (無) 形貨品及資訊，只能就目前已成熟或已達成共識的法律問題制定相應的法規，後續在電子商務發展過程中再不斷加以完善修改。

本書經研究整理，目前世界各國電子商務立法主要基於下述原則而立，並整理如表 11-5 所示：

表 11-3　台灣電子商務法制推動過程

年度	事項
1997 年	行政院 NII 推動小組指示，由經建會召集相關部會組成「NII 法制推動工作小組」，負責相關法規研修
1998 年	NII 組成《數位簽章法》研擬小組，專司負責該法草案研擬的工作及落實配合新法案立法相關協調之任務
1999 年	經濟部商業司延續 NII《數位簽章法》之研究規劃「推動電子簽章法計畫」
2000 年	行政院通過「建立我國通資訊基礎建設安全機制計畫」
2001 年	1. 行政院《綠色矽島建設藍圖》提出：「台灣必須改善資訊通信基礎建設，……健全電子商務相關法規」 2. 11 月 14 日總統令公佈《電子簽章法》全文 3. 行政院院會於 11 月 5 日通過訂定《電子商務消費者保護綱領》 4. 12 月行政院第 2766 次院會通過《國家資訊通信發展推動方案》，由經濟部商業司負責商業自動化及電子化之整體 (含法制) 推動
2002 年	1. 1 月 1 日起行政院推動實施《電子商務消費者保護綱領》 2. 4 月 1 日起《電子簽章法》正式施行 3. 4 月 3 日《外國憑證機構許可辦法》發佈施行 4. 4 月 10 日《電子簽章法實行細則》發佈施行
2003 年	1 月《消費者保護法》修正條文發佈施行，網際網路買賣適用關於郵購買賣之規範
2004 年	7 月 7 日「憑證實務作業基準應載明事項準則」發佈施行
2005 年	1. 經濟部商業司為集中資源，遂將既有之「電子商務環境整備及企業對個人電子商務推動計畫」、「推動電子簽章法計畫」、「電子商業國際合作推動計畫」及「商業現代化雙月刊計畫」四個計畫合併為「電子商務法制及基礎環境建構計畫」，持續檢視與修增相關法令規定 2. 3 月 31 日《網路交易定型化契約應記載及不得記載事項指導原則》發佈施行 3. 5 月 5 日《網路交易課徵營業稅及所得稅規範》發佈施行
2006 年	1. 4 月《電子簽章法》修正案報請行政院審議 2. 7 月 6 日《電腦軟體分級辦法》發佈施行 3. 11 月 16 日《線上遊戲定型化契約範本》公告 4. 12 月 6 日《電子發票實施作業要點》發佈施行
2007 年	1. 4 月 3 日召開修法方向研商會議，會議中決議將原報行政院之《電子簽章法》修正草案先行撤回，維持現有立法體例，相關議題回歸到各機關主管法規處理，《電子簽章法》則評估憑證管理需要後再重新研議 2. 7 月 11 日《著作權法》修正，加入網際網路服務提供者 (ISP) 及點對點傳輸 (P2P) 業者的責任

資料來源：「電子商務法制推動過程」，經濟部台日韓電子商務法制資訊網。

表 11-4　台灣電子法令相關規範

分類	法規
電子商務基礎規範	• 電子簽章法 • 電子簽章法施行細則 • 憑證實務作業基準應載明事項準則 • 外國憑證機構許可辦法
電子金流規範	• 票據法 • 銀行法 (第 42-1 條) 增列儲值卡規範 • 銀行發行現金儲值卡許可及管理辦法 • 金融機構辦理電子銀行業務安全控管作業基準 • 銀行間資金移轉帳務清算之金融服務事業許可及管理辦法 • 中央銀行同業資金電子化調撥清算業務管理要點 • 信用卡業務機構管理辦法 • 金融業參加電子票據交換規約與電子票據往來約定書 • 個人電腦銀行業務及網路銀行業服務契約範本 • 支票存款戶約定書 • 信用卡定型化契約範本
消費者保護規範	• 消費者保護法 • 消費者保護法施行細則 • 消費者爭議調解辦法 • 電子商務消費者保護綱領 • 網路交易定型化契約應記載及不得記載事項指導原則
個人資料保護規範	• 電腦處理個人資料保護法
智慧財產與公平交易規範	• 著作權法 • 專利法 • 商標法 • 營業秘密法 • 公平交易法 • 智慧財產權法院組織法 • 智慧財產案件審理法 • 著作權爭議調解辦法

資料來源：「電子商務法制推動過程」，經濟部台日韓電子商務法制資訊網。

1. 中立原則：電子商務立法的基本原則就是要在電子商務中建立公平的交易規則，包含技術、媒介、實施中立及同等保障。
2. 自治原則：自治原則允許當事人以協定方式訂立交易規則，是交易的基本屬性。
3. 平等原則：針對交易雙方進行交易過程中的知情權問題，交易雙方必須擁有獲知對方資訊的權利，都可以透過公開的數據傳輸獲得所需要的資訊，在這傳輸過程中保證公平、公正及公開。

表 11-5　各國政府電子商務立法狀況

年度	事項	備註
1980 年	聯合國國際合作與發展組織出版「保護隱私和跨國界個人數據流指導方案」	聯合國
1985 年	18 屆國貿法會「計算機記錄的法律價值」	聯合國
1987 年	國際商會制定「電傳交換貿易數據統一行動準則」	聯合國
1990 年	國際海事委員會制定「電子提單規則」	聯合國
1991 年	「高性能計算機法規網路案」	美國
1992 年	國貿法「國際資金支付示範法」	聯合國
1992 年	經和發展組織通過「資訊系統安全指南」	聯合國
1993 年	國貿法「電子數據交換及貿易數據通訊有關手段法律統一規則草案」	聯合國
1994 年	國貿法「電子數據交換及貿易數據通訊有關手段法律示範法草案」	聯合國
1994 年	「資訊基本法」	日本
1995 年	「數位簽名法案」	美國
1995 年	「俄羅斯聯邦資訊法」	俄羅斯
1996 年	聯合國大會通過「電子商務示範法」	聯合國
1996 年	「電子簽名統一架構指令」	歐盟組織
1997 年	「開放全球金融服務市場協定」	世界貿易組織
1997 年	柯林頓總統發表「全球電子商務綱要」	美國
1997 年	「歐盟電子商務行動法案」	歐盟組織
1997 年	第一部關於「多媒體法」	德國
1997 年	「資訊通用服務法」	德國
1997 年	「發展電子商務統一規範法」、「電子認證機構運用基準原則」	日本
1997 年	「計算機信息網絡國際互聯網管理暫行規定法」	中國
1998 年	「全球網路保護個人隱私宣言」、「電子商務條件下保護消費者宣言」、「電子商務身份證認證宣言」、「電子商務：稅務政策架構條件」	世界經合組織
1998 年	「關於全球電子商務宣言」	世界貿易組織
1998 年	「互聯網稅收自由化」	美國
1998 年	「統一電子商務法草案」	加拿大
1998 年	「電子交易法」	新加坡
1999 年	「電子簽名指令」	歐盟組織

表 11-5　各國政府電子商務立法狀況 (續)

年度	事項	備註
1999 年	「兒童線上隱私保護條例」	美國
1999 年	「電子通訊法」	英國
1999 年	「電子交易法」	澳大利亞
1999 年	「電子商務基本法」	南韓
1999 年	「計算機信息系統安全保護條例法」	中國
1999 年	「統一電子商務法」	加拿大
2000 年	「電子商務指令」、「2000 年電子貿易法律架構」	歐盟組織
2000 年	「國際與國內電子商務簽章法」	美國
2000 年	「訊息技術法」	法國
2000 年	「電子簽名與認證服務法」	日本
2001 年	公佈「電子簽章法」全文	台灣
2001 年	「電子商務法草案」	俄羅斯
2002 年	「電子數位簽名法」	俄羅斯
2002 年	「電子商務監督管理暫行規定」、「廣東省電子商務交易條例」	中國
2002 年	「電子簽章法」、「電子簽章法施行細則」	台灣
2003 年	「消費者保護法」	台灣
2004 年	「憑證實務作業基準應載明事項準則」	台灣
2004 年	「電子簽名法」	中國
2005 年	「電子認證服務密碼管理辦法」	中國
2006 年	「線上遊戲定型化契約範本」、「電子發票作業實施要點」	台灣
2007 年	「電子商務發展十一五規則」	中國
2007 年	修正「著作權法」加入 ISP 及 P2P 責任	台灣
2010 年	「網路遊戲管理辦法」、「網路購物健康發展指導意見」	中國

資料來源：本書整理。

4. 安全原則：保障電子商務的安全進行，安全的電子交易是決定利用網路進行電子商務的主要因素。

11.4 電子民意與公民關係管理

舉凡人民以行為、言論、文書及行動態度等立場所能表示出與政策公開互動之意見，透過各種管道而得的民眾意見，作為民主政治顯著標記 (Key, 1961)，皆屬民意之論點。換以知識管理觀點視之，將民意轉化為施政知識機制以提升施政效率與效能，是現今電子化政府的必備條件 (胡龍騰，2009)。

面臨全球資訊化及民主化潮流，公部門所承受的衝擊正面臨人民陳情申訴案件量越多，尤其網路介面管道發展越為便捷，公部門機關必須以更多的時間、人力及成本來處理這些民意陳情案 (Worrall, 2002)。位居於各公部門第一線直接與民眾產生互動接觸、洽公，並具有特定行政自主裁量之基層官僚公職人員 (Lipsky, 1980)，對眾多民意之廣納，需本著責任良知、信任與承諾、行政倫理及專業技能等要素，有效執行公部門體系各項方案。基層官僚對於資訊處理與理解能力，關係著公部門應用資訊科技之成敗，電子化政府推動亦將受到限制。藉由資訊科技的發展，不僅提升公民參與民主政治電子民意之表示，也改變基層官僚對於政策及民意之回應方式。基層官僚與民眾互動頻繁，在職等編制、心智模式及部門文化氣候，易患有工作單調、倦怠、緊張及疏離感。又因具有規避公部門拘束與控制之職務運作裁量權，其影響公共服務品質甚鉅 (Lipsky, 1980)，亦造成公部門與民眾間，需求與供應面向的爭議與抱怨衝突不斷之主因。

雖然電子民意的導入對提升服務本質及對公民信任承諾度無法達成預期成效，但對於提升民主治理服務回應是有所助益的 (West, 2004)。因應知識經濟時代來臨，各國公部門為達成企業型政府架構，積極推動組織改造，以滿足公部門內外顧客需求，尤其具直接利害關係的公部門基層官僚(內部顧客)影響最大。電子化政府是政府機關運用資訊通訊科技網路架構，提供公部門、企業與民眾無所不在、隨時服務、顧客導向、全年無休之服務型態。Bellamy 和 Taylor (1998) 提出以資訊公開、網路申辦及網路民主三個機制，作為公部門與民意參與互動職能目標。而其中與民眾最直接的電子信箱民意反映機制，為當階段最具親和與時效之一種參與溝通方式。而將電子民意參與之知識轉化為公部門施政決策資源，能加速電子化

民主推廣 (Huang & Yang, 2011)。

便利的民意陳情管道最能受到民眾喜愛，大多數民意案件除了少部分屬施政興革建議、法令條例查詢外，還包含其他行政違規或私利舉發等案件。若以提升陳情民眾之滿意度為目標，則行政公部門亟需導入顧客關係管理 (Customer Relationship Management, CRM)，將民眾視為消費者，將消費者的抱怨，作為尋求政府管理民意的公民關係管理 (Citizen Relationship Management, CiRM) 重要理念 (Hewson Group, 2002; Chu & Yeh, 2008)。近幾年於政府公部門或企業間為推動便民及便官申辦服務，以確保良好之業務流程品質觀念，藉科技的支援應用，簡化銷售、行銷、顧客服務流程及滿意度改善管理範疇，皆屬企業或公部門顧客關係管理創新策略 (Spengler, 1999)。CRM 是一種瞭解、期望與管理的策略觀念表述，對既有新舊顧客需求建立之間的加值關係 (Brown, 2000)。於電子化時代，肇因於顧客的需求是一個持續不斷改善的動態過程，在組織中利用資訊與通訊科技執行顧客關係管理，整合銷售、行銷、服務策略與內部流程，找出顧客的真正需求，增進企業產品與服務品質。透過顧客滿意度、忠誠度的提升，吸引更多的顧客，達到企業效益與利潤最大化活動 (Kalakota & Robinson, 1999)。

在公部門導入執行時則將顧客稱之為公民 (Hewson Group, 2002)，CiRM 主要以電子化參與及電子化民主脈絡達到持續推動改善過程的服務目標，對於民眾的參與和意見反映，政府能在最短的時間內有效的回應處理，並確保服務的品質，提升民眾的滿意度 (Hewson Group, 2002)，其主要闡述：(1) 瞭解市民需求；(2) 提升服務傳遞效率；(3) 提升員工生產力；(4) 提升民眾滿意度；(5) 建構優質的民主制度；(6) 完整的電子商務發展基磐架構。Heeks (2006) 所提倡電子化政府價值鏈模式，如圖 11-8 所示，作為公民在公部門關於消費屬性、結果、目標及權益之價值認知，使得公部門或企業能充分瞭解顧客價值感、競爭者分享力及所回饋之信任價值感，並將顧客價值歸諸於核心產品、延伸服務及總體解決方案 (Wayland & Cole, 1997)，以獲得公部門對於所提供 (需求) 服務效用有著全面評估依循。顧客關係管理主要的核心概念在於透過適當的時機、管道，將適當的產品、服務與價格，給予最需要的顧客，配合前端溝通、內部核心處理與後端

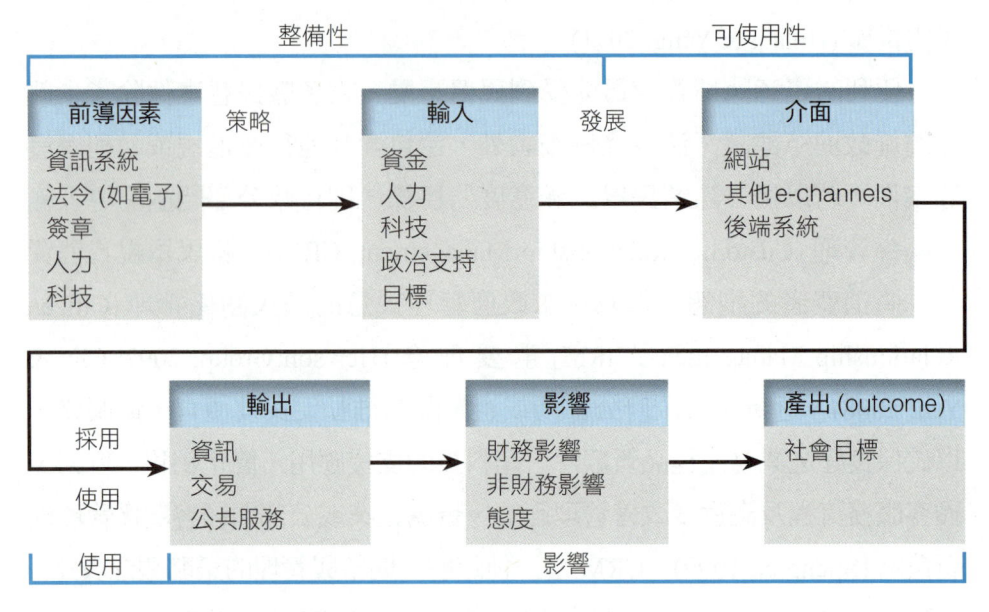

```
         整備性                          可使用性
  ┌─────────────────────────────────────────────────────┐
  │ 前導因素    策略      輸入     發展      介面          │
  │ 資訊系統            資金              網站            │
  │ 法令(如電子)  →     人力      →      其他 e-channels │
  │ 簽章                科技              後端系統        │
  │ 人力                政治支持                          │
  │ 科技                目標                              │
  │                                                      │
  │         輸出              影響           產出 (outcome)│
  │ 採用    資訊              財務影響        社會目標     │
  │         交易        →    非財務影響  →               │
  │ 使用    公共服務          態度                        │
  │                                                      │
  │ 使用              影響                               │
  └─────────────────────────────────────────────────────┘
```

圖 11-8 　電子化政府價值鏈

分析構面 (Swift, 2001)，以主動及全程服務觀點，強化政府對企業的服務 (Government to Business, G2B)。政府服務結合第三方及民間的資源與社群，善用開放的 Web 2.0 技術與平台，強化民眾服務手段，達成公部門機關推動組織再造，提升官僚成員士氣激勵及創新成長的目標 (Wagenheim & Reurink, 1991)。

延伸閱讀：中國發展電子商務亟需解決的問題與對策建議

近年來，中國電子商務交易額持續快速增長，電子商務服務業逐步發展壯大，電子商務既成為提振內需的重要途徑，也成為中國新的經濟增長點。當前，中國電子商務在發展過程中遇到了一些障礙性因素和亟需解決的問題，主要包括：行業管理體制有待理順、商業規則和法律法規不完善、網絡交易糾紛明顯增多、大多數電子商務交易企業的可持續發展能力不強、物流配送效率低下。建議加大政策支持力度，提高中國電子商務發展質量，促進中國電子商務健康、可持續發展。

中國電子商務交易額持續快速增長

近年來，中國電子商務交易額持續快速增長，產生了良好的經濟和社會效應。根據工信部公佈的數據，2013 年中國電子商務交易規模約為人民幣 10 萬億元，同比增長 25%。另據艾瑞諮詢測算，2013 年中國網路零售市場交易規模達到人民幣 1.85 萬億元，中國已經超過美國成為全球第一大網路零售市場。電子商務既成為提振內需的重要途徑，也成為中國新的經濟增長點。中國電子商務高速增長的原因主要有以下幾個方面：

第一，企業用戶和消費者對於網際網路和網上購物的接受程度逐步提高，傳統企業大規模進入電子商務行業，在線銷售類活動不斷增加，電子商務應用得到拓展和深化。除了從傳統市場銷售管道轉移到電子商務的消費需求之外，還開拓了新的市場空間。2013 年，麥肯錫國際研究院調查測算的結果顯示：中國約 61% 的網購消費取代了線下零售，約 39% 的網購消費則是，如果沒有網路零售就不會產生的新增消費。按此比例推算，2013 年中國透過網路購物新增消費額約人民幣 7,200 億元，發展電子商務對於擴大消費的作用非常明顯。

第二，中國網路購物用戶規模持續快速增長，為規模效應和網路效應的發揮奠定基礎。截至 2012 年底，中國網絡購物用戶規模為 2.42 億人；2013 年底達到 3.02 億人，同比增長 24.7%。

第三，中國電子商務行業積極開拓技術創新、商業模式創新、產品和服務內容創新，移動電商、社交電商、微信電商成為電子商務發展的新興重要領域。中國電子商務研究中心預計，2015 年中國移動電商市場交易額將超過人民幣 3,000 億元，年均增長 70% 以上。

第四，中國電子商務的發展環境不斷優化。「十二五」以來，中國電子商務相關的法律法規、政策、基礎設施、技術標準等環境和條件逐步得到改善。隨著國家監管體系的日益健全、政策支持力度的不斷加大、基礎設施的進一步完善、電商企業及消費者的日趨成熟，中國電子商務將迎來更好的發展環境。

中國發展電子商務亟需解決的問題

中國電子商務在發展過程中遇到一些障礙性因素和亟需解決的問題，主要展現在以下方面：

1. 行業管理體制有待理順。電子商務跨行業、跨領域發展，商業模式不斷創新，許多業務在政策未明確的範圍內發展，國家發展改革委員、公安部、財政部、商務部、工業和信息化部、文化部、人民銀行、銀監會、工商總局等部門均有相應的管理職能，但部級協調機制缺失，多頭管理和監管真空並存。目前

的行業管理體制還無法適應電子商務的發展特點，難以及時應對和有效解決電子商務發展過程中出現的各種問題。

2. 商業規則和法律法規不完善。近年來，國務院和有關部委提出一系列關於電子認證、網路購物、網上交易、支付服務等的政策、規章和標準規範，優化了電子商務的發展環境。不過，由於電子商務是新興型態，目前適應電子商務發展的商業規則尚不完善，具有權威性、綜合性的電子商務法律法規還是空白，部分規章和標準缺乏可操作性，難以有效規範電子商務交易行為。

3. 網路交易糾紛明顯增多。近年來，與電子商務相關的網上售假和網下製假、網路詐欺、網路傳銷、侵犯知識產權、不正當競爭、洩露用戶資訊、虛假宣傳、虛假促銷等行為明顯增多。「中國電子商務投訴與維權公共服務平台」2013年接到全國各地用戶的電子商務投訴近97,350起，同比增長4.0%。其中，網路購物投訴占52.38%，團購投訴占27.53%，移動電商投訴占10.09%，物流快遞投訴占2.24%。網路交易具有虛擬性、開放性、跨地域性的特點，處理網路交易糾紛的難度大、成本高。

4. 大多數電子商務交易企業的可持續發展能力不強。阿里巴巴、京東商城、QQ網購等電子商務交易企業在促進中國電子商務發展方面發揮著重要作用。近年來，價格戰是電子商務交易企業快速擴張的主要手段。持續的價格戰使大多數電子商務交易企業處於資金緊張的狀態，盈利能力普遍不強。例如，京東商城2010、2011和2012年的淨虧損分別為新台幣4.12億元、12.84億元和17.29億元。2013年京東商城的交易額突破新台幣1,000億元，但只實現了微利。長期經營虧損或微利，不僅削弱電子商務交易企業自身的可持續發展能力和創新能力，而且削弱了電子商務平台對產業鏈的整合和帶動作用。

5. 物流配送效率低下。中國物流業發展基礎較差，物流配送效率低下，是制約電子商務發展的重要瓶頸，主要表現在：一是快遞行業的服務能力不能滿足電子商務的需求，中國快遞企業的數量超過1萬家，但市場集中度低，現有加盟制經營模式導致快遞服務質量普遍不高；二是倉儲設施少，且現代化程度低，立體倉庫、自動分揀等現代化設備未普及；三是區域發展不平衡，快遞公司主要為大中城市提供服務，中國郵政之外的快遞公司幾乎沒有覆蓋農村地區的快遞網點。

此外，電子商務基礎設施落後、信用服務體系不完善等問題也制約著中國電子商務的發展。

> **中國電子商務健康、可持續發展的對策建議**
>
> 　　中國電子商務發展空間大，今後仍將保持快速增長態勢，在促進發展方式轉變、擴大內需、增加就業等方面將發揮越來越重要的作用。建議加大政策支持力度，充分釋放電子商務發展潛力，提高中國電子商務發展質量，促進中國電子商務健康、可持續發展。
>
> 資料來源：摘錄自中國電子政務網，http://www.e-gov.org.cn/dianzishangwu/DianZiShangWu/201409/152515.html。

本章摘要

　　本章旨在對於電子化政府實施過程中，推動電子商務相關政策與法規制定概念介紹，使讀者更容易瞭解到網際網路蓬勃發展中，網路電子商務交易正改變與顛覆一般傳統生活交易行為，是政府部門善用 Web 2.0 社會網絡發展，更貼進民眾需求的創新服務延伸。為因應日趨繁雜的網路商務行為，世界各國政府公部門及國際組織紛紛擬定相關政策措施，以彰顯「民眾服務」、「運作效率」，以及「政策達成」三大公共價值為主軸，逐步引導讀者對電子化政府發展過程中，關於電子商務政策的概念有更深入的理解和認識。接著，介紹各國對於電子商務政策制定的分類，並簡略介紹發展電子商務中所遵循之交易及資安法規等來源。本章教學的主要目的是使讀者瞭解和掌握制定電子商務政策與法規的概念，對推動電子商務政策的各環節有初步的接觸，並聚焦提供電子化政府的主動服務、分眾服務，使讀者以受惠對象的角度進行思考發展全程服務。

問題與討論

1. 理解概念：電子化政府、CiRM、G2B、G2G、價值鏈。
2. 試簡述何謂電子化政府架構。
3. 試簡述有關電子化政府系統和電子商務系統項目建設過程。
4. 試簡述企業在電子商務政策制定過程中所扮演角色。

案例 11-1
商務部電子商務和信息化司司長李晉奇 —— 中國 (北京) 電子商務大會致辭

2014 年 5 月 29 日至 5 月 30 日，中國 (北京) 電子商務大會在北京國家會議中心隆重召開。大會以「創新驅動 —— 融合發展」為主題。本屆大會秉承往屆電子商務大會的特點，更加突出高端化、專業化及前沿性，為國內外最新網際網路應用、電子商務發展及企業營銷管理搭建溝通交流和學習借鑑的平台。

近年來，中國服務業在經濟總量中的比重不斷地增長，服務貿易規模迅速擴大，在全球服務貿易中所占的比例及世界排名穩步上升。服務產業逐漸形成引領推動中國經濟社會發展的強大動力。根據服務貿易發展商務規劃綱要，到 2015 年，中國服務貿易進出口總額將達到人民幣 6 千億元，年均增幅超過 11%。電子商務作為一種新的商業模式，透過提供新的服務、新的市場及新的經濟組織方式，推動傳統經濟的轉型升級，成為中國戰略性新興產業的重要組成部分。中國北京電子商務大會作為中國服務貿易交易會的重要板塊已經成功舉行兩屆，吸引了大量的參會人員，簽署一系列合作協議，取得豐碩的成果。

該屆電子商務大會以創新驅動、融合發展為主題，順應當前網際網路技術推動電子商務模式不斷創新發展的方向，預示了電子商務透過融合線上線下相關資源及配套產業鏈，共同發掘電子商務新價值的發展趨勢，將對加強中國電子商務上下游的產業合作，推動電子商務快速健康發展發揮了積極的作用。

近年來，中國電子商務呈現出良好的發展趨勢，已經成為經濟社會中的活力和創新力最強、社會影響力最廣的朝陽產業。廣泛滲透到社會經濟生活的各個領域，不僅成為企業拓展市場，降低成本的新管道，消費者便利消費新的選擇。而且在促進社會就業、帶動全球貿易增長等方面發揮日益重要的作用。

據統計，2013 年中國電子商務交易額突破人民幣 10 萬億元，五年來翻兩倍，網路購物用戶規模達到 3.02 億人，成為全球最大的網路零售市場。同時，電子商務在促進就業方面作用明顯，研究表明中國網路零售企業創造了 900 多萬個就業機會，到 2015 年達 3 千萬個。電子商務有力推動了國內外市場一體化高效建立，跨境電子商務目前成為加快轉變外貿發展方式的新手段。據統計，中國 80% 以上的外貿企業已經開始應用電子商務開拓海外市場。

從發展趨勢來看，電子商務下一步將呈現以下幾個特點：

一是，資訊技術的創新將有力地推動電子商務的發展，網際網路技術應用範圍將快速的擴大，雲計算和大數據技術將促進服務模式的變革，推動電子商

務向精細化發展。電子商務企業能夠制定更具有市場競爭力的營銷方案，服務水準和營運效率會不斷地提高。同時，隨著 4G 技術的推廣應用，移動終端將成為電子商務未來發展的重要領域。

二是，電子商務將加速外延拓展，國內越來越多的企業透過跨境電子商務拓展更大的發展空間，更多的電子商務企業將開拓跨界經營，其業務需求將促進企業向物流、供應鏈、金融和廣告等其他業態的發展。跨界經營將成為大型電子商務的戰略選擇。

三是，線上線下融合等電子商務新模式，將引領傳統企業的轉型升級，不同類型的企業將利用線上線下融合的發展模式，積極調整原有的經營方式和利潤體系，妥善解決電子商務對傳統產業帶來的利益衝擊問題，推動實體企業運用電子商務轉型升級。

四是，服務能力將成為電子商務企業的核心競爭力。隨著消費者日益理性和市場不斷成熟，電子商務企業的營運能力、服務能力和創新能力將成為贏得市場和消費者的關鍵因素。

五是，網際網路金融會逐步發展完善，互聯網金融是資訊化技術、電子商務和金融業創新發展的產物，是對金融生態體系的重要補充和完善。在控制風險、有效監管和完善機制的基礎上，網際網路金融會得到更快的發展，逐步走向成熟和完善。

六是，電子商務在政府政策支持下，將成為轉變經濟發展方式的突破口，政府將針對電子商務發展面臨的問題和困難，研究制定扶持促進政策，推動電子商務快速健康發展。很多地方政府把電子商務作為推進產業結構調整、促進經濟發展方式轉變的重要抓手。

中國電子商務在快速發展的同時，也出現一些矛盾和問題。在法治誠信方面不夠完善，地區發展不夠平衡，支撐體系不夠發達，以及電子商務人才相對匱乏。商務部一直致力促進電子商務健康發展，作為新時期做好商務工作的新抓手，始終堅持以市場為導向，以企業為主體，在發展中規範，在規範中發展的原則。積極透過政府引導和規範，帶動市場的力量共同促進電子商務的應用，解決發展過程中出現的問題，重點推動以下工作：

一是，加強環境建設，針對當前電子商務領域出現的突出問題，逐步完善電子商務法規和相關標準，積極推動電子商務法的制定工作，配合相關部門推進對消費者保護法，食品安全法、產品質量法、合同法、廣告法等涉及電子商務內容的相關法律修訂。出版了商務部關於促進電子商務應用的實施意見，與國家發展和改革委員會、財政部、人民銀行等 13 個部門制定，關於進一步促進電子商務健康快速發展有關工作的通知等一系列促進電子商務發展的政策文

件，發佈電子商務模式規範、網上購物模式規範等一系列部門規章和標準，並積極建構電子商務統計檢測和電子商務的信用體系。

二是，積極促進應用，在零售領域支持網路零售服務平台，進一步拓展覆蓋範圍，創新服務模式，支持流通企業依托線下資源，開拓電子商務，實現線上線下資源互補和應用協同。在外貿領域，積極落實國務院辦公廳轉發商務部等九部門制定的，關於實施支持跨境電子商務零售出口有關政策意見，開拓鼓勵企業一般貿易加自營電子商務的政策研究，著力突破不適應跨境電子商務發展的外貿監管環境，加快電子商務貿易平台建設，盡快制定出版跨境電子商務便利化措施，進一步完善網路基礎設施、物流、支付、監管等誠信體系。在農產品領域，建立完善農產品電子商務標準、規範和物流配送體系，鼓勵電子商務企業和傳統農產品企業連結，推動涉及電子商務企業開拓農產品的品牌化、標準化經營，建設並上線全國農產品商務資訊公共服務平台，推進農村商務資訊服務，培育農村電子商務市場，促進農產品流通。

在社區服務領域，促進社區便利化消費電子商務平台的建設，鼓勵和支持服務於百姓日常生活的電子商務應用，積極開展電子商務示範試點，建立電子商務創新及應用的示範體系，充分發揮電子商務示範城市、示範基地、示範企業的引領作用。促進電子商務的創新發展和應用。

三是，完善電子商務支撐服務體系，開拓電子商務物流體系建設，推動建構與電子商務發展相適應的物流配送體系，鼓勵電子支付、信用服務、安全認證等電子商務服務企業開拓技術和服務模式的創新，完善電子商務服務產業鏈，推動行業組織、專業培訓機構和企業開拓電子商務人才培訓及崗位能力培訓。

四是，開拓國際交流與合作，近年來中國積極參與聯合國、世界貿易組織、亞太經合組織、上海合作組織等國際組織中的電子商務工作，積極推動建立電子商務多雙邊交流合作機制。參加涉及電子商務議題多雙邊談判，從發展態勢來看，國外企業透過電子商務拓展中國市場，中國企業利用電子商務平台走出去，將成為必然的趨勢。我們鼓勵和支持電子商務企業，透過設立展示中心和海外窗口等方式拓展海外市場。

資料來源：摘錄自中國電子政務網，http://www.e-gov.org.cn/dianzishangwu/buweidianzishangwu/201406/150088.html。

討論

1. 電子化政府與企業電子商務發展規劃的聯繫與區別何在？
2. 由上述電子商務項目的建設及影響，帶給我們哪些啟示？電子政務與電子商務系統建設過程中，應注意哪些重要的管理問題？

案例 11-2
牛津女碩士 把「吳抄手」變大了

傳統老店利用網路舊翻新，川菜名店「四川吳抄手」第三代接班人張容軒，頂著牛津大學碩士高學歷，成功把實體店面虛擬化，不到兩年網路業績增一倍。為了做冷凍食品宅配，嚴格建立食品標準化，讓美食不但能世代傳承，口味也能永遠不變。60 年次的張容軒成績優異，大學時就讀英國牛津大學食品科學與旅遊管理系，更在同所學校完成企管碩士學位。她說，一開始她在香港與大陸兩地，管理媽媽投資的貂皮大衣代工廠，從事成衣業前後 7 年。2003 年她回台灣，2005 年才正式接手家族企業「四川吳抄手」的經營管理。以她曾是專業經理人的角度，一回來就馬上發現一個大問題──顧客年齡出現斷層。四川吳抄手以歷史悠久又道地的口味聞名，以前常有四代同堂來吃，長輩是陪伴她們成長的熟客，但之後年輕人並沒有這樣的感情。為了讓客群年輕化，她決心朝網路發展。

她坦言一開始對網路行銷也很陌生，只敢把商品放在友人的網路平台寄賣，但成效不錯。她開始主動搜尋資料，得知經濟部中小企業處有「縮小產業數位落差」的專案便立即報名，積極上課、找顧問商談。當時常常一上網就弄到凌晨 5 點才睡。2007 年初，她成立四川吳抄手的官方網站；2009 年 6 月，在 PChome 商店街開店，還有在樂天市場、臉書、大買家、博客來等經營共 36 個平台。她一個人管理不來，後來連身為公務員的老公也辭掉工作，幫忙她網路與實體店面經營，她笑說老公總是被她壓榨。

網路顛覆傳統經營模式，她表示，現在客源不但全台都有，還可以 24 小時到貨，而且開店成本低，大部分平台只要有營利事業登記證就可以開店。以官網來看，第一年業績成長 80%，第二年則高達一倍。然而網路化過程並沒有想像簡單。她指出，技術操作面是第一個難題，例如寫文案、放圖片，笑稱自己「英文比中文好」的她，光寫店家介紹就讓她花盡心思；第二則是要製作出 SOP 標準化的產品及供應流程。因為以網路販賣，就要開發冷凍食品，但等到商品需要被食用時，可能會因為複熱過程不對，或冰凍時間不一造成商品口感有落差。

最後，她找了食品發展工業研究所共同合作，不但調整了烹調程序，可解決上述問題，更研發出在不加任何防腐劑下，食物保存期限可以拉長的方法。她說現在醬料可保存一年，但開過需要冷藏；餃子、鯽魚、獅子頭則可保存半年。

張容軒說，未來將繼續擴展網路市場，同時 2009 年也參加中華兩岸連鎖經

營協會活動，與上海置業集團簽訂合作意向書，未來想以加盟連鎖方式進軍中國市場。四川吳抄手第三代接班人野心勃勃，利用創新思維、管理專長與遠見思想帶給傳統老店新氣象。

資料來源：吳孟庭，聯合晚報，http://mag.udn.com/mag/people/storypage.jsp?f_ART_ID=240440，2010 年 3 月 21 日。

討論

1. 電子商務營銷與傳統營銷方式有何區別？
2. 試論述關於企業網站常見網路營銷方法及效果，電子化政府如何對企業經營網路營銷提供相關之助益？

參考文獻

1. 蒲忠主編 (2013)，電子商務概論。北京：清華大學出版社。
2. 楊興凱主編 (2012)，電子政務與電子商務。北京：清華大學出版社。
3. 覃征編著 (2014)，電子商務文化概論。北京：清華大學出版社。
4. 國家發展委員會，電子化政府計畫，http://www.ndc.gov.tw。
5. 台日韓電子商務法制資訊網，經濟部 http://gcis.nat.gov.tw/eclaw/tjk/chinese/tjk_index.asp?PageCode=index_c。
6. 中國電子政務網，http://www.e-gov.org.cn/。
7. 姚國章、宋曉群編著 (2011)，電子政務原理與案例。北京：清華大學出版社，2011 年。
8. 項靖、朱斌妤、陳敦源主編 (2011)，電子治理 —— 理論與實務的臺灣經驗。台北：五南圖書出版公司。
9. 王克照主編 (2014)，智慧政府之路 —— 大數據、雲計算、物聯網架構應用。北京：清華大學出版社。
10. 夏敏、索柏民 (2014)，政府知識管理新論。上海：人民出版社。
11. 余千智主編 (2002)，電子商務總論，第二版。台北：智勝文化事業有限公司。
12. 黃東益 (2009)，電子化政府的影響評估：內部顧客的觀點。文官制度季刊，第 1 卷第 3 期，25-53 頁。
13. 胡龍騰 (2009)，公共組織成員知識分享之實證研究。台北：五南圖書出版公司。
14. 行政院研究發展考核委員會 (2010)，各國電子化政府發展趨勢報告。
15. Chadwick, A., & May, A. C. (2003). "Interaction between states and citizens in the age

of the internet: 'E-government' in the United States, Britain, and the European Union, Governance," *An International Journal of Policy, Administration, and Institutions*, *16*(2), pp. 271-300.

16. Chu, P. Y., Yeh, S. C., & Chuang, M. J. (2008). "Reengineering municipality citizen electronic complaint system through citizen relationship management," *Electronic Government, An International Journal*, *5*(3), pp. 288-309.

17. Delcambre, L., & Giuliano, G. (2005). *Digital Government Research in Academia, Computer*, *38*(12), pp. 33-39.

18. Echo Huang, & Juh-Cheng Yang (January 2011). "User Engagement by using a Knowledge-Creation Based Model in the Virtual Community," *International Journal of Organizational Innovation*, *3*(3) Winter 2011, pp. 101-118.

19. Heeks, Richard. (July 2006). Understanding and Measuring e-Government: International Benchmarking Studies, paper prepared for UNDESA workshop, E-Participation and E-Government: Understanding the Present and Creating the Future, Budapest, Hungary, pp. 27-28.

20. Hewson Group. (2002). CRM in the public sector, UK: Hewson Group. Hill, Michael., 1997, Understanding social policy, 5 th ed, Oxford: Blackwell publisher.

21. Garson, G. David. (2006). Public information technology and e-governance: Managing the virtual state, MA: Jones and Bartlett Publishers.

22. Swift, R. S. (2001). Accelerating Customer Relationships-Using CRM and Relationship Technologies. New York: Prentice-Hall.

23. United Nations. (April 2006). An overview of e-participation models, Prepared by Nahleen Ahmed. Division for Public Administration and Development Management (DPADM) Department of Economic and Social Affairs (UNDESA).

24. United Nations. (2008). Form e-Government to connected Governance, http://unpan1.un.org/intradoc/groups/public/documents/.

25. Wagenheim G D. & Reurink J. H. (1991). "Customer service in public administration," *Public Administration Review*, *51*(3), pp. 263-270.

12 電子商務倫理議題

置入性行銷？小心陌生人

在網路上，有人因為專業經營美食相關部落格，成為網友尋找用餐地點時最好的參考指標；有人因為專業經營美妝相關部落格，成為網友購買美妝用品的參考依據；有人因為專業經營流行時尚相關部落格，成為網友瞭解當季時尚產業的重點。而這些人，我們在現實生活中卻不一定認識。

透過觀看該部落客的文字，我們進而瞭解該網站的屬性，當有類似的需求時，我們就有動機去閱覽，進而去相信。而根據美國麥坎大學 (Universal McCann) 教授湯姆・史密斯 (Tom Smith) 指出，雖然人們於網路世界中皆是平等的，但是對於網路上那群產量豐富且著名的部落客，確實也具相當影響力。因此，廣告業者與品牌業者看準這樣的影響力，紛紛開始尋覓與部落客合作，希望運用其力量，增加其產品銷售量、知名度。

例如，雅詩蘭黛 (Estée Lauder) 推出新的底妝產品便透過與部落客的合作，展現新的底妝妝容，並且舉辦投票。業者透過這樣的方式，進而宣傳新產品的效果。除此之外，也有餐廳業者邀請專業經營美食分享的部落客去該餐廳免費用餐，只是希望部落客能夠於部落格中分享相關用餐心得，進而吸引其他網友前去用餐。而對於給予部落客的酬勞可能就是免費的產品或餐點，對於影響力更大的部落客，則可能會有額外的金錢酬勞。

然而，對於這些受邀於廠商或廣告業者的部落客，在自己部落格中的分享和推薦，是否算是置入性行銷呢？知名部落客「女王」曾在電視節目中指出，由於自己的部落格瀏覽量高，就會有廠商與她洽談合作，希望能夠在她的部落

格中放置橫幅廣告等。但女王表示，當網友感受到你的部落格充滿廣告訊息時，就可能不再蒞臨你的部落格。

　　對於自己辛苦經營的部落格，逐漸累積相當程度的瀏覽量，並且受到廠商、廣告業者的青睞。對於這樣的外部效果，部落客或許還是要以公平、公正的心情去客觀陳述自身感受。透過產品體驗或者是餐廳體驗等，據實陳述出心得、想法，或許才是最中肯的做法，並且是給予自己的讀者最好的建議，也是保留自己讀者的最好做法。對於好的商家、產品，透過事實的陳述，即可以利用口碑行銷，達到宣傳之效；然而對於有待加強的商家、產品，則可以透過該部落客的建議，達到產品檢驗，進而反求諸己，以達到改進之效。但是對於不好的敘述在網路上散播的同時，也造成負面的宣傳效果。對受邀於廠商的部落客，是否有完全的自主權去據實陳述，則有待考驗。

　　當我們面對網路上的陌生人所陳述的相關推薦或心得時，或多或少也需要抱持一點保留意見，沒有任何的陌生人建議，會比得上自己的親身體驗。這些說法可能具有參考價值，然而，在參考的同時，或許我們該檢驗是否存在太多廣告訊息。

資料來源：陳文駿，電子商務時報 ECTimes，http://www.ectimes.org.tw/Shownews.aspx?id=081019182352，2008 年 10 月 20 日。

12.1　電子商務產生的倫理議題

電子商務帶來低度交易成本、易於搜尋買賣雙方資訊等優勢，讓個人或是企業熱衷於發展線上交易商業模式，但是這種高度應用資訊網路技術的產業，可能會擴大了個人行為的影響層面，例如：在網路上張貼不實謠言傷害他人、散播病毒等。網路通訊與電腦的使用會改變人與人之間的關係，使得人際之間的接觸降低，並且因溝通速度太快，使得資訊相關人員沒有足夠的時間去反映不倫理的行為，例如：影片串流網站詐騙個資的問題。當資訊以電子形式存在時，便比以紙張型態來得脆弱 (Frangible)，因為容易被修改，以致於易招致未經授權的存取。在保護資訊的整體性、機密性及可用性上所做的努力與資訊共享的好處之間，亦會有所衝突。在缺乏授權與認證工具的情況下，資訊科技的應用常引起不倫理的行為。

為了促進電子商務的發展，避免不倫理的事件產生，應該進一步探討電子商務的倫理議題，本章依據理查德·梅森等人 (Mason, 1986) 的看法，將議題分為四大類。

12.2　網路隱私與個人資料保護

梅森等人 (1986) 強調，資訊系統的應用不應該以不法途徑侵害個人隱私、資訊系統必須正確，以確保使用者的權益，並尊重及保護智慧財產權及避免不當的非法存取，提出「資訊技術之倫理課題的架構內容」，包括：隱私權 (Privacy)、正確性 (Accuracy)、所有權 (Property)、存取權 (Access) 等議題。首先，讓我們來探討何謂隱私權。

隱私權是指個人保留不為他人得知的權利，並限制未經本人同意的個人資料蒐集。其主要的相關議題包括避免干擾的權利，以及免於遭無理人事的侵犯。在未獲得當事人同意及授權之前，資訊持有人不得將當事人所提供的資料轉用於另一目的之上。梅森等人 (1986) 認為，隱私權的定義重點在於：「凡有關於個人自己的任何相關資料，究竟哪些是要提供給外界知道的？需要在什麼情況下提供出來？有什麼保護的條款？有哪些事情是人們可以自己保密並且不會被迫透露給他人？綜觀上述問題，自己能夠

掌握並且不受到侵犯的權利稱之。」

依據梅森學者的說法，隱私權的討論，包括「提供項目」、「提供情境」、「保護條款」與「資訊的自我控制程度」等項目的討論。例如，我們到賣場買一台冷氣機，並要求賣場人員運送到府及進行裝機服務，在面臨需要填寫一些表格資料時，列在表格上的每個問題我們是否都「一定」非填寫不可？哪些項目是合理需要填寫的、哪些項目是沒有必要提供的。由本例中可清楚得知，需要提供的個人資訊項目包括：姓名 (購買者或貨品送達地點簽收人的姓名)、地址 (提供運送服務人員順利將貨品送達家中)、電話 (方便運送人員或賣場人員聯絡或確認事情)。此外，我們對於其他的個人資訊，如：身份證字號、生辰八字、家庭狀況等，則似乎不需要也沒有必要提供。由於電子商務網站在消費者購物時經常要求網友填妥個人資訊成為會員，這部分即涉及隱私權的議題。

再者，消費者提供個人資訊註冊成為會員時，網站是否有聲明「保護個人所提供之資訊，並不得將資訊提供於當事人雙方以外的第三者」的條款？網站會員對於資訊的自我控制程度究竟有多高？若是網站未善盡責任保護會員資料，我們可能會懷疑所提供的「姓名」、「地址」、「電話」等資訊，是否會再度被轉售或提供給其他第三者，而使消費者無端收到不明的廣告、推銷等電話、垃圾郵件等。

梅森於 1986 年時已提到關於隱私權的兩大威脅，一是「來自於資訊科技快速成長」，而使得資訊的監督、溝通、計算、儲存與擷取的能力大為提升。對於資訊科技的使用者來說，未必是一件好事；其次是屬於「隱性的威脅」，也就是資訊對於決策制定的價值，這是由於資訊對於決策制定者來說越來越具價值。倘若決策制定者能夠得到比別人更多的資訊，那麼所制定出來的決策，相對的其正確性或有效性也會更好。然而問題是：這些資訊從何而來？要取得別人拿不到的資訊，這意味著什麼樣的危機在背後？

由於電腦科技進步迅速，使電腦能大量、快速處理各種資料，且運用日趨普及。但個人資料中，舉凡出生、病歷、學業、工作、財產、信用、消費等，經電腦處理之後，可輕易彙整而得知其全貌，如有濫用或不當利用之情事，將對人民隱私等權益造成重大危害，因而影響社會安定及國民

經濟成長，增加政府推展自動化工作之困擾。行政院於民國 82 年間研擬完成《電腦處理個人資料保護法》草案，送請立法院審議，並於民國 84 年 7 月 12 日三讀通過，民國 84 年 8 月 11 日公佈實施，而《電腦處理個人資料保護法施行細則》於民國 85 年 5 月 1 日公佈實施。我國《電腦處理個人資料保護法》的立法目的，在於規範電腦處理個人資料，「以避免人格權受侵害」，同時「促進個人資料之合理利用」。

《電腦處理個人資料保護法》的主要目的就在於，保護使用電腦個人之人格權。依《電腦處理個人資料保護法》的規定，在下列情況下公務機關對於個人的資料可以進行蒐集處理：

1. 經當事人書面同意。
2. 與當事人有契約關係，而對當事人權益無侵害之虞。
3. 為學術研究所需且無害當事人之重大利益。

在電子商務應用中，下列方式屬於合法私人資訊蒐集：包括閱讀新聞群組佈告、尋找網際網路目錄、記錄瀏覽器中有關於對方之說明。而在電子商務應用中被用來蒐集個人識別資訊的技術有：搜尋引擎、購物車、線上表單、會員註冊資料。

1. 表明事實情況：隱私政策應屬義務性質，易於察覺，並以淺顯易懂的文字表示。公司應清楚說明蒐集資訊僅止於特定用途之原因。在未取得消費者同意前，公司不應該將該筆資料作其他目的使用。網站亦應以簡單圖像，警告消費者有關隱私之潛在危機。
2. 消費者應有選擇之權利：告知後同意有兩種模式，選擇加入 (Opt-in) 與選擇退出 (Opt-out)。若企業欲蒐集有關消費者健康、財務或性別傾向等資訊時，應採網路瀏覽者「選擇加入」方式，取得消費者同意。相同規則應用於企業欲轉售個人資料或網路廣告商共用。在其他狀況下，消費者得以透過簡單易懂的欄位，確認是否保留個人資料，此謂選擇退出。
3. 顯示資料：應提供消費者可以觀看並修正個人機密資料，如財務及醫療等。對於有關個人資訊與線上習慣之連結概況，或將個人資料與第

三者共享，甚至引起消費者反彈或非意願性行銷請願時，此法可提供消費者再次確認管道，而網站及市場行銷業者應對顯示個人資料負責。

4. 公平執行或付出代價：網路隱私法應屬聯邦層級，由專責機構，如聯邦交易委員會 FTC，確實執行並詮釋公平資訊實務原則。另外，公司也應於公開檔案中 (如安全暨交易委員會之文件歸檔，或可信賴之第三者審核)，定期揭露網路隱私實務成效。

延伸閱讀　保護個人資料保護原則

1980 年 9 月 23 日美國提出《保護個人資料跨國流通及隱私權之指導綱領》(The Guidelines on the Protection of Privacy and Transborder Flows of Personal Data)，這些原則的說明如下：

1. 蒐集限制原則 (Collection Limitation Principle)：在進行個人資料的蒐集時，應有適當的限制，而資料蒐集須依合法及公正的手段，在適當的情況下，告知資料的主體以取得其同意。

2. 資料精確性原則 (Data Quality Principle)：個人資料應該依據其原始利用的目的，在該目的之使用範圍內，保持正確、完整，以及定期更新的狀態。

3. 目的明確化原則 (Purpose Specification Principle)：資料蒐集的目的必須明確，如此在資料的使用上，不能與當初蒐集資料的目的有所衝突，也不可與原始蒐集資料的用意相違背。

4. 使用限制之原則 (Use Limitation Principle)：個人資料的使用應該在符合兩項原則的情況下，才能被揭露使用。
   - 得到資料主體的同意。
   - 依據法律規定的合理使用。

5. 安全保護原則 (Security Safeguards Principle)：個人資料應該受到合理安全的保護，以避免資料未經授權的存取、破壞、使用、修改或公開等可能的風險及損失。

6. 公開之原則 (Openness Principle)：關於個人資料的開發、運用，政府應該要有一般性的公開原則。以明確的規範個人資料的使用目的，並且明白定義出資料控制權的歸屬。

7. **個人參與原則** (Individual Participation Principle)：個人對於自己的資料可以擁有的權利包括：
   - 取得資料的控制權，或者向資料管理者確認是否有關於資料主體當事者的資料。
   - 在可接受的價格內、合理期間內，以及運用合理的方式瞭解個人自身的資料。
   - 個人在上述兩種情況下若想得知自己資訊而遭拒絕，可以對其拒絕理由提出異議。
   - 在上述異議提出且成立的情況下，個人得以要求資料進行刪除、修改或補充。
8. **責任之原則** (Accountability Principle)：資料控制者應該要依據資料管理的政策，依循資料保護原則，對於資料負完全責任。

延伸閱讀 超過百個《鋼鐵人3》的影片串流網站詐騙個資

你曾經在網路上免費觀看過《鋼鐵人3》(Iron Man 3) 的影片嗎？趨勢科技發現，網路上出現至少一百多個號稱提供《鋼鐵人3》影片串流的網站，要求使用者下載特定影片播放軟體。一旦下載完成，將會主動播放廣告，讓使用者不堪其擾，網路犯罪者也利用臉書大量散播「免費《鋼鐵人3》串流視訊」的廣告連結，誘導使用者到問卷調查詐騙網站，騙取使用者個資。

一旦連上這些網站，使用者會被要求下載視訊安裝程式，此檔案的確是如駭客所言的影片播放程式，但這個影片播放程式在之前曾被偵測會主動播放廣告。除了讓網友不勝其擾之外，更不排除為駭客植入惡意軟體的跳板，造成網友上網安全的潛在疑慮。

同一時間在臉書上也出現散佈《鋼鐵人3》串流的廣告，使用者可能會在動態消息上看到這些連結跟網站。當使用者點入連結時，就會被導引到多個不同的網頁，最後被導引到問卷調查詐騙網站，有些會要求使用者註冊並提供信用卡號碼，騙取使用者個資，不僅無法看到《鋼鐵人3》的影片，同時也會將相同的垃圾訊息散播給受害者的臉書好友，恐怕造成更多人受害。

資料來源：趨勢科技網站，http://blog.trendmicro.com/trendlabs-security-intelligence/fake-iron-man-3-streaming-sites-sprout-on-social-media/，2013 年 5 月 6 日。

延伸閱讀：Google 侵犯你的隱私

「Google 瞞著使用者在蘋果電腦與行動裝置的 Safari 網頁，植入檔案，記錄使用者上網習慣。」

英國蘋果用戶集體控告 Google 侵犯隱私。他們宣稱，「Google 瞞著用戶在手機安裝追蹤檔案，記錄用戶的上網習慣」。英國有 1,000 萬名的 iPhone 用戶，這場史無前例的官司可能讓他們起而效尤。

目前共有 12 名蘋果用戶 (包含 iPhone) 控告 Google 侵犯隱私並要求賠償。他們指出，Google 瞞著使用者在蘋果電腦與行動裝置的 Safari 網頁瀏覽器，植入俗稱「小甜餅」(Cookie) 的小型文字檔案，記錄使用者的上網習慣。

Cookie 是網站為了辨別使用者身份而儲存在用戶端的資料，一些廣告商與網站經營者因此針對使用者的瀏覽習慣發送特定廣告。

幫用戶打官司的英國律師騰區說，還有數十位 iPhone 用戶準備向 Google 提告：「這是 Google 首次遭英國使用者控告侵犯隱私。Google 已經成為我們日常生活的一部分，但它卻規避手機的安全設定監視使用者，這點特別讓我們憂心。」

Google 接二連三爆出侵犯隱私的爭議，2012 年 2 月也爆出旗下 DoubleClick 廣告公司，未經同意就把 Cookie 植入使用者的電腦。2012 年 8 月，Google 因為侵犯蘋果 Safari 網頁瀏覽器用戶隱私，被美國聯邦貿易委員會 (FTC) 判罰 2,250 萬美元。當時 Google 坦承，確實刻意避開 Safari 瀏覽器阻擋網站用 Cookies 追蹤使用者的安全設定。

FTC 的罰款可謂天價數字，但這對 2012 年賺了 107 億美元的 Google 來講只是九牛一毛。不過，如果英國的 1,000 萬名蘋果用戶都站出來控告 Google 侵犯隱私，那麼賠償金額就會非常可觀。

幫忙打官司的隱私倡議人士漢夫說：「這場集體訴訟不是為了 Google 的賠償金，而是向這些公司發出非常明確的訊息：侵犯隱私會有嚴重後果。這場官司可能讓 Google 賠償上千萬英鎊，因為原告人數眾多，賠償金額甚至可能打破 1 億英鎊，如此將成為英國最大宗的集體官司。」

資料來源：蔡正仁編譯，聯合新聞網，http://mag.udn.com/mag/vote2009/storypage.jsp?f_ART_ID=438676。

12.3 網路資料正確性議題

電子商務時代的來臨，隨著網路科技普遍地使用、快速地傳播，資訊深入且迅速地進入我們的生活。水能載舟，亦能覆舟，不正確的資訊，也隨著網路系統的使用，影響我們的生活。善用資訊科技，導入企業的業務或個人的生活中，可以讓企業贏得競爭力，使個人生活品質更進步。但是資訊系統運作過程中的資料輸入錯誤、設計邏輯錯誤、資料儲存錯誤等問題，將導致不正確的資訊被輸出。本節討論的問題在於，資訊精確度不良所造成的困擾。誰該負此責任？Mason (1986) 對於資訊精確度 (Accuracy) 的問題定義：誰該為資訊的精確性負責？是誰造成資訊錯誤？誰可以避免錯誤的發生？

「資訊真實性」若資訊有錯誤應該由誰負責，且受害的團體如何獲得補償。

1. 所有權 (Property)：資訊是誰擁有？資訊交換的公平價格為何？所有權為誰擁有？資訊產權是誰維護資訊或軟體製造者之所有權，並規範哪些盜用者之責任。
2. 存取權 (Access)：個人或組織有權力可以取用什麼樣的資訊？例如：駭客問題。

12.3.1 置入性行銷與寫手事件

置入性行銷是產品置入 (Product Placement) 的行銷操作方法之一指的是，以付費方式將產品、品牌、商標、服務等置入於大眾媒體、電玩、網路中。執行置入性行銷的廠商希望成功的置入性行銷模式能透過與節目內容自然地結合，使消費者在不知不覺中受行銷手法的影響，大幅提升消費者對產品或品牌的印象與接受度。置入性行銷近年來飽受批評的原因在於，廠商大量置入節目內容與新聞報導中，造成專業與創意的扭曲。電子商務業者也策略性地應用置入性行銷於各大眾媒體、網路平台、部落格、社群媒體中。例如，部落格的主版面中出現「加好友」、「送好禮」的欄位。電子商務業者在置入商品於大眾媒體中時，須注意國家通訊傳播委員

會於民國 101 年 10 月 5 日規範，商業置入電視節目必須遵守不影響節目獨立製作、不鼓勵民眾購買、不過度暴露品牌與商品的原則，置入時間也不能超過每一節播送總時間的 5%。該規範並禁止商業置入新聞與兒童電視節目。

電子商務行銷最常運用置入性行銷配合口碑行銷。近年流行的微電影，透過 YouTube 播送，即是兩者搭配運用的完美結合。例如，2013 年愛迪達行銷新款球鞋，在網路上播送幾支足球球員賽前練習與上場比賽的影片。這幾支影片內容全無談論球鞋的優點與功能，只談及足球基本精神：精準地控球、團隊合作、自信表現等。愛迪達品牌透過自然地安排與品牌的呈現，使觀看者自然而然認同愛迪達的獨特價值。消費者觀看這些球員辛苦的練習、精彩的表現，與足球賽台上、台下熱情，會覺得這幾支影片深具意義，自動分享、轉載；也就是說，正確的置入性行銷與口碑行銷的操作，深深吸引目標消費者的目光，在無形中創造品牌的形象與定位，但不會引起目標消費者反感與排斥，以便利的分享機制在網路上能推動消費者持續傳遞口碑。

然而，電子商務業者在運用置入性行銷與口碑行銷時經常會誤觸法律與道德的底線。三星寫手門事件即為一令業者引以為鑑的案例。

12.3.2 網路水軍

網路水軍 (台灣俗稱寫手)，狹義來講是指在網路論壇大量灌水的人員；廣義來說，就是以獲取收入為目的，參與一項特定推廣活動的網友，都可以視為寫手的一員。例如：論壇發文、博客發文、追蹤、在新聞後發表評論、在社交網路上轉發 / 分享 / 評論、在影像後面追蹤評論、幫助人添加粉絲、推薦促銷、點擊網路調查等。

談到寫手，自然要提及水軍團，最簡單的水軍團只有兩級，最高一級是團長，負責派發任務、指導和管理團內水軍；下一級就是具體操作發文、回文的水軍。任務結束後，水軍將發文連接帳號，以及支付寶帳號提交給團裡的會計審核，之後透過支付寶支付費用。網路水軍的工作內容包含論壇傳播、話題炒作、事件營銷、博客營銷、清除負面資訊等。

企業或相關人事雇用網路水軍來炒作話題，本身不存在問題。主要還是看這個話題本身是否正當和合法。就如選擇了幾百家媒體同時投放與傳播同一則廣告，這幾百家媒體扮演的就是「水軍」的角色，該做法符合法規，那麼投放與傳播行為就正當；如果廣告本身違法，那麼投放與傳播行為就涉嫌違法。網路水軍也是一樣的道理。

　　然而，這些網路水軍透過一些非正當的手段在網路上做了很多事情，例如：捏造事實、進行話題炒作、製造一些虛假民意，給競爭對手的名譽造成很大的損害。公關公司不僅消除醜聞和擺平事端，同時透過惡意詆毀對手、愚弄公眾，以謀求私利。惡意毀謗滿天飛，網路水軍遍地走，網路水軍的負面作用也暴露無遺。此外，這種所謂公關活動造成的後果絕不僅限於公關領域，而是對網路環境，對市場競爭環境，甚至對社會風氣都產生毒化作用。長此以往，大家很難判斷網路資訊的真假，對包括企業在內的一些單位和組織缺乏信任感，而信任危機的出現對社會而言，後果非常嚴重。

　　如果公關公司像在傳統媒體裡推廣產品一樣，在不同的網路論壇或網路空間中做一些報導，甚至專門做一些廣告性質內容的策劃，這也無可厚非。但如果他們提供的內容資訊或者是背後的代表人群具有明顯的虛假性，這可能就會有問題，將會導致整個網路公關行業公信力下降，對全社會來說都不是一件好事。所以對網路寫手和網路公關要一分為二來看，對於非法網路寫手要進行治理。

　　治理非法網路寫手要區分情況，一種透過法律進行法治，這是基礎。如果「網路寫手」捏造事實進行攻擊，觸犯了法律底線，那麼不管個人或是群體都是不能容忍的，都要承擔法律責任。網路水軍在社會各界引起強烈反應，中國政府很關注這個問題，並認真研究，依法加強「網路寫手」管理的措施。第二個是道德層面，就是道德對人們行為的約束。有些網路公關行為雖然不犯法，但它散佈很多虛假資訊，誤導社會大眾，這也是不行的，要從道德層面進行正面引導。第三，需要靠企業和社會成員的自律，提升企業和整個社會成員的自律意識，否則政府提供的公共產品再好，網際網路秩序也好不了。

延伸閱讀：三星寫手門事件

2013 年 4 月 1 日，自稱為台灣三星旗下的行銷公司「鵬泰有限公司」的錢姓員工，在網路上架設台灣 Samsung Leaks 網站 (如圖 12-1 所示)，揭露台灣三星惡質的置入性行銷與口碑行銷的手法。

該網站公佈一些三星置入性行銷與口碑行銷策略規劃內容與報告，並陳述鵬泰內部的病毒行銷小組，不僅買通部落客，也分工在各大部落格、BBS、論壇、社群媒體上吹捧三星手機的功能與優點，並攻擊詆毀其他品牌手機。此等操弄網路口碑、置入口碑文的做法一經揭發，令輿論譁然。陸續又有網友發現，鵬泰員工一人分飾多角在口碑上擔任提問者 (在論壇上負責發問問題)、攻擊者與假裝受害者 (負責回答問題)，而忘了切換帳號，造成自問自答的尷尬場面，自曝惡質的置入與口碑操弄應用。

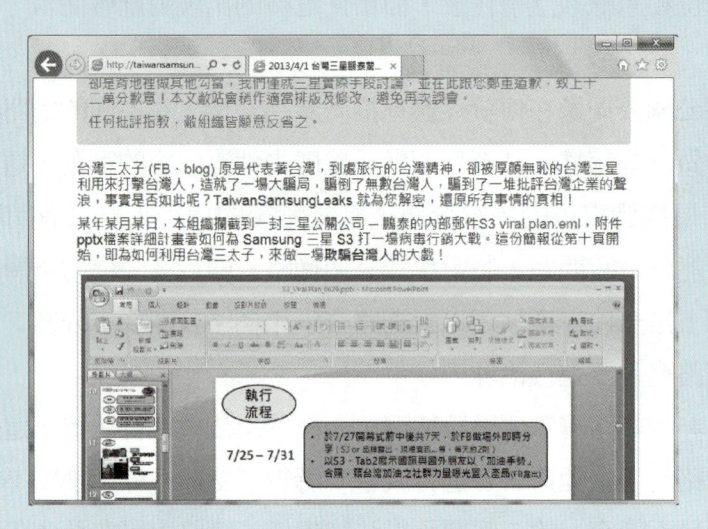

圖 12-1　台灣 Samsung Leaks 網站

12.4　網路財產權議題

12.4.1　電子商務與商標權

商標通常是文字、詞語、記號或圖形，甚至是顏色、商品形狀或其包裝形狀、動態、全像圖、聲音等，或是由兩種以上的這些元素所聯合組

成。主要功能是在營業或交易過程中,用來指示商品或服務的來源,並和他人的商品或服務相互區別。

1. 商標的網域名稱搶注

這是目前網路商標侵權最主要的表現形式。網域名稱的衝突在於,雖然商標的地域性和專屬性允許多個相同商標在不同的國家、不同的商品上和平共處,但在 COM 域下,一個網域名稱在世界範圍內只能為一個人所有。網域名稱搶注包括兩種情況:一種是真正法律意義上的「網域名稱搶注」,侵權人故意把知名或比較知名的商標或商號大量註冊為功能變數名稱,這些搶注者通常還將搶注的網域名稱進行出售、出租或讓商標權人高價「贖回」;另一種則屬於網域名稱註冊人與智慧財產權人之間的權利衝突,即網域名稱註冊人並無故意「搶注」,是由於網域名稱的唯一性和「先申請先註冊原則」,不可避免地與智慧財產權人發生權利衝突。

這種情況雖有搶注的事實,但卻不構成真正法律意義上的「網域名稱搶注」。在國外,網域名稱搶注行為的出現還要早上幾年,其中也不乏一些極具諷刺意味的事件,如網域名稱制度創設之初,負責全球網域名稱註冊登記的機構——全球互聯網路資訊中心 (Inter2NIC) 的網域名稱就曾一度被人搶注。典型案例如麥當勞的商標名稱是 McDonald,但是 McDonald.com 卻早被一個記者登記為私人網站,後來以 100 萬美元做慈善事業作為取得該名稱的代價。

2. 網頁連結中的商標侵權

在網際網路上,處於不同伺服器上的檔案可以透過超文字標記語言連結起來。只要上網瀏覽者在網頁上點擊超連結部分,另一個網頁或網頁的另一部分內容就呈現在使用者的電腦螢幕上。合理設置的連結,在網路上都是允許的,因為連結技術是網際網路存在的基礎。但是如果在自己網頁上將他人註冊商標或馳名商標設為連結,採用深度連結或加框連結技術,繞開被連結網站的主頁,這種行為就有借他人商標的知名度來增加自己點擊率和瀏覽量的「搭便車」嫌疑。

3. 搜索引擎中的商標侵權

在網頁 HTML 源代碼中有一個重要的代碼 <META> (即一般所說的 META 標籤)，META 標籤用來描述一個 HTML 網頁文檔的屬性，如作者、日期和時間、網頁描述、關鍵詞、頁面刷新等。<META> 提供的資訊雖然用戶不可見，但卻是文檔的最基本的元信息。<META> 除了提供文檔等基本資訊外，還涉及對關鍵詞和網頁等級的設定。

所以有關搜索引擎註冊、搜索引擎優化排名等網路營銷方法內容中，通常都要談論 META 的標籤作用，甚至可以說 META 標籤的內容設計，對於搜索引擎營銷者是非常重要的一個因素。為了增加點擊率，吸引用戶的注意，某些別有用心的網路管理者把名人的姓名及他人的商標、商號作為關鍵詞，嵌入自己的網頁源代碼中，即使這些關鍵詞與自己網頁的內容風馬牛不相及。造成用戶在透過搜索引擎尋找時，會不知不覺地造訪該網站，卻不易搜索到自己原本要造訪的網頁，而且影響真正的商標、商號所有人在搜索結果中的排名次序。這種不經商標權人許可而使用商標作為關鍵詞的行為，明顯構成對商標合法權益的侵犯，屬於隱性商標侵權糾紛。

4. 電子商務中的其他商標侵權行為

此外，電子商務中還存在透過網路廣告、遠程登入數據庫查詢、電子郵件帳戶，以及在電子商務活動中假冒、盜用他人在註冊商標推銷、兜售自己的產品或服務、或在網上隨意詆毀他人商標信譽等侵權行為。

12.4.2　電子商務與著作權

1. 著作權概念及與電子商務的關係

著作權，又稱為版權，是指文學、藝術和自然科學、社會科學作品的作者，及其相關主體依法對作品所享有的人身權利和財產權利。它是自然人、法人或者其他組織對文學、藝術或科學作品依法享有的財產權利和人身權利的總稱。著作權屬於知識產權的範疇，具有專業性、時間性、地域性等特點。對於受著作權保護的作品，所應保護的核心是其「表達形式」，其價值在於內涵的「無形」成分，而不是它們所依附的載體。例

如：保護音樂作品，絕非保護音樂光碟；保護小說，絕非保護印有小說的紙張。

網路作品是指透過電腦網路傳播的物品，具有可數據化的特點。網路作品包括：其一，透過網路傳播的著作權法所列受保護的作品，如文字作品，音樂、戲劇、曲藝、舞蹈作品，美術、攝影作品，電影、電視、影像作品，工程設計、產品設計圖紙及其說明，地圖、示意圖等圖形作品，以及電腦軟體等，它們的存在形式均可以轉化為數位化形式。其二，透過網路傳播對於與著作權有關的傳播權，如出版社、報社、雜誌社出版的圖書、報刊，表演者的表演，錄音、錄影製作者出版的錄音、錄影製品，廣播電台、電視台播放的節目等，它們同樣具有可數位化的特點。

2. 網路著作權侵權表現形式

當前，網路著作權侵權形式主要有：

(1) 傳統作品在網路上傳和網路原創作品轉載、摘錄侵權。未經傳統作品著作權人同意，將其作品數位化後上傳到網路，是屬於網路著作侵權行為。

(2) 網頁著作權侵權。網頁是構成網站的基本元素、乘載各種網站應用的平台，以及網際網路上的基本文檔。用 HTML (超文件標示語言) 書寫，該 HTML 語言書寫的文檔通常稱為網頁的源文件。網頁源文件經設計人員編寫創作，以數位化形式儲存於電腦的儲存設備。透過網路傳輸到用戶的電腦上，經由用戶瀏覽器程序，成為我們所看到的網頁。又因為網頁一般是由文字、圖形、顏色、錄音、活動等多媒體的元素「彙編」而成，進而使網域涉及兩個內容，一是網頁中具有原創性的文字、圖像、動漫、Flash，以及音樂內容；二是網頁的整體版式。這種彙編的結構就是網頁的版式設計。網頁的版式設計符合作品的特徵，在我國法律實踐中，作為彙編作品受到著作權法的保護。網頁的可複製性，使得著作權人經過開發和設計，並具有特定內容和表達方式的網頁極容易被複製、使用，且透過網路向公眾傳播。在一些典型的網頁侵權糾紛中，侵權網頁的中英文文字；頁首樣式及相關圖片的內容和排列組合方式等與擁有著

作權的網頁頁面基本上相同，導致這一結果出現可能有網頁原文件侵權和網頁版式侵權兩種情況，但結果都是使公眾產生錯覺，直接影響到網頁所有人的利益。

(3) 連結侵犯著作權。網際網路上的網站由網頁構成，網頁與網頁之間主要透過連接或者超連結編織成網站。有些網站將別人網站中的某一頁或幾頁具體內容連接進自己網站的有關條目之內，使設連與被設連網站的頁面內容結合，或不經過連結網站主頁而直接利用其分頁內容。這種超連結行為或者使用戶難以辨別商品或服務的來源，或者利用被連接網站優良商譽，結果侵犯被連接者主頁或分頁作品的著作權，也可能因此損害被連結者的經濟利益。

延伸閱讀　戴爾標錯價事件，消費者的態度應該是？

戴爾連續出現標價錯誤，事後處理的方式引發爭議，也讓許多消費者不再將購物網上的購買視為正常交易。在消費者權益受損之餘，也有另一個聲音替廠商發聲。即使如此，連續的錯誤，已讓戴爾無限期關閉台灣線上購物網。

消費者該有的格調

戴爾事件過後，網路上的主流聲音是：戴爾應該要出貨，最少要出一台(消保會也是如此認為)。另一派雖較為微弱，但也為數不少的(隱性)聲音是：戴爾也是受害者，消費者不該趁火打劫，而且事後還理直氣壯，頗有吃相難看的味道。講到後來，變成消費者與廠商權益的合理界線，應該訂在哪裡才對。

消保官：戴爾和消費者都難卸責

「從司法角度來看，消費者違反誠信和信賴利益保護原則，」張英美表示，癥結點在於消費者明知是非真實標價，仍然大舉下單，號召所有人一起來買。消費者的心態和行為都可議。戴爾也難辭其咎。張英美表示，標錯價格有錯在先，但是戴爾應該在隔日就馬上道歉，說明處理辦法。倘若提出的條件不讓消費者滿意，消基會和消保會可以再一同討論，擬出最後的決議。

以網路直銷起家的戴爾卻在台灣頻頻凸搥，歷經昨日凌晨網站系統再次出現價格錯誤後，台灣戴爾已決定無限期關閉台灣線上購物網站。戴爾台灣區總經理廖仁祥表示，何時恢復網站營運時間不確定，要等解決問題之後才有可能，

這才是負責任的做法。

資料來源：數位時代網站，http://www.bnext.com.tw/article/view/id/10646，2009 年 7 月 6 日。

延伸閱讀：淘寶假貨風波，阿里巴巴將破產？

阿里巴巴集團主席馬雲在 2014 年股票上市前，曾誇口淘寶沒假貨。但中國工商總局在 2014 年 1 月 28 日所發表的《關於阿里巴巴集團進行行政指導工作情況的白皮書》中指出，淘寶網的正品率是中國網路交易平台最低，只有 37%，意即有 63% 為「假貨」。

此舉造成美國許多律師事務所的關切，揚言將對阿里巴巴進行集體訴訟。集體訴訟意指在眾多的投資者中，只要有一人訴訟成功，則每位投資者皆可共享其訴訟利益。然此舉可能將導致馬雲宣告破產。

美國發起集體訴訟，微信封殺支付寶

美國超過五家律師事務所宣稱將發起集體訴訟，控訴阿里巴巴刻意隱瞞假貨的消息。美國證交法中指出，「禁止公司誤導投資民眾」。美國律師事務所質疑阿里巴巴早在 2014 年上市前的 7 月，已經遭到中國工商總局約談調查假貨狀況，卻沒有對市場揭露這項消息，涉嫌隱瞞。

而中國最大的通訊軟體「微信」，也在 2 月跟著出手封殺支付寶紅包分享的功能，停止支付寶在微信上的交易功能，此舉無疑是對淘寶雪上加霜。騰訊表示，此項事宜是為保護用戶權益，整治違規第三方平台。

騰訊表示，近期收到許多用戶投訴，遭到販賣假貨、購買到虛假紅包、遭到欺詐等違規行為，而源頭都來自少數第三方平台。「為了保護用戶的權益，從源頭避免相關風險，微信近期將對違規的第三方平台行為逐步整治。」

馬雲：「敢上市，就不怕被告！」

而面對這項抽查結果，馬雲則回應，淘寶有嚴格的審察制度，數千名員工專門在處理投訴，2014 年還因此將四百多人送入獄。

不過馬雲也說，淘寶網要處理的商品高達 12 億件，「如果你投訴，我們立刻有反應，但你不投訴，是很難發現的」。

對於美國眾多律師事務所提出的集體訴訟，馬雲表示：「敢上市，就不怕被告！」他說，這也是中國企業應該要有的勇氣，也是該面對的問題，阿里巴巴將會積極地、透明地，去處理這件事情。

資料來源：張佑任，數位時代網站，http://www.bnext.com.tw/article/view/id/35363，2015 年 2 月 12 日。

12.5 電子商務非法存取議題

電子商務資訊中包括交易內容、雙方身份密鑰、電子簽名、電子貨幣存取密碼、信用卡密碼、電子商務秘密等。這些資訊在交易的各個環節都發揮著重要作用，是電子交易得以完成的基礎。因此，在電子商務系統中不僅存在作為交易基礎的電子商務資訊，也包括交易對象的數據商品，例如：電腦軟體、資料庫和服務資訊等。數據商品在網際網路上交易傳輸或瀏覽的過程中，可能被他人非法截獲或者複製，帶給交易雙方嚴重的損失。

延伸閱讀　連結與侵權

網際網路技術的出現給資訊快速傳播提供了現實可能性，最突出的傳播技術稱為「連結」。它使得儲存於不同伺服器上的文件被互相「連接」起來，使用戶能夠簡單快捷地從一個網站跳到另一個網站，讓資訊的查找和傳播更加方便。它的基本原理是：設連結者在自己的網頁上設置各種圖標或者文字標誌，在該圖標或文字標誌後面儲存其他網站的位址。當網際網路用戶點擊連結標誌時，電腦就自動轉向預先儲存好的網址。有人認為，連接是網際網路的根本特徵之一，沒有連接，網際網路也就失去生命力。

一個網站可能有許多「分頁」，按照連接目標頁不同，連接通常分為「外連」和「內連」兩種。

外連又稱普通連結，連結的對象是網頁的首頁，這時螢幕上顯示的是被連網站的全部內容，用戶明白地知道：他已經從一個網站跳到另一個網站上。典型的外連，如搜索引擎中所出現的各種網址的集合。當用戶點擊其中一個網址

時，搜索引擎會將用戶帶往被點擊網站的首頁。

內連又稱「深度連結」，它與普通連結的區別是：連結標誌中儲存的是被連結網站中的某一頁，而不是該網站的首頁。當用戶點擊連接標誌時，電腦就會自動繞過被連結網站的首頁，直接指向具體內容頁。

當網站上的連結資訊內容發生侵權時，其法律責任應當由資訊提供者承擔，對於僅提供連結技術或設施的服務商，一般不應承擔賠償責任。但是如果著作權人明確要求停止連結，連結者視為積極作為方，則視為設連結者與侵權內容提供者構成共同侵權故意，則應當承擔侵求責任。

資料來源：http://www.110.com/ziliao/-12678.html.

網路詐欺

利用電子郵件或網站舉辦抽獎或問卷調查，以盜取受訪者個人資料；或設立不實網站導致使用者誤入而騙取個人信用卡等資料。網路上常見的電子商務詐欺行為有虛設行號、虛設網站、偽卡刷卡、網路老鼠會等。

延伸閱讀　趨勢科技──駭客鎖定中小企業，入侵電子郵件詐騙

趨勢科技指出，近期發現駭客開始鎖定資安防備較薄弱的中小企業進行詐騙，手法是入侵企業電子郵件，以一人分飾兩角的方式和買賣雙方對話，誘騙買方將錢匯到駭客指定的帳戶，並要賣方將貨寄到駭客指定地址。趨勢科技表示，目前以此手法累積的詐騙金額已超過新台幣 6,000 萬元。

遭駭客鎖定的中小企業主要為進出口貿易、電子商務、海外雙邊貿易等業務，且甚至有十人以下規模的小公司。趨勢科技台灣暨香港總經理洪偉淦表示，過去駭客的目標性攻擊 (APT) 都鎖定政府或大型企業，但近期該公司發現鎖定中小企業的攻擊模式開始蔓延，主要是因為這些規模較小的企業資安防護較薄弱，多數仍使用免費的網路信箱 (Hinet/Gmail/Yahoo! 等)，甚至全公司共用一個電子郵件位置，駭客要入侵詐騙更為容易。

駭客會先假冒網路信箱系統管理員，發送郵件到企業信箱，企業人員點開郵件後便遭植入惡意程式，讓駭客取得此郵件的帳密權限，便可監控企業的郵件內容。接下來，當企業和客戶的買賣郵件進入付款細節時，駭客便見縫插針

偽裝成買家和賣家,分飾兩角誘騙買家將款項匯到駭客指定帳戶,確認錢到手之後就消失無蹤,買家和賣家都會因此受害。

趨勢科技技術總監戴燊表示,大型企業的資安防護較為嚴密,因此駭客便針對防護較低的中小企業攻擊,建議企業中會經手特定機密資訊的人員要加強戒心,不要點選來路不明的郵件。另外,建議使用可過濾郵件中有害連結的資安軟體,並定期更新。

資料來源:趙郁竹,數位時代網站,http://www.bnext.com.tw/article/view/id/29345,2013 年 9 月 16 日。

12.6 倫理準則在電子商務時代的應用

資訊倫理並沒有非常明確的規範,但有一些資訊倫理的參考準則可茲思考:

1. **普遍性理論** (Universalism):強調「只要是大家都認為不合倫理的事,無論理由多麼冠冕堂皇,都不可採取行動」。Immanuel Kant 提出普遍性理論,其認為具有倫理的行為應符合下列三則條件:
   (1) 具有普遍性,可以應用至所有人及所有情況,但又不會傷害到別人。
   (2) 能尊敬其他人,並保證他人的權利不會受損。
   (3) 尊敬他人的自主權,每個人都有去自由選擇他們想要的。

2. **黃金準則** (Golden Rule):強調「己所不欲,勿施於人」,亦即不做出自己也不希望遇到的不公平對待。

3. **集體功利主義** (Utilitarian Principle):集體功利主義認為,任何人都應採取為整體社會帶來最大利益的行動。

4. **天下沒有白吃的午餐** (No Free Lunch Rule):除非有特別淵源,不然幾乎所有有形和無形的東西,都是由他人所擁有。如果他人已經創造某種東西對你有價值,他就具有價值,而你應該假設創造者會希望這個成果能獲得補償,也因此獲取任何對我們有益的資訊或知識,我們都必須因此付出代價。

案例 12-1
IBM、惠普、日本丸紅標錯價能出貨，戴爾為何不能？！

2014 年 6 月 25 日晚間，知名國際電腦大廠戴爾的網路購物出現「7,000 元」的優惠折扣，原價 8,000 元的液晶螢幕頓時變成 999 元，造成網友瘋狂搶購；7 月 5 日凌晨，原價 6 萬元的高階商務電腦，只要換個顏色價格立刻降 4 萬元！10 天之內，戴爾電腦連續 2 次出包，卻顯現出枉顧消費者權益的不負責任態度，並將消費者的個人信用資料暴露於危險中。

國際知名大廠皆發生過標錯價事件，但為保全商譽皆依約出貨。消基會指出，網站錯標價的事件，國內外均發生多次。2004 年，IBM 在中國網站以 1 元價格出售當時市價人民幣 1,600 元的光碟機，引發搶購。雖然事後 IBM 表示是人為錯誤，但也同時表態「作為一定享有良好商業信譽和恪守客戶承諾的公司，IBM 願意按照相關手續、流程來完全履行所有訂單」。

2003 年，日本大型綜合商社——日本丸紅株式會社在公司網站上，將電腦價格標成實際價格的 10%，事後，丸紅株式會社仍然按 1 折的優惠出售這批電腦訂單。2001 年，HP 將原定價新加坡幣 329 元的印表機，誤標為新台幣 329 元，當時 HP 承認疏失，願意認賠出貨，消費者占了便宜，業者也保全商譽。戴爾電腦網站標錯價已不只一次，中國承認訂單，台灣卻不承認？！

消基會表示，戴爾電腦標錯價的狀況已不是第一次，消基會在 2009 年 7 月 6 日透過搜尋引擎的搜尋紀錄裡，戴爾公司至少發生錯標價的事件有 7 件；而在 2009 年 1 月時，消基會也曾接獲消費者申訴，於戴爾公司網頁線上購買筆記型電腦並付費後，公司回信收到訂單。但又來電告知消費者因系統有錯，故無法出貨並取消所有訂單，消費者憤而至消基會申訴。

2006 年時，在中國也發生伺服器標錯價的情形，原價人民幣 48XX 元，誤標為 900 元，有 3,000 張訂單。當時戴爾表示可以 75 折的優惠出貨，但多數消費者不願意接受此條件，其中 9 位消費者告上法庭，而因為 4 人沒有成功付款導致訂單失效，其餘 5 人皆成功依約出貨。

2008 年，中國戴爾將其原價人民幣 8,999 元的顯示器以 2,515 元標價，事後戴爾承認錯誤，並聲明其網站錯標之顯示器價格期間的有效訂單將正常出貨。因此，同樣發生在中國的 2 件標錯價事件，戴爾公司都如標價販售，偏偏發生在台灣的相同事件，戴爾公司卻意圖拖延了事！

回覆處理動作慢，最後以提供折價券方式處理，缺乏誠意。戴爾電腦與消保會及消基會已經開立 2 次協調會，第 1 次協調會中消保會提出建議以第一台按標價販售，餘則按「階梯式折扣」出貨，後來戴爾表示會將意見帶回考量，

但未獲得戴爾電腦的正面回應。拖拖拉拉至 7 月 2 日時才以發聲明稿的方式表示，對於有訂購產品的顧客，戴爾將提供每位顧客新台幣 1,000～3,000 元的現金折價券，但僅適用某些特定產品，試算一台等於僅打八、九折左右，此聲明又造成網友一片撻伐聲浪。

7 月 6 日的第 2 次協調會，連續出錯的戴爾公司竟僅提供筆電新台幣 3,000 元折價券，又在壓力下，改提供新台幣 20,000 元折價券。消基會認為，事發當時戴爾電腦表示會給所有消費者「合理折扣」，但消費者後來又收到「訂單將不被接受」的系統回覆信。現在戴爾又表示只願意提供折價券補償，戴爾公司推拖及出爾反爾的態度缺乏誠意。結論訂單成立後，戴爾片面與消費者解約，違反誠信原則。

依《民法》第 153 條：「當事人互相表示意思一致者，無論其為明示或默示，契約即為成立。」消基會表示，消費者網路傳送購買的意思表示時，契約就已成立，之後取得的訂單確認、付款確認等電子文件，都是契約成立的證明。買賣既然生效，業者就應依約履行。戴爾在網路訂單上若以「保留出貨權利」的字樣為由取消訂單，對消費者有失公平。即違反《消費者保護法》第 12 條規定：「定型化契約中之條款違反誠信原則，對消費者顯失公平者，無效。」契約若確實成立，戴爾片面解約則違反誠信原則，故「保留出貨權利」的字樣是為無效。即使標示錯誤，也應負起合理賠償責任，對消費者才公平。事實上，若真是標價錯誤，依《民法》第 88 條：「意思表示之內容有錯誤，或表意人若知其事情即不為意思表示者，表意人得將其意思表示撤銷之。但以其錯誤或不知事情，非由表意人自己之過失者為限。」但依《民法》第 91 條：「撤銷意思表示時，表意人對於信其意思表示為有效而受損害之相對人或第三人，應負賠償責任。」所以，業者於網路上所刊登的廣告為要約或要約引誘，只要買方下單，有了成交確認函後，買賣契約就已成立。即使業者的意思表示有錯，也應依民法規定，行使撤銷權並對消費者負合理的賠償責任。

消基會希望戴爾公司以理性、法治的精神，對待契約成立的消費者，才是泱泱大廠之風，因此，消基會呼籲戴爾公司應按標價販售訂單成立的「真正消費者」。將不排除提出團體訴訟、發動抵制戴爾商品，並向 CI (Consumer International，世界消費者聯合會) 提告。消基會指出，發生在中國的兩件戴爾標錯價事件，因為有人訴訟、確認支付價金及契約成立，所以戴爾公司就不敢以拖待變，消基會呼籲戴爾電腦應立刻提出合理賠償方案，或依約出貨，否則對於真正的受害消費者，消基會將不排除提出團體訴訟、發動台灣消費者抵制戴爾商品，以及正式向 CI 提出戴爾公司嚴重侵犯消費者權益的不合理行徑。

此外，消基會亦呼籲消保官應依《消費者保護法》第 33 條：「直轄市或縣

(市) 政府認為，企業經營者提供之商品或服務有損害消費者生命、身體、健康或財產之虞者，應即進行調查。於調查完成後，得公開其經過及結果。」針對戴爾公司之網站貼標、價格訂定、訂單處理和後續補償等進行縝密調查，並行公佈調查結果。一再出現的網路標錯價事件，消基會認為網路交易著重快速，未來契約應規範標價不能隨便更改，不然消費者購物對價格存疑，就無法達到快速交易的目的。而從戴爾事件，亦顯現出契約生效時機和賠償機制的付之闕如，已嚴重影響消費者權益。因此，消基會強力呼籲應儘速制定出定型化契約應記載及不得記載的項目，以及網路購物契約生效與賠償規範，以減低社會力的消耗。

資料來源：財團法人消費者文教基金會，http://www.consumers.org.tw/unit412.aspx?id=1209，2009 年 7 月 7 日。

本章摘要

　　本章簡短說明電子商務倫理議題，資料隱私與個資保護等基本概念。此外，針對企業在社交媒體所散佈的訊息，也提醒讀者要有警覺性。再者，智產權的保護也是電子商務業者需要特別關注的議題。最後，提醒讀者需要合法使用網路資源，尊重著作權，以免造成不當影響。

問題與討論

1. 理解概念：個人資料保護、隱私侵犯、著作權、資訊倫理。
2. 試簡述電子商務可能產生的資訊倫理議題。
3. 試簡述國內對於個人資料保護的相關規定。
4. 試簡述企業透過社交媒體平台所散佈的資料，是否有辨識方法。
5. 試簡述網路使用者常發生的侵權行為。

參考文獻

1. 趨勢科技網站 (2013.5.6)。超過百個鋼鐵人 3 的影片串流網站詐騙個資，http://blog.trendmicro.com/trendlabs-security-intelligence/fake-iron-man-3-streaming-sites-

sprout-on-social-media/。
2. 蔡正仁 (2013.1.28)。Google 侵犯你的隱私，聯合新聞網，http://mag.udn.com/mag/vote2009/storypage.jsp?f_ART_ID=438676。
3. 梁定澎總編、王紹蓉等 (2014)。電子商務：數位時代商機。台北：前程文化。
4. Baidu 文庫。電子商務環境下企業商標權保護的法律對策，http://wenku.baidu.com/view/40977c94daef5ef7ba0d3c6e.html。
5. 劉曉博 (2015.2.9)。雪上加霜！阿里巴巴遇連環劫馬雲可能全面破產！金融界，http://usstock.jrj.com.cn/2015/02/09170818840516.shtml。
6. 數位時代 (2009.7.6)。戴爾標錯價事件，消費者的態度應該是？http://www.bnext.com.tw/article/view/id/10646。
7. 張佑任 (2015.2.12)。淘寶假貨風波，阿里巴巴將破產？數位時代網站，http://www.bnext.com.tw/article/view/id/35363。
8. 鏈結與侵權，http://www.110.com/ziliao/-12678.html。
9. 趙郁竹 (2013.9.16)。趨勢科技 —— 駭客鎖定中小企業，入侵電子郵件詐騙，數位時代網站，http://www.bnext.com.tw/article/view/id/29345。
10. 劉文良 (2012)。電子商務與網路行銷。第四版。台北：碁峯。
11. 劉建人、柯菁菁、陳協志 (2008)。資訊倫理與社會 —— 重建網路社會新秩序。台北：普林斯頓。
12. 電子商務犯罪，智庫百科，http://wiki.mbalib.com/zh-tw/%E7%94%B5%E5%AD%90%E5%95%86%E5%8A%A1%E7%8A%AF%E7%BD%AA。

圖片來源

第 1 章
圖 1-1，圖 1-2: http://unkindcabinet.tistory.com；圖 1-7: www.mi.com/tw；圖 1-8: http://www.gomaji.com/Taipei。

第 2 章
章首：Shutterstock.com；圖 2-2: http://google-latlong.blogspot.tw/2014/07/; p.39: Shutterstock.com；圖 2-4: http://www.geo.com.tw；圖 2-5: http://www.sixnology.com；圖 2-6: http://www.alexandercowan.com/business-model-canvas-templates。

第 3 章
圖 3-1: http://www.asus.com/tw；圖 3-2: http://www.books.com.tw；圖 3-3: http://www.pchomepay.com.tw；圖 3-4: http://www.amazon.com；圖 3-5: http://mobile01.com；圖 3-8: http://www.tsiia.org.tw/frontend/index.aspx；圖 3-9: http://www.twb2b.net.tw；圖 3-10: http://www.gomaji.com；圖 3-11: http://tw.yahoo.com。

第 4 章
圖 4-2 (全): Shutterstock.com；圖 4-4: (a) http://en.wikipedia.org/wiki/File:UPC-A-036000291452.png; (b) http://zh.wikipedia.org/wiki/ 二維條碼 #/media/File:QRcode_image.svg；圖 4-5: http://en.wikipedia.org/wiki/Barcode_reader#/media/File:Barcode-scanner.jpg；圖 4-7: http://en.wikipedia.org/wiki/Conveyor_system#/media/File:Carton_Conveyor.jpg；圖 4-12: Shutterstock.com；圖 4-14: 改編自 iThome，2008 年 7 月。

第 5 章
圖 5-1: tw.hehagame.com。

第 6 章
章首：Shutterstock.com；圖 6-1: 資策會 FIND (2014H1)/ 經濟部技術處「服務創新體驗設計系統究與推動計畫」，調查有效樣本 1,300 份，http://www.iii.org.tw/service/3_1_1_c.aspx?id=1367；圖 6-2:UrMap, 2003；圖 6-3: 劉興亮，SoLoMo 來襲，blog.sina.com.cn/s/blog_56c35a550102dr4d.html；圖 6-4: 劉興亮，SoLoMo 來襲，http://blog.sina.com.cn/s/blog_56c35a550102dr4d. html；圖 6-5: http://www.lbsvision.com/ archives/3892；圖 6-6: http://www.lbsvision.com/archives/3892；圖 6-10: 數位時代；圖 6-11: http://www.samsung.com/tw。

第 7 章

圖 7-1: 經濟部數位內容產業推動辦公室；Shutterstock.com; 圖 7-2: 拓墣產業研究所，2010 年 11 月 ; 圖 7-3: Cartoon Network 頻道。

第 8 章

圖 8-5: (a) http://www.baike.com/wiki/%E9%87%91%E8%9E%8D%E5%8D%A1; 圖 8-7: (a) http://zh.wikipedia.org/wiki/%E6%82%A0%E9%81%8A%E5%8D%A1; 圖 8-8: (a) http://zh.wikipedia.org/wiki/PayPal; (b) http://commons.wikimedia.org/wiki/File:Google_Wallet_logo.svg; 圖 8-10: Shutterstock.com。

第 10 章

章首 : Shutterstock.com; 圖 10-1: http://m.life.tw/?app=view&no=250178; 圖 10-2: http://wiki.cc.ncu.edu.tw/mediawiki/images/e/e1/ 講義 - 電子郵件社交工程 .pdf。

第 11 章

圖 11-1, 圖 11-2: http://www.ndc.gov.tw/m1.aspx?sNo=0060889&ex=1&ic=0000015#.VFWjEBFxljo; 圖 11-4:「推動電子商務之權責機構」，經濟部台日韓電子商務法制資訊網 ; 圖 11-7:「電子商務法制推動過程」，經濟部台日韓電子商務法制資訊網。

第 12 章

章首 : Shutterstock.com; 圖 12-1: http://taiwansamsungleaks.org/news/act-of-deception-by-taiwan-samsung-and-opentide.html。

索引

API (Application Programming Interface) 211
B/S 架構 (Browser/Server Architecture) 217
B2B (Business to Business) 1, 65
B2C (Business to Customer) 1
C/S 架構 (Client/Server Architecture) 215
C2B (Consumer to Business) 75
C2C (Customer to Customer) 1, 77
CA (Certification Authority) 238
Google 電子錢包 (Google Wallet) 199
HCE (Host Card Emulation) 156
O2O (Online to Offline) 1
POI (Point of Interest) 145
WWW (World Wide Web) 218

三畫

也買 (Also Buy) 226
小額付費系統 (Micropayment) 200

四畫

不可否認性 (Non-repudiation) 255
不可追蹤性 (Untraceability) 255
內部網路 (Intranet) 67
內嵌式系統 (Embedded System) 169
公民關係管理 (Citizen Relationship Management, CiRM) 297
公用地址 (Public Address) 239
公開之原則 (Openness Principle) 314
公開金鑰和私密金鑰 (Public Key and a Private Key) 259
公證 (Notarize) 260
天下沒有白吃的午餐 (No Free Lunch Rule) 328
天線 (Antenna) 99

五畫

代理伺服器 (Proxy Server) 259
以社群為基礎 (Community-Based) 174
加密 (Encryption) 255
可取得性 (Accessibility) 255
可延伸超文件標示語言 (Extensible Hyper Text Markup Language, XHTML) 219
可延伸標示語言 (Extensible Markup Language, XML) 221
外部網路 (Extranet) 67
市場區隔 (Customer Segments) 44
平台 (Platform) 130
正確性 (Accuracy) 311
目的明確化原則 (Purpose Specification Principle) 314

六畫

交貨提前期 (Lead Time) 89
交握 (Handshake) 257
任何方式 (Anyhow) 201
任何地點 (Anywhere) 201
任何時間 (Anytime) 201

企業入口網站 (Enterprise Information Portal, EIP) 53
企業內容管理 (Enterprise Content Management, ECM) 169
企業資源計畫 (Enterprise Resource Planning, ERP) 67
企業對企業 (Business to Business, B2B) 53, 192
企業對消費者 (Business to Customer) 53
全球定位系統 (Global Positioning System, GPS) 36, 144
全球衛星定位系統 (Global Positioning System, GPS) 99
冰桶挑戰 (Ice Bucket Challenge) 173
同儕推薦方式 (Peer Recommendations) 174
地理資訊系統 (Geographic Information System, GIS) 36, 101, 144
多媒體製作工具 (Authoring Tools) 168
多媒體影音串流 (Steaming Media) 168
存取權 (Access) 311, 317
安全元件 (Secure Element) 156
安全保護原則 (Security Safeguards Principle) 314
安全超文件傳輸協定 (S-HTTP) 256
安全電子交易 (Secure Electronic Transaction, SET) 190
成本結構 (Cost Structure) 44
收入來源 (Revenue Streams) 44
行動支付 / 行動付款 (Mobile Payment) 156, 203
行動定位服務 (Location Based Service, LBS) 36
行動商務 (Mobile Business/M-Commerce) 60, 204
行動廣告 (Mobile Ads) 150

七畫

即時生產標準 (Just in Time, JIT) 74
完整性 (Integrity) 255
快速回應 (Quick Response, QR) 89
快速回應矩陣碼 (QR Code) 154
私密金鑰 (Private Key) 192
身份辨識性 (Authenticity) 255
迅速顧客回應 (Efficient Customer Response, ECR) 90
防火牆 (Firewall) 258

八畫

使用限制之原則 (Use Limitation Principle) 314
供應鏈管理 (Supply Chain Management, SCM) 88
具公信力第三者 (Trusted Third Party) 260
協同設計產品 (Collaboratively Designing) 174
定位技術服務 (Location-Based Service, LBS) 31
怪客 (Crackers) 251
所有權 (Property) 311, 317
拍賣網站 (Auction Websites) 56
社會性標籤網站 (Social Bookmarking Site) 174
社群商務 (Social Commerce) 174
社群媒體 (Social Media) 173
社群網路 (Social Networks) 174
社群網路銷售 (Social Network-Driven Sales) 174
社群購物 (Social Shopping) 175

近距離無線通訊技術 (Near Field Communication, NFC) 150
金流信任服務管理平台 (Payment Service) 157
非對稱型密碼技術 (Asymmetric Cryptosystem) 262

九畫

信用卡 (Credit Card) 193
信用卡快付費方式 (Visa payWave) 186
客戶關係 (Customer Relationships) 44
封包過濾器 (Packet Filter) 258
英式拍賣 (English Auction) 56
計費 (Accounting) 200
重要合作夥伴 (Key Partners) 44
重新塑造 (Reinvent) 274
風格樣式表單 (Style Sheet) 220

十畫

個人參與原則 (Individual Participation Principle) 315
射頻技術 (Radio Frequency Identification, RFID) 98
核心資源 (Key Resources) 44
消費者主導購物 (User-Curated Shopping) 174
消費者對消費者 (Customer to Customer) 53
脆弱 (Frangible) 311
高寬頻 (Ultra Wide Band, UWB) 146

十一畫

動態 HTML (Dynamic HTML, DHTML) 220
區域網路 (LAN) 258

參與式商務 (Participatory Commerce) 174
商業模式 (Business Model, BM) 29
埠 (Porter) 252
授權 (Authorization) 200
推播技術 (Push Technology) 81
條形碼 / 條碼 (Bar Code) 94
產品置入 (Product Placement) 317
第一高價秘密出價拍賣 (First-price Sealed-bid Auction) 56
第二高價秘密出價拍賣 (Second-price Sealed-bid Auction) 56
第三方電子商務平台 (Third Party E-commerce Platform) 55
荷式拍賣 (Dutch Auction) 56
責任之原則 (Accountability Principle) 315
通訊埠 (Port) 258
通路 (Place) 130
通路設計 (Channels) 44
連線閘道器 (Circuit Gateway) 258
連線層 (Circuit-Level) 258

十二畫

喜歡 (Like) 174
惡意程式 (Malware Code) 251
普遍性理論 (Universalism) 328
無線射頻識別 (Radio Frequency Identification, RFID) 150
無線傳輸 (Wi-Fi) 146
程式段 (Scriptlet) 222
結帳日 (Billing Date) 193
虛實整合 (Online to Offline, Offline to Online, O2O) 150
虛擬社群 (Virtual Community) 59

評分機制 (Voting) 174
超文件標示語言 (Hyper Text Markup Language, HTML) 218
超文字前處理器 (Hypertext Preprocessor) 223
超文字傳輸協定 (Hyper Text Transfer Protocol, HTTP) 218
量化己身 (Quantified Self) 153
階層式架構 (Hierarchical Infrastructure) 261
集體功利主義 (Utilitarian Principle) 328
黃金準則 (Golden Rule) 328

十三畫

傳輸層 (Transport Layer) 190
傳輸層保全 (Transport Layer Security, TLS) 191
極好隱私法 (Pretty Good Privacy, PGP) 257
詮釋資料 (Metadata) 169
資金投入 (Funding) 174
資料庫 (Database) 223
資料精確性原則 (Data Quality Principle) 314
資訊加值服務 (Enabling Services) 169
電子化出版 (E-publishing) 169
電子化政府 (E-government, E-gov) 272
電子化參與 (E-participation) 274
電子支票 (Electronic Check) 192
電子現金 (Electronic Cash, E-cash) 194
電子資料交換 (Electronic Data Interchange, EDI) 74
電子零售商平台 (Electronic Trading Platform) 54
電子標籤 (Tag) 98

電子轉帳支付 (Electronic Funds Transfer, EFT) 75

十四畫

團購 (Group Buying) 76, 174
精確度 (Accuracy) 317
網頁式架構 (Web Infrastructure) 261
網站內容管理 (Web Content Management, WCM) 169
網域名稱 (Domain Name) 240
網路位置轉換 (Network Address Translating) 259
網路釣魚 (Phishing) 252, 266
網路傳輸安全協定 (Secure Sockets Layer, SSL) 190
網路層 (Network Layer) 190
網際網路資訊中心 (Internet Network Information Center, InterNIC) 239
蒐集限制原則 (Collection Limitation Principle) 314
認證 (Authentication) 200

十五畫

價值主張 (Value Proposition) 29, 44
價值財務 (Value Finance) 31
價值組態 (Value Configuration) 30
價值結構 (Value Architecture) 30
數位內容 (Digital Content) 166
數位內容產業 (Digital Content Industry) 166
數位化流通 (Digital Distribution) 169
數位現金 (Digital Cash) 194
數位資產管理 (Digital Asset Management, DAM) 169
數位電視 (Digital Television) 170

數位簽章 (Digital Signature) 262
數位權利管理 (Digital Right Management, DRM) 169
標記 (Tag) 222
標準通用標記式語言 (Standard Generalized Markup Language, SGML) 219
瘦客戶端 (Thin Client) 217
線上到線下實體 (Online to Offline) 53, 148
線上到線下實體 / 離線商務模式 (Online to Offline, O2O) 80, 106
線上社群 (Online Community) 59
適地性服務 (Location-Base Services, LBS) 144
銷售時點資訊系統 (Point of Sales) 96
閱讀器 / 讀寫器 (Reader) 98

十六畫以上

憑證管理中心 (Certification Authority, CA) 260
機密性 (Confidentiality) 255
橫幅 (Banner) 139
選擇加入 (Opt-in) 313
選擇退出 (Opt-out) 313
應用程式代理器 (Application Agency) 259
應用層 (Application Agency) 259
隱私性 / 隱私權 (Privacy) 255, 311
點對點溝通 (Peer-to-Peer Communication) 174
點對點銷售平台 (Peer-to-Peer Sales Platforms) 174
擴增實境 (Augmented Reality, AR) 148, 151
藍牙 (Blue Tooth) 146
識別號 (ID) 98
關注 (Follow) 174
關鍵業務 (Key Activities) 44
類比電視 (Analog Television) 170
顧客檔案 (Customer Profile) 112
顧客關係管理 (Customer Relationship Management, CRM) 297

電子商務

340

note

note